应用型本科机电类专业"十三五"规划教材

传感器元件与实验

主　编　沈月荣

副主编　申继伟　周珺楠　张　晨

主　审　孟迎军

U0245507

西安电子科技大学出版社

内 容 简 介

本书共 6 章：第 1 章介绍万用表的设计与调试，主要培养学生的动手能力和分析能力；第 2 章主要介绍电桥和传感器的原理与应用、部分元件的基本特性及常用敏感元件等，可使学生在学习中对传感器元件具有初步认知和了解，便于实践与操作；第 3 章介绍 Multisim 10 的应用，Multisim 是一种电路仿真分析软件，在电路设计及分析中有着广泛的应用；第 4、5 章介绍常用电路的设计，将理论与实际相结合，可使学生更快掌握所学知识；第 6 章为实验与实践，是作者多年教学实验经验的结晶，本章中各项实验与实践的目的在于鼓励学生自由发挥、创新设计并动手实践。

本书从理论教学、计算机仿真、学生实验环节三个角度组织内容，强调理论联系实际，注重对学生动手能力的培养。本书可作为高等院校相关专业传感器原理及应用课程的本科教材，也可供高职高专院校师生和工程技术人员参考。

图书在版编目(CIP)数据

传感器元件与实验/沈月荣主编. —西安：西安电子科技大学出版社，2018.8
ISBN 978 - 7 - 5606 - 4920 - 7

Ⅰ. ① 传…　Ⅱ. ① 沈…　Ⅲ. ① 传感器—电器元件　② 传感器—实验

Ⅳ. ① TP212

中国版本图书馆 CIP 数据核字(2018)第 094117 号

策划编辑　马　琼
责任编辑　蔡雅梅　陈　婷
出版发行　西安电子科技大学出版社(西安市太白南路 2 号)
电　　话　(029)88242885　88201467　　　邮　　编　710071
网　　址　www.xduph.com　　　　　　电子邮箱　xdupfxb001@163.com
经　　销　新华书店
印刷单位　陕西天意印务有限责任公司
版　　次　2018 年 8 月第 1 版　2018 年 8 月第 1 次印刷
开　　本　787 毫米×1092 毫米　1/16　印张 19
字　　数　450 千字
印　　数　1～3000 册
定　　价　48.00 元
ISBN 978 - 7 - 5606 - 4920 - 7/TP

XDUP 5222001 - 1

前　言

本书共 6 章，内容包括：万用表的设计与调试，传感器原理与应用，电路仿真与分析简介，监测、报警电路的设计，信号发生电路的设计，实验与实践。传感器元件实际上是一种功能块，其作用是将来自外界的各种信号转换成电信号。近年来，传感器品种逐步增多，其所能检测的信号也显著地增加。为了对各种各样的信号进行检测、控制，就必须获得简单易于处理的信号，这种要求只有电信号才能够满足。电信号能较容易地进行放大、反馈、滤波、微分、存储、远距离操作等。作为一种功能块的传感器可狭义地定义为："将外界的输入信号变换为电信号的一类元件。"传感器在电子工程中的应用极为广泛，其相关知识和应用技能也是相关专业的学生必须了解和掌握的。本书的主要内容就是围绕传感器的基本原理和应用技能展开的。另外，在教学和工程实践中，经常将 Multisim 10 与传统实验相结合，故本书中也引入了 Multisim 的相关知识。通过对其功能的讲解，介绍仿真软件在数字电路实验中的应用。运用仿真功能可以提高实验的效率和学生学习的积极性，帮助学生加深对理论知识的理解，提高学生自主思考问题、解决问题的能力。

本书由沈月荣担任主编，申继伟、周珺楠、张晨担任副主编，孟迎军教授担任主审。在此，感谢紫金学院院领导对本书编写的大力支持，感谢在实验中给予大力支持的方钦炜等。本书配有相关教学视频，可关注微信公众号"漫步紫金微课堂"进行观看。

本书的教学课时为 240 课时，各章的参考教学课时分配如下：

章　节	课程内容	课　时　分　配	
		讲授	实践训练
第 1 章	万用表的设计与调试	12	60
第 2 章	传感器原理与应用	8	24
第 3 章	电路仿真与分析简介	8	18
第 4 章	监测、报警电路的设计	8	22
第 5 章	信号发生电路的设计	8	24
第 6 章	实验与实践	8	40
课时总计：	240	52	188

由于编者水平有限，书中难免存在疏漏和不妥之处，恳请读者、专家批评指正。

编　者
2018 年 1 月

目录
Contents

1

第 ① 章

万用表的设计与调试

机械万用表作为学生实验中的常用测量工具，在使用时会带来一定的误差。这些误差有些是仪表本身的准确度等级所允许的最大绝对误差，有些则是调整、使用不当带来的人为误差。正确了解万用表的特点以及测量误差产生的原因，掌握正确的测量技术和方法，以减小测量误差，是在教学中应该引起关注的问题。人为读数误差是影响测量精度的原因之一，这虽是不可避免的，但也要尽量减小读数误差。只要在使用中注意以下几点，即可减小测量误差。例如：测量前要把万用表水平放置，再进行机械调零；读数时眼睛要与指针保持垂直；测电阻时，每换一次挡都要进行调零，调不到零时要更换新电池；测量电阻或高压时，不能用手触碰表笔的金属部位，以免人体电阻分流，增大测量误差或触电；在测量 RC 电路中的电阻时，要切断电路中的电源，并将电容器储存的电量完全泄放，然后再进行测量。在排除人为读数误差以后，还应对其他误差进行分析和了解，在此不过多赘述。

通过电子实习实训，在了解万用表基本工作原理的基础上，应学会设计、安装、调试、使用万用表，并排除一些常见故障。

1.1 万用表常用参数说明

万用表是一种多功能、多量程的便携式电子电工仪表，可以测量直流电流、直流电压、交流电压、电阻等。一些万用表还可测量电容、电感、功率、音频电平、晶体管及其共射极直流放大系数 h_{FE}。指针式万用表主要由指示部分、测量电路和转换装置组成。

1.1.1 万用表的弧形标度尺

万用表表壳上的"2.5"，是以标度尺长度百分数表示的单位，圆圈中的"2.5"指示值是准确度的等级。

一般万用表有一条 Ω 标度尺、一条 10 V（或 5 V、2.5 V）专用标度尺和一条 dB 标度尺。有的万用表可能还有 A（交流电流）、μF（电容）、mH（电感）、Z（阻抗）、W（音频功率）、I_{ceo}（晶体三极管穿透电流）或 $\bar{\beta}$（晶体三极管直流放大倍数）等标度尺。此外，面板上的"＊"符号为万用表的公用端。

1.1.2 万用表的准确度

准确度又叫精度或误差，表示测量结果的准确程度，即仪表指示值（测得值）与标准值之间的基本误差值。仪表的准确度等级可用基本误差百分数来表示。数值越小，等级越高，如表 1.1 所示。

表 1.1　仪表的准确度等级

仪表的准确度等级	0.1	0.2	0.5	1.0	1.5	2.5	5.0
基本误差/（%）	± 0.1	± 0.2	± 0.5	±1.0	±1.5	±2.5	±5.0

一般万用表的直流等级为 2.5 级和 1.5 级，特殊的有 1.0 级和 0.5 级；交流等级为 4.0 级和 2.5 级，特殊的有 1.5 级和 1.0 级。

1.1.3 万用表的基本误差

万用表的基本误差表示方式如下：

1. 电压或电流

$$\gamma_V（或\ \gamma_I）= \frac{测得值-标准值}{上量限值} \times 100\%$$

例 1.1　用万用表 150 V 挡（上量限值为 250 V 交流）测量 220 V 标准电压，测得值为 210 V，求万用表的误差。

解
$$\gamma_V = \frac{测得值-标准值}{上量限值} \times 100\%$$

$$= \frac{210-220}{250} \times 100\% = -4\%$$

万用表的误差为 -4%，即偏小 4%。

2. 电阻

（1）一般表示方法采用如下公式：

$$\gamma_R = -\frac{测得值弧长-标准值弧长}{标度尺弧长(L)} \times 100\%$$

由于

$$测得值弧长 = \frac{R_Z}{R_Z+R_得} \times L$$

$$标准值弧长 = \frac{R_Z}{R_Z+R_标} \times L$$

所以

$$\gamma_R = -\frac{\dfrac{R_Z}{R_Z+R_得} \times L - \dfrac{R_Z}{R_Z+R_标} \times L}{L} \times 100\%$$

$$= -\left(\frac{R_Z}{R_Z+R_得} - \frac{R_Z}{R_Z+R_标}\right) \times 100\%$$

$$= R_Z\left(\frac{1}{R_Z+R_标} - \frac{1}{R_Z+R_得}\right) \times 100\%$$

式中：R_Z——欧姆表综合内阻，即中心阻值，等于表盘中心标度阻值×倍率；

$\quad\quad R_标$——被测电阻的标准阻值；

$\quad\quad R_得$——被测电阻的测得阻值。

例 1.2　用万用表 $R \times 10$ 挡（表盘中心标度阻值为 12 Ω）测量一只 150 Ω 的标准电阻，测得值为 140 Ω，求万用表的误差。

解　由于 $R \times 10$ 挡的中心阻值 $R_Z = 12 \times 10 = 120$ Ω，$R_标 = 150$ Ω，$R_得 = 140$ Ω，则

$$\gamma_R = R_Z\left(\frac{1}{R_Z+R_标} - \frac{1}{R_Z+R_得}\right) \times 100\% = 120 \times \left(\frac{1}{270} - \frac{1}{260}\right)$$

$$= \frac{120 \times (260-270)}{270 \times 260} \times 100\% = -1.7\%$$

万用表的误差为 -1.7%。

应特别明确，万用表表盘上的"2.5 Ω"符号表示测量电阻时，误差不超过标度尺全长的 $\pm 2.5\%$ Ω。

（2）相对误差表示法采用如下公式：

$$\gamma_{R相} = \frac{测得值-标准值}{标准值} \times 100\%$$

用相对误差法计算，则例 1.2 的解为

$$\gamma_{R相} = \frac{测得值-标准值}{标准值} \times 100\% = \frac{140-150}{150} \times 100\% = -6.7\%$$

万用表的相对误差为 -6.7%。

1.2　表头参数的测定

万用表表头的基本参数包括表头内阻、灵敏度和直线性。在设计万用表前必须先测得表头内阻及灵敏度。如果有条件，则直线性也需预先测量。

1.2.1　表头内阻的测量

表头内阻是指动圈所绕漆包线的直流电阻，也包括上下二盘游丝的直流电阻。测量表头内阻有以下四种方法。

1. 电桥法

电桥法测量电阻的阻值十分准确。用电桥测量表头内阻时，需在采取限制电流的措施后，用干电池作为电桥电源，再串联接入一只可变电阻来限制电流，使表头指针不超过满标度值，这样才可用于测量表头内阻。测量电路如图 1.2.1 所示。图中，R_M 为表头内阻，R_S 为分流电阻。

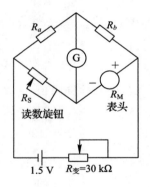

图 1.2.1　电桥法测量表头内阻

（1）将一节干电池作为电桥电源，串联接入可变电阻 $R_变$（30 kΩ），调至最大阻值30 kΩ处，此时线路电流最大不超过 50 μA。若表头灵敏度较低，则 $R_变$ 阻值可适当减小，计算公式为

$$R_变 \approx \frac{电源电压}{表头大概灵敏度}$$

（2）旋转电桥倍率旋钮至"1"处，即 $\frac{R_a}{R_b} = 1$。

（3）接入被测表头，其内阻为 R_M。

（4）调节电桥读数旋钮，使电桥的检流计接近平衡，即零位。

（5）提高检流计的灵敏度，调节可变电阻 $R_变$，使被测表头读数接近满标度。

（6）调节电桥读数旋钮至电桥平衡，此时读数旋钮所指的数值即为表头内阻。

若电桥所用的电源电压较高，为避免通过动圈的电流过大而损坏表头，则需串联接入电阻 $R_{变}$，用来限制电流。如果不串联该电阻，则无法测量表头内阻。

2. 替代法

替代法测量表头内阻的电路如图 1.2.2 所示。

（1）将开关 S 与 1 处相接，调节电阻 R 使表头 C 的指针位于较大数值。

（2）为了保护表头 C，切断电源后将开关转至 2 处，再接通电源，调节原先位于最低阻值的 R_S，使表头 C 仍指示原来的数值。此时，R_S 替代了电表内阻 R_M，所以 $R_M = R_S$。若 R_S 为电阻箱，则 R_M 可直接读数。

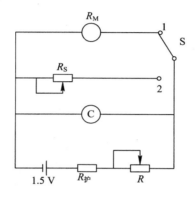

图 1.2.2　替代法测量表头内阻

3. 半值法

采用半值法测量表头内阻时，表针必须准确地调至零位，测量电路如图 1.2.3 所示。

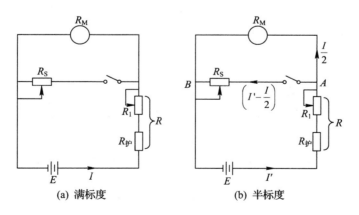

图 1.2.3　半值法测量表头内阻

在 R_S 未接通前，先调节 R_1 使表针指示到满标度，如图 1.2.3(a) 所示。此时有

$$I = \frac{E}{R + R_M} \tag{1.1}$$

然后接通并调节 R_S，使指针恰好指到标度的中心点（满标度的一半数值，即半值），如图 1.2.3(b)所示，此时有

$$I' = \frac{E}{R + \dfrac{R_M R_S}{R_M + R_S}} \tag{1.2}$$

同时，由 A、B 两点间的电位差可得

$$\left(I' - \frac{I}{2}\right) R_S = \frac{I}{2} R_M$$

或

$$\frac{I}{2}(R_M + R_S) = I' R_S$$

则

$$\frac{I}{I'} = \frac{2R_S}{R_M + R_S} \tag{1.3}$$

将式(1.1)、式(1.2)代入式(1.3)，得

$$\frac{R + \dfrac{R_M R_S}{R_M + R_S}}{R + R_M} = \frac{2R_S}{R_M + R_S}$$

即

$$2R_S(R + R_M) = (R_M + R_S)\left(R + \frac{R_M R_S}{R_M + R_S}\right)$$

$$2RR_S + 2R_M R_S = RR_M + RR_S + R_M R_S$$

$$RR_S + R_M R_S = RR_M$$

$$R_M(R - R_S) = RR_S$$

$$R_M = \frac{R}{R - R_S} R_S$$

在计算过程中，因电池内阻较小，可以忽略不计。

若 $R \geqslant 100 R_S$，则可认为 $R_M = R_S$。因为当 $R = 100 R_S$ 时，$\dfrac{R}{R - R_S} = \dfrac{100}{100 - 1} = \dfrac{100}{99} \approx 1$。

R_S 为电阻箱时可直接读取阻值，即表头内阻 R_M。

用半值法测量表头内阻时，在测试前一定要把表针准确地调在零位上，因为如果不调至零位，当满标度电流为 I 时，半标度电流不等于 $\dfrac{I}{2}$，则无法进行推算。

4. 分路等电位差法

在没有仪器的情况下，可用分路等电位差法测得表头内阻，其测量电路如图 1.2.4 所示，测试前，指针也必须准确地调到零位上，测量原理与半值法相同。分路等电位差法测定表头内阻如图 1.2.4 所示，其实测电路如图 1.2.5 所示。

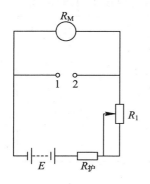

图 1.2.4　分路等电位差法测定表头内阻

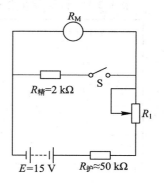

图 1.2.5　测定表头内阻的实测电路

（1）调节 R_1 使指针刚好偏转到满标度（设为 50 格）。

（2）将各种阻值的碳膜电阻接到 1、2 两点上测试，找出指针退回到中心标度附近的电阻值 $R_中$。

（3）准备一只精确数值的电阻 $R_精$（±1％线绕电阻或碳膜电阻），其阻值应与 $R_中$ 相似（超过 50％ 也可以，数值不一定为整数，但整数计算更方便）。把 $R_精$ 接在 1、2 两点上，此时表针向后倒退，读取格数 A（估读至小数点后一位），该数值是电流通过表头的份数，倒退的格数 $50-A$ 是电流通过 $R_精$ 的份数。此时，由于并联电路两端的电位差相等，得

$$AR_M = (50-A)R_精$$

则

$$R_M = \frac{50-A}{A}R_精$$

例 1.3　有一只表头，在 20℃ 时用分路等电位差法按图 1.2.5 所示的电路测定其内阻，开关 S 闭合前调节 R_1，使指针指示满标度（共 50 格）。当 S 闭合后，指针倒退至 27.4 格处，求其内阻。

解

$$R_M = \frac{50-A}{A}R_精 = \frac{50-27.4}{27.4} \times 2 \text{ k}\Omega = 1.65 \text{ k}\Omega$$

表头在 20℃ 时的内阻为 1.65 kΩ。在这个测试中，要求 $R \geqslant 100R_精$，测得的 R_M 才精确，即 R 的阻值取大值。若需采用较大的 R，则应提高电压 E。E 的数值可根据下式估算，其参考值如表 1.2.1 所示。

$$E \approx I_{M粗} \times R \geqslant I_{M粗} \times 100R_精$$

式中：$I_{M粗}$——表头大概灵敏度。

表 1.2.1　分路等电位差法测量表头内阻时电压 E 的参考值

表头灵敏度范围/μA	E/V	$R_{护}/kΩ$
50～200	≥15	50
200～400	≥9	15
400～600	≥6	7.5
600～1000	≥3	2

若测定表头内阻时的温度并非 20℃，则要重新校正。铜丝的电阻会随温度升高而增加，增加系数为 0.004/℃，即温度每升高 1℃，电阻增加 4‰。具体计算公式如下：

$$R_{t°} = R_{20°}[1 + \beta(t - 20)]$$

式中：$R_{t°}$——$t°$时的阻值；

$R_{20°}$——20°时的阻值；

β——铜丝电阻温度系数，为 0.004/℃；

t——测量时的温度。

例 1.4　在 30℃时测得某表头的内阻为 2000 Ω，求其在 20℃时的内阻。

解

$$2000 = R_{20°}[1 + 0.004(30 - 20)]$$
$$R_{20°} = 1923\ Ω$$

上述四种测量表头内阻的方法中，电桥（包括自制临时滑线电桥）法最为准确；替代法次之，且还需借助于电阻箱或电桥；半值法和分路等电位差法效果较差，因其测定精确度与表头的线性相关（可参考本章第 1.2.3 节表头直线性的测定）。在万用表电路中，设置有与表头内阻相串联的调整电阻（R_0），若内阻有误差，可以进行调整。

1.2.2　表头灵敏度的测量

测定表头灵敏度就是测量它的满标度（又称满量限）电流，电流数值越小，说明表头灵敏度越高。测试前表针必须准确地指向零位。

1. 标准法

用一只灵敏度比被测表头低的标准表，与被测表头串联起来，接到如图 1.2.6 所示的测量电路中。调节 R，使被测表的指针指示满标度，此时标准表上的读数即为被测表头的灵敏度。

若标准表的灵敏度比被测表头高，则标准表满标度时，被测表头的灵敏度为

$$被测表头的灵敏度 = 标准表满标度读数 \times \frac{被测表头的满标度读数}{被测表头所指读数}$$

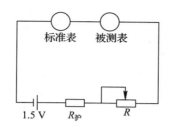

图 1.2.6　标准法测定表头灵敏度

2. 满量限欧姆定律演算法

在表头内阻 R_M 已测得的情况下，用一节新干电池(电压 E 以 1.55 V 计算，旧电池以 1.5 V 计算)串联一只可变电阻 $R_变$ 进行测试，测量电路如图 1.2.7 所示。调节 $R_变$(原先处在最大阻值上)使表针指示满标度，此时，表头的灵敏度为

$$I_M = \frac{E}{R_变 + R_M}$$

然后小心地拆下 $R_变$，用电桥测出它的阻值，即可算出表头灵敏度。

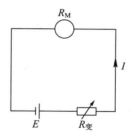

图 1.2.7　满量限欧姆定律演算法测定表头灵敏度

3. 固定电流法

固定电流法的原理与满量限欧姆定律演算法相同。用一节新干电池串联一只已知数值的电阻 $R_精$($\pm1\%$，其数值可根据表头大概灵敏度用欧姆定律算出，实际使用数值幅度可增大至一倍)进行测试，测量电路如图 1.2.8 所示。

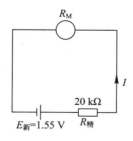

图 1.2.8　固定电流法测定表头灵敏度

表头分度共 50 格。若读取数值为 A 格(估读至小数点后一位)，则表头的灵敏度为

$$I_\text{M} = I_\text{固} \times \frac{50}{A} = \frac{E}{R_\text{精} + R_\text{M}} \times \frac{50}{A} = \frac{1.55}{R_\text{精} + R_\text{M}} \times \frac{50}{A}$$

式中：$I_\text{固}$——线路固定电流。

例 1.5 有一只内阻为 1.65 kΩ 的表头，现用一节新干电池（电压以 1.55 V 计算）串联一只 20 kΩ 精确电阻进行测试。当电路接通后，指针位于 44.2 格处（满标度为 50 格），求其灵敏度，其接线如图 1.2.8 所示。

解

$$I_\text{M} = \frac{E}{R_\text{精} + R_\text{M}} \times \frac{50}{A} = \frac{1.55}{20 + 1.65} \times \frac{50}{44.2} = 0.081 \text{ mA} = 81 \ \mu\text{A}$$

表头的灵敏度为 $81 \mu\text{A}$。

上述三种测定表头灵敏度的方法中，标准法最精准，但标准表一定要准确；满量限欧姆定律演算法次之；固定电流法最差，因其测定精确度与表头直线性相关。

1.2.3　表头直线性的测定

所谓表头直线性，是指表针偏转幅度与通过表头的电流强度幅度相一致的程度。要达到相一致的效果，极掌圆弧的中心线、圆柱形软铁的中心线和动圈的中心线必须重合，但事实上表头的这三条中心线或多或少总有些偏离，偏离得越少，表头直线性越好。

表头经过重新拆装以后，由于圆柱形软铁和动圈在磁场内位置的变动，直线性会发生变化。一般情况下，可将表头与标准表串联来测定它的直线性，如图 1.2.9 所示。

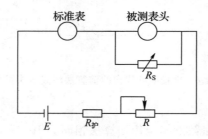

图 1.2.9　测定表头直线性的电路

调节并联在被测表头上的 R_S（设被测表头的灵敏度高于标准表，若灵敏度低于标准表，则应将 R_S 并联在标准表上），使两只电表读数相同。随后调节 R，在五个带字点标度——10、20、30、40 和 50 处（设总分度为 50 格）查看被测表头的读数是否与标准表接近一致。要求偏差不大于一格。若偏差大于一格，则需调整蝴蝶形支架在磁场内（极掌内）的位置，直至符合要求为止。万用表表头的直线性可相差 5%。

1.3　测量直流电流的原理及计算

1.3.1　扩大量程

通常，一只表头只能测量小于其灵敏度的电流。为了扩大被测电流的量限，需要并联分流电阻，使流过表头的电流成为被测电流的一部分，从而扩大量程。被测电流越大，分流电阻的阻值越小。若表头的灵敏度为 I_M、内阻为 R_M，欲将量限扩展到 I，则分流电阻 R_S 的阻值可用以下方法求得。

如图 1.3.1 所示，由于并联支路采用分流电阻扩展量限，两端（A、B 两点）电压降相等，故

$$I_M R_M = I_S R_S$$

则

$$R_S = \frac{I_M R_M}{I_S}$$

又因为

$$I_S = I - I_M$$

故

$$R_S = \frac{I_M R_M}{I - I_M}$$

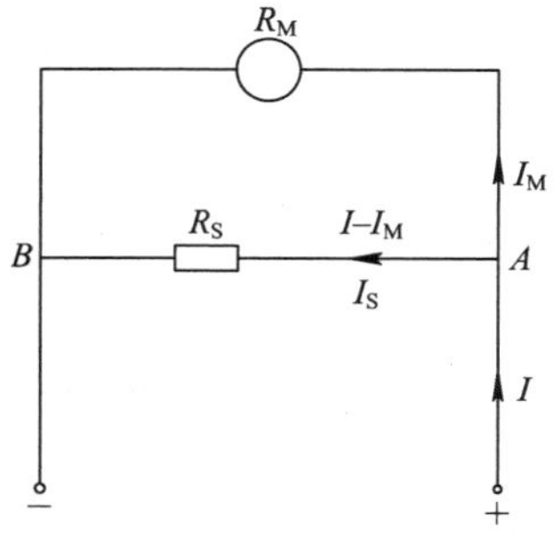

图 1.3.1　用分流电阻扩展量限

为了便于区别，本书中凡装有分流电阻的表头才可称为电流表，未装分流电阻时称其为表头。为了在测量不同大小的电流时得到一定的精度，电流表一般都设计成多量限式。

1.3.2　开路转换式分流电路

1. 开路个别转换式分流电路

转换式分流电路各挡的分流电阻是各自独立的。在转换过程中，分流电阻与表头呈开

路状态，如图 1.3.2 所示，它们的阻值可用以下公式算出：

$$R_{\mathrm{S}} = \frac{I_{\mathrm{M}} R_{\mathrm{M}}}{I - I_{\mathrm{M}}}$$

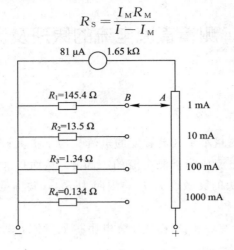

图 1.3.2　开路个别转换式分流电路

例 1.6　一只灵敏度为 $81\mu\mathrm{A}$、内阻为 $1.65\ \mathrm{k\Omega}$ 的表头，现欲将其转换为一只多量限（1 mA、10 mA、100 mA 和 1000 mA）直流电流表，求各挡分流电阻的阻值。线路如图 1.3.1 和图 1.3.2 所示，电流以 mA 为单位。

解　(1) 1 mA 挡：

$$R_1 = \frac{I_{\mathrm{M}} R_{\mathrm{M}}}{I_1 - I_{\mathrm{M}}} = \frac{0.081 \times 1650}{1 - 0.081} = 145.4\ \Omega$$

(2) 10 mA 挡：

$$R_2 = \frac{I_{\mathrm{M}} R_{\mathrm{M}}}{I_2 - I_{\mathrm{M}}} = \frac{0.081 \times 1650}{10 - 0.081} = 13.5\ \Omega$$

(3) 100 mA 挡：

$$R_3 = \frac{I_{\mathrm{M}} R_{\mathrm{M}}}{I_3 - I_{\mathrm{M}}} = \frac{0.081 \times 1650}{100 - 0.081} = 1.34\ \Omega$$

(4) 1000 mA 挡：

$$R_4 = \frac{I_{\mathrm{M}} R_{\mathrm{M}}}{I_4 - I_{\mathrm{M}}} = \frac{0.081 \times 1650}{1000 - 0.081} = 0.134\ \Omega$$

开路个别转换式分流电路的优点是各挡分流电阻可以单独调整，而不影响其他挡位的阻值。但这种电路存在下列缺点：

(1) A、B 两点有接触电阻存在，虽然阻值较小，但它是串联在分流电阻内的，因而能引起较大的误差。而且，在测量大电流时误差会更大，如 1000 mA 挡若接有 0.134Ω 接触电阻，就能引起 100% 的相对误差。当开关触点在使用过程中换挡或失灵时，大电流会全部流过表头，使表头烧坏。

(2) 当分流电阻接通后，动圈两端通过分流电阻构成回路引起阻尼作用。对于开路个别转换式分流电路，由于动圈回路电阻（表头内阻加分流电阻）各量限不等，所以阻尼作用也不甚相同。

（3）当装接电压挡时，因为没有分流电阻，单靠动圈框架引起的阻尼作用较小，因而在测量电压时表针摇摆时间较长。对于无杠架无阻尼线圈的表头，该作用尤其明显。

（4）表头灵敏度并非简单的整数，电压挡倍压电阻的阻值亦不是整数，配制不方便。

（5）当装接欧姆挡时，由于零欧姆调节电位器接法繁复，使得转换开关接法亦十分复杂。

为了避免这些问题，上述电路接法现已很少采用，万用表直流电流挡大多采用闭路抽头转换式分流电路。

2. 闭路抽头转换式分流电路

在闭路抽头转换式分流电路中，各挡分流电阻的表头内阻互相串联，形成一个闭合回路，闭路抽头转换式分流电路如图 1.3.3 所示。设计时为了兼顾直流电压挡和电阻挡的灵敏度，一般应先算出极限灵敏度为 I 时，分流电阻的总阻值 R_S，其计算公式如下所示。此时，R_S 分散前的电路如图 1.3.4 所示。

$$R_S = \frac{I_M R_M}{I - I_M}$$

或

$$I R_S = I_M (R_M + R_S) \qquad (1.4)$$

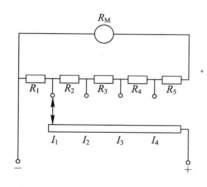

图 1.3.3　闭路抽头转换式分流电路

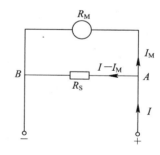

图 1.3.4　R_S 分散前的电路

如图 1.3.4 所示，R_S 抽头后，由于分流电阻减小（R_{S1} 小于 R_S），而表头等效内阻增加（变为 $R_M + R_S - R_{S1}$），量限即被扩大。当抽头点增多时，即可成为一只多量限直流电流表。根据量限 I_1 可求算抽头点分流电阻 R_{S1}，此时并联支路 A'、B 两端电压降相等。R_S 分散后的电路如图 1.3.5 所示，由图可得

$$(I_1 - I_M) R_{S1} = I_M (R_M + R_S - R_{S1})$$

化简后可得

$$I_1 R_{S1} = I_M (R_M + R_S) \qquad (1.5)$$

由式（1.4）及式（1.5）可得

$$I_1 R_{S1} = I R_S = I_M (R_M + R_S)$$

上式表明：电流量限和它的分流电阻的乘积是一个常数，数值等于 $I_M (R_M + R_S)$，一

般称为测量直流电流时的最大电压降，可用于计算各个量限（挡）的分流电阻。

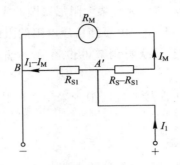

图 1.3.5　R_S 分散后的电路

在工艺生产中，为了便于检修和批量生产，总分流电阻 R_S 大多采用较大的整数值，再向表头上串联一只可变线绕电阻 R_0。当表头参数有所变动时，可进行补偿。

例1.7　利用一只内阻为 1.65 $k\Omega$、灵敏度为 81 μA 的表头，试设计一只量限为 1000 mA、100 mA、10 mA 和 1 mA 的直流电流表。

解　先将表头量限扩展到极限灵敏度 100 μA，此时总分流电阻的阻值为

$$R_S = \frac{I_M R_M}{I - I_M} = \frac{81 \times 1.65}{100 - 81} = 7.03 \text{ k}\Omega$$

现取 $R_S = 8$ $k\Omega$，则通过反算上式，表头内阻 R_M 应为 1.88 $k\Omega$。由于表头内阻只有 1.65 $k\Omega$，可以串联一只可变线绕电阻 R_0 进行补足，电路如图 1.3.6 所示。

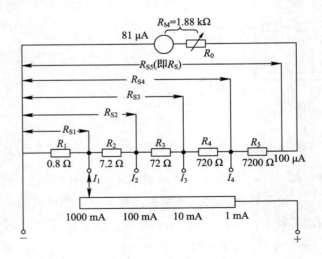

图 1.3.6　低量限闭路抽头转换式分流电路

此时，直流电流电压降为

$$I_M(R_S + R_M) = 81 \times 10^{-6} \times (8 \times 10^3 + 1.88 \times 10^3) = 0.8 \text{ V}$$

各量限的分流电阻为

$$R_{1000\text{mA}} = R_{S1} = \frac{0.8 \text{ V}}{1 \text{ A}} = 0.8 \text{ }\Omega$$

$$R_1 = R_{S1} = 0.8\ \Omega$$

$$R_{100mA} = R_{S2} = \frac{0.8\ \text{V}}{0.1\ \text{A}} = 8\ \Omega$$

$$R_2 = R_{S2} - R_{S1} = 8\ \Omega - 0.8\ \Omega = 7.2\ \Omega$$

$$R_{10\ mA} = R_{S3} = \frac{0.8\ \text{V}}{0.01\ \text{A}} = 80\ \Omega$$

$$R_3 = R_{S3} - R_{S2} = 80\ \Omega - 8\ \Omega = 72\ \Omega$$

$$R_{1mA} = R_{S4} = \frac{0.8\ \text{V}}{0.001\ \text{A}} = 800\ \Omega$$

$$R_4 = R_{S4} - R_{S3} = 800\ \Omega - 80\ \Omega = 720\ \Omega$$

$$R_5 = R_S - R_{S4} = 8000\ \Omega - 800\ \Omega = 7200\ \Omega$$

通过以上计算可知，万用表的表头内阻不必测得非常准确，因为还需用表头串联的 R_0 来进行调整。

各挡量限虽然不同，但因动圈回路电阻（$R_M + R_1 + R_2 + R_3 + R_4 + R_5$）的阻值总是相同的，所以阻尼大小也相同。

开关接触电阻与分流电阻的阻值无关，只串联在线路中，所以引起的误差极小。当开关失灵时，总电路不通，也不会烧毁表头。

例 1.8　有一只 40 μA 的表头，其内阻为 2.76 kΩ。试设计一只量限为 500 mA、50 mA、5 mA、0.5 mA 和 0.05 mA 的直流电流表。

解　先将表头量限扩展到极限灵敏度 50 μA，此时总分流电阻的阻值为 11.04 kΩ。

$$R_S = \frac{I_M R_M}{I - I_M} = \frac{40 \times 2.76}{50 - 40} = 11.04\ \text{k}\Omega$$

现取 $R_S = 12$ kΩ，则表头内阻 R_M 应为 3 kΩ。由于表头内阻只有 2.76 kΩ，因此可以串联一只可变线绕电阻 R_0 来补足，如图 1.3.7 所示。

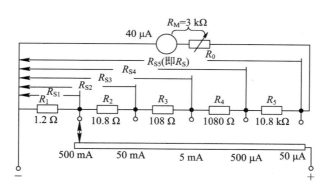

图 1.3.7　闭路抽头转换式分流电路

此时，直流电流电压降为

$$I_M(R_S + R_M) = 40 \times 10^{-6} \times (12 \times 10^3 + 3 \times 10^3) = 0.6\ \text{V}$$

各量限的分流电阻为

$$R_{500\text{mA}} = R_{S1} = \frac{0.6 \text{ V}}{0.5 \text{ A}} = 1.2 \text{ }\Omega$$

$$R_1 = R_{S1} = 1.2 \text{ }\Omega$$

$$R_{50\text{mA}} = R_{S2} = \frac{0.6 \text{ V}}{0.05 \text{ A}} = 12 \text{ }\Omega$$

$$R_2 = R_{S2} - R_{S1} = 12 \text{ }\Omega - 1.2 \text{ }\Omega = 10.8 \text{ }\Omega$$

$$R_{5\text{mA}} = R_{S3} = \frac{0.6 \text{ V}}{0.005 \text{ A}} = 120 \text{ }\Omega$$

$$R_3 = R_{S3} - R_2 = 120 \text{ }\Omega - 12 \text{ }\Omega = 108 \text{ }\Omega$$

$$R_{0.5\text{mA}} = R_{S4} = \frac{0.6 \text{ V}}{0.005 \text{ A}} = 1.2 \text{ k}\Omega$$

$$R_4 = R_{S4} - R_{S3} = 1.2 \text{ k}\Omega - 120 \text{ }\Omega = 1.08 \text{ k}\Omega$$

$$R_{0.05\text{mA}} = R_{S4} = \frac{0.6 \text{ V}}{0.00005 \text{ A}} = 12 \text{ k}\Omega$$

$$R_5 = R_{S5} - R_{S4} = 12 \text{ k}\Omega - 1.2 \text{ k}\Omega = 10.8 \text{ k}\Omega$$

在上述两个例子中，例 1.8 的压降比例 1.7 的小，所以测量时精度较高。

以上电路中使用的电阻 $R_1 \sim R_4$ 都是线绕电阻，材料为锰铜丝，故其阻值较为稳定。R_5 可使用线绕电阻或碳膜电阻。电阻丝的粗细可根据通过的电流强度来选取，如 4 A/mm^2。

例如，500 mA 挡可采用直径大于 0.40 mm（大于 27 号）的锰铜丝。如没有锰铜丝，可从线绕电阻上拆下使用；若没有较细的锰铜丝，可用较粗的代替。低阻值的电阻也可用相同粗细的或较粗的漆包线来绕制，但不可用细漆包线代替粗漆包线，以免烧断后损坏表头。

1.4　测量直流电压的原理及计算

1.4.1　测量直流电压的原理

由欧姆定律可知

$$U = IR$$

一只灵敏度为 I、内阻为 R 的电流表(或表头),本身就是一只量限为 U 的电压表,但可测的量限有局限性。可以串联一只电阻,以将其量限扩大到 U_1,此时

$$U_1 = I(R + R_串)$$

例如,一只 $100\ \mu A$ 的电流表,其内阻为 $1.52\ k\Omega$,能用来测量的电压量限为

$$U = IR = 100 \times 10^{-6} \times 1.52 \times 10^3 = 0.152\ V$$

如果向其串联一只 $8.48\ k\Omega$ 的电阻,量限即扩展为

$$U_1 = I(R + R_串) = 100 \times 10^{-6} \times (1.52 + 8.48) \times 10^3 = 1\ V$$

此时电压表的内阻为 $10\ k\Omega$。

该电压表测量每伏直流电压需要 $10\ k\Omega$ 内阻,即 $10\ k\Omega/\underline{V}$,该数值称为 $100\ \mu A$ 电流表的直流电压灵敏度。实际上,它是电流表灵敏度的倒数,即

$$\frac{1}{I} = \frac{1}{100 \times 10^{-6}} = 10000\ \Omega/\underline{V} = 10\ k\Omega/\underline{V}$$

有了电压灵敏度这个概念,就可以方便地将电压表各挡的内阻计算出来。

例如,用 $100\ \mu A$ 电流表改装成直流电压表,其 $10\underline{V}$ 挡的内阻为

$$R_{10\underline{V}} = 10\ \underline{V} \times 直流电压灵敏度 = 10\ \underline{V} \times 10\ k\Omega/\underline{V} = 100\ k\Omega$$

直流电压灵敏度越高,测量直流电压时分流的电流(即经过电压表的电流)越少,测量结果越准确。各种电流表的直流电压灵敏度如表 1.4.1 所示。

表 1.4.1　各种电流表的直流电压灵敏度

直流电流表灵敏度/μA	直流电压灵敏度 $\left(\dfrac{1}{I}\right)$/(k$\Omega$/$\underline{V}$)
10	100
20	50
25	40
50	20
100	10
200	5
250	4
500	2
1000	1

1.4.2 直流电压各挡的计算

首先确定接入点，算出直流电压灵敏度，即可方便地计算各挡的内阻。

例 1.9 在如图 1.4.1 所示电路图的基础上，试设计一只量限为 2.5 V、10 V、50 V、250 V 和 500 V 的电压表。

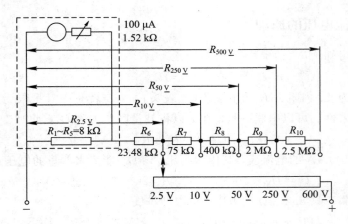

图 1.4.1 直流电压挡线路(10 kΩ/V)

解 在图 1.4.1 中，利用 100 μA(电流表的极限灵敏度)一点作为接入点，因电压灵敏度单位为 kΩ/V，故各挡的内阻为

$$R_{2.5V} = 2.5 \text{ V} \times 10 \text{ kΩ/V} = 25 \text{ kΩ}$$

$$R_6 = 25 \text{ kΩ} - 1.52 \text{ kΩ} = 23.48 \text{ kΩ}$$

$$R_{10V} = 10 \text{ V} \times 10 \text{ kΩ/V} = 100 \text{ kΩ}$$

$$R_7 = 100 \text{ kΩ} - 25 \text{ kΩ} = 75 \text{ kΩ}$$

$$R_{50V} = 50 \text{ V} \times 10 \text{ kΩ/V} = 500 \text{ kΩ}$$

$$R_8 = 500 \text{ kΩ} - 100 \text{ kΩ} = 400 \text{ kΩ}$$

$$R_{250V} = 250 \text{ V} \times 10 \text{ kΩ/V} = 2.5 \text{ MΩ}$$

$$R_9 = 2.5 \text{ MΩ} - \frac{500}{1000} \text{ MΩ} = 2 \text{ MΩ}$$

$$R_{500V} = 500 \text{ V} \times 10 \text{ kΩ/V} = 5 \text{ MΩ}$$

$$R_{10} = 5 \text{ MΩ} - 2.5 \text{ MΩ} = 2.5 \text{ MΩ}$$

其中，$R_7 \sim R_{10}$ 的阻值也可根据所增加电压乘以直流电压灵敏度计算得到。

例如：

$$R_7 = \text{所增电压} \times \text{直流电压灵敏度}$$

$$= (10 \text{ V} - 2.5 \text{ V}) \times 10 \text{ kΩ/V}$$

$$= 75 \text{ kΩ}$$

$$R_8 = (50V - 10 \text{ V}) \times 10 \text{ kΩ/V} = 400 \text{ kΩ}$$

$R_6 \sim R_{10}$ 各电阻可以单独连接，如图 1.4.2 所示，它们的阻值分别为

$$R_6 = R_{2.5\underline{V}} - 1.52 \text{ k}\Omega = 25 \text{ k}\Omega - 1.52 \text{ k}\Omega = 23.48 \text{ k}\Omega$$

$$R_7 = R_{10\underline{V}} - 1.52 \text{ k}\Omega = 100 \text{ k}\Omega - 1.52 \text{ k}\Omega = 98.48 \text{ k}\Omega$$

$$R_8 = R_{50\underline{V}} - 1.52 \text{ k}\Omega = 500 \text{ k}\Omega - 1.52 \text{ k}\Omega \approx 500 \text{ k}\Omega$$

$$R_9 = R_{250\underline{V}} - 1.52 \text{ k}\Omega = 2.5 \text{ M}\Omega - \frac{1.52}{1000} \text{ M}\Omega \approx 2.5 \text{ M}\Omega$$

$$R_{10} = R_{500\underline{V}} - 1.52 \text{ k}\Omega = 5 \text{ M}\Omega - \frac{1.52}{1000} \text{ M}\Omega \approx 5 \text{ M}\Omega$$

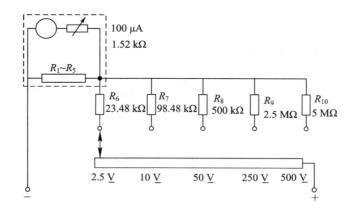

图 1.4.2　倍压电阻单独连接线路

$R_6 \sim R_{10}$ 还可以混合连接，如图 1.4.3 所示。

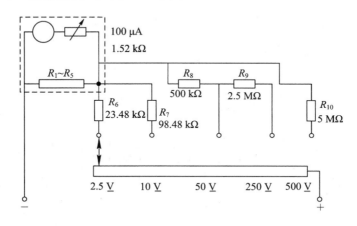

图 1.4.3　倍压电阻混合连接线路

在图 1.4.4 中，将电流表的 $100~\mu\text{A}$ 点作为接入点，因其电压灵敏度最高，可达 $100 \text{ k}\Omega/\underline{\text{V}}$。如果从电流量限 $1 \text{ mA}(1000\mu\text{A})$ 挡接入，其电压灵敏度则下降到 $1 \text{ k}\Omega/\underline{\text{V}}$。

在设计电流量程时，应该考虑到电压量程和电阻量程两个方面。上例中的 $100~\mu\text{A}$ 点就是兼顾直流电压和电阻两个量程而设计的。把 $81~\mu\text{A}$ 表头扩展到 $100~\mu\text{A}$ 的简单整数，是为了使直流电压挡的倍压电阻大部分为整数，便于操作。

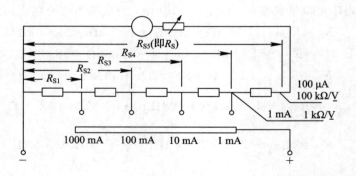

图 1.4.4　直流电压挡接入点的选择

例 1.10　在图 1.3.7 所示的闭路抽头转换式分流电路的基础上，以 50 μA 一点作为接入点，试设计一只量限为 2.5 V、10 V、50 V、250 V 和 500 V 的直流电压表。

解　如图 1.4.5 所示，由于接入点的电流为 50μA，故其电压灵敏度为 20 kΩ/V，各挡的内阻分别为

$$R_{2.5V} = 2.5 \text{ V} \times 20 \text{ k}\Omega/\text{V} = 50 \text{ k}\Omega$$

$$R_6 = (50 - 2.4)\text{k}\Omega = 47.6 \text{ k}\Omega$$

$$R_{10V} = 10 \text{ V} \times 20 \text{ k}\Omega/\text{V} = 200 \text{ k}\Omega$$

$$R_7 = 200 \text{ k}\Omega - 50 \text{ k}\Omega = 150 \text{ k}\Omega$$

$$R_{50V} = 50 \text{ V} \times 20 \text{ k}\Omega/\text{V} = 1 \text{ M}\Omega$$

$$R_8 = 1 \times 1000\text{k}\Omega - 200 \text{ k}\Omega = 800 \text{ k}\Omega$$

$$R_{250V} = 250 \text{ V} \times 20 \text{ k}\Omega/\text{V} = 5 \text{ M}\Omega$$

$$R_9 = 5 \text{ M}\Omega - 1 \text{ M}\Omega = 4 \text{ M}\Omega$$

$$R_{500V} = 500 \text{ V} \times 20 \text{ k}\Omega/\text{V} = 10 \text{ M}\Omega$$

$$R_{10} = 10 \text{ M}\Omega - 5 \text{ M}\Omega = 5 \text{ M}\Omega$$

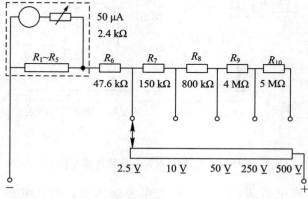

图 1.4.5　直流电压挡线路(20 kΩ/V)

例 1.10 电压表的电压灵敏度比例 1.9 的高一倍，测量时准确度较高。

1.5　测量交流电压的原理及计算

磁电系仪表不能直接用于测量交流电路，必须配以整流电路，将交流变为直流，方能用于测量交流电，这种仪表叫做整流系仪表。

1.5.1　测量交流电压的原理

交流电经过整流，变成直流脉动电流后才可在直流电表上显示出来。整流元件包括氧化亚铜整流器、锗二极管和硅二极管等，如图 1.5.1 所示。

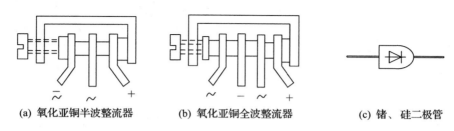

(a) 氧化亚铜半波整流器　　(b) 氧化亚铜全波整流器　　　　(c) 锗、硅二极管

图 1.5.1　常用的万用表整流元件

整流电路有全波整流电路和半波整流电路两种。

图 1.5.2 所示是桥式全波整流电路及整流后的波形。在正半周时，交流电流通过 $VD_1 \rightarrow \mu A \rightarrow VD_2$ 形成回路；在负半周时，电流以 $VD_3 \rightarrow \mu A \rightarrow VD_4$ 形成回路。两次不同极性的电流通过表头 μA 时，方向相同，表头从正到负，因此能使指针偏转。

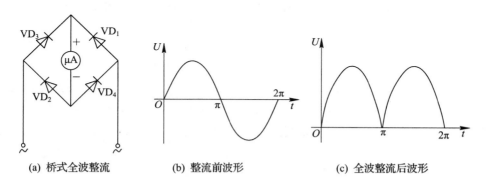

(a) 桥式全波整流　　　　　(b) 整流前波形　　　　　(c) 全波整流后波形

图 1.5.2　全波整流

图 1.5.3 是半波串并式整流电路及整流后的波形，可根据电路 A、B 两点判断，VD_1 与表头串联，VD_2 与表头并联。在正半周时，交流电流通过 $VD_1 \rightarrow \mu A$ 形成回路；在负半周时，电流通过 VD_2，不通过表头 μA。因此在每一个周期中，只有半个波形通过表头，叫做

半波整流。电路中 VD₂可用于保护 VD₁，使其在反向电压时不被击穿。如果没有 VD₂，在负半周时，反向电压会加在 VD₁上使之击穿。若采用反向击穿电压高于最高量限（如 500 V）的半导体整流元件作为 VD₁时，则不必使用 VD₂。但这种元件价格较高，一般不建议使用。

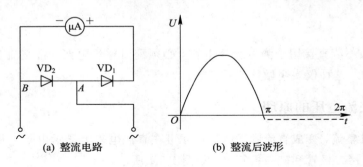

(a) 整流电路   (b) 整流后波形

图 1.5.3　半波串并式整流

交流电流包含极大值 $I_{极大}$、有效值 $I_{有效}$ 和平均值 $I_{平均}$ 三个参数，其表示法如图 1.5.4 所示，三者之间的关系如表 1.5.1 所示。

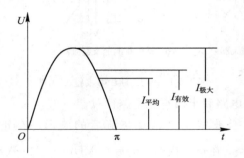

图 1.5.4　交流电流表示法

表 1.5.1　交流电流极大值、有效值和平均值的关系

极大值	有效值	平均值
$I_{极大}=\sqrt{2}\,I_{有效}$	$I_{有效}$	$I_{平均}=\dfrac{2I_{极大}}{\pi}=\dfrac{2\sqrt{2}}{\pi}I_{有效}=0.9I_{有效}$

在日常计算中，交流电压或电流一般用有效值来表示，例如，常用电压为 200 V 指的就是有效值，所以电表的标度尺也是指有效值。但整流后的电流是平均值，因整流元件的效率并非 100%，故在设计及计算交流电路时，应先算出整流电路的工作总效率 K_0，即

$$K_0 = P \times \eta \times K$$

式中：P——整流因数，全波为 1，半波为 0.5；

　　　η——整流元件的整流效率；

　　　K——系数，即正弦交流电流的平均值与有效值之比，其比值为 0.9。

由上式可知，对于半波整流，当 $\eta=98\%$ 时，$K_0=P \times \eta \times K=0.5 \times 98\% \times 0.9=0.44$。

现在万用表大多采用半波整流电路，其结构简单，转换开关也较简单。

1.5.2　交流电压各挡的计算

计算交流电压时，首先应算出整流电路的工作总效率，然后求出交流电压灵敏度，即可计算出各挡的内阻。

例 1.11　在图 1.3.7 所示的闭路抽头转换式分流电路的基础上，设计一只量限为 10 $\underset{\sim}{V}$、50 $\underset{\sim}{V}$、250 $\underset{\sim}{V}$ 和 500 $\underset{\sim}{V}$ 的交流电压表，采用半波整流，整流器的整流效率为 98%，其正向阻值为 500 Ω。

解　整流电路的工作总效率为

$$K_0 = P \times \eta \times K = 0.5 \times 98\% \times 0.9 = 0.44$$

故交流电压挡的电压灵敏度为

$$10 \text{ k}\Omega/\underset{\sim}{V} \times 0.44 = 4.4 \text{ k}\Omega/\underset{\sim}{V}$$

其电路如图 1.5.5 所示。

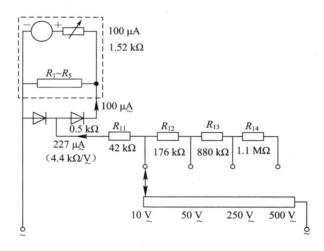

图 1.5.5　交流电压挡电路

因整流电路工作总效率为 0.44，所以只有当交流电流为 227 $\mu\underset{\sim}{A}$ 时 $\left(\dfrac{100}{0.44} = 227\right)$，经过整流才能得到 100 μA（$227 \times 0.44 = 100$）的直流电流。因此交流电压灵敏度为

$$\frac{1}{I_\sim} = \frac{1}{227\mu\underset{\sim}{A}} = 4.4 \text{ k}\Omega/\underset{\sim}{V}$$

在计算交流电压灵敏度时，只要将直流电压灵敏度乘以 K_0（整流电路的工作总效率）即可。在计算交流电压挡各挡的内阻时，也只需将该挡的电压乘以交流电压灵敏度（此处为 4.4 $\text{k}\Omega/\underset{\sim}{V}$）即可。

各挡的内阻为

$$R_{10\underset{\sim}{V}} = (10 \times 4.4)\text{k}\Omega = 44 \text{ k}\Omega$$

$$R_{11} = 44 \text{ k}\Omega - 1.52 \text{ k}\Omega - 0.5 \text{ k}\Omega \approx 42 \text{ k}\Omega$$

$$R_{50\underset{\sim}{V}} = 50 \times 4.4 \text{ k}\Omega = 220 \text{ k}\Omega$$

$$R_{12} = 220 \text{ k}\Omega - 44 \text{ k}\Omega = 176 \text{ k}\Omega$$
$$R_{250\text{ V}} = 250 \times 4.4 \text{ k}\Omega = 1.1 \text{ M}\Omega$$
$$R_{13} = 1100 \text{ k}\Omega - 220 \text{ k}\Omega = 880 \text{ k}\Omega$$
$$R_{500\text{ V}} = 500 \times 4.4 \text{ k}\Omega = 2.2 \text{ M}\Omega$$
$$R_{14} = 2.2 \text{ M}\Omega - 1.1 \text{ M}\Omega = 1.1 \text{ M}\Omega$$

当然，$R_{11} \sim R_{14}$ 各电阻也可简单或混合连接，但阻值需要重新计算。

例 1.12　在图 1.3.6 所示的低量限闭路抽头转换式分流电路的基础上，设计一只量限为 10 V、50 V、250 V 和 500 V 的交流电压表，电压灵敏度要求为 4000 Ω/V。设半波整流器的整流效率为 99%，正向电阻为 500 Ω。

解　整流电路的工作总效率为
$$K_0 = P \times \eta \times K = 0.5 \times 99\% \times 0.9 = 0.445$$

故交流电压挡的电压灵敏度最高可达 20 kΩ/V × 0.445 = 8.9 kΩ/V。假设电压灵敏度只要求 4 Ω/V 即可满足使用，因为交流电源的内阻较低，4 Ω/V 的电压灵敏度已足够使用，所以许多万用表的交流电压灵敏度只有 1000 Ω/V。

根据题目要求，电压灵敏度为 4000 Ω/V 的万用表的电流灵敏度为
$$250\ \mu\text{A}\left(I_\sim = \frac{1}{4000} = 0.000250\ \text{A} = 250\ \mu\text{A}\right)$$

整流后得到的直流电流为
$$250 \times 0.445 = 111\ \mu\text{A}$$

即直流电流表接入点应为 111 μA，如图 1.5.6 所示。

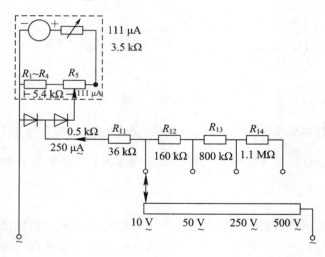

图 1.5.6　交流电压挡(4000/V)的接入点

接入点为 111 μA 时的分流电阻的阻值为
$$R_{\text{S}111\mu\text{A}} = \frac{IR_\text{S}}{I_{111\mu\text{A}}} = \frac{50 \times 12\ \text{k}\Omega}{111} = 5.4\ \text{k}\Omega$$

此时交流电压的电压灵敏度为 4000 Ω/V，交流电压各挡的内阻分别为

$R_{10\underline{V}} = 10 \times 4 \text{ k}\Omega = 40 \text{ k}\Omega$

$R_{11} = 40 \text{ k}\Omega - 3.5 \text{ k}\Omega - 0.5 \text{ k}\Omega = 36.0 \text{ k}\Omega$

$R_{50\underline{V}} = 50 \times 4 \text{ k}\Omega = 200 \text{ k}\Omega$

$R_{12} = 200 \text{ k}\Omega - 40 \text{ k}\Omega = 160 \text{ k}\Omega$

$R_{250\underline{V}} = 250 \times 4 \text{ k}\Omega = 1 \text{ M}\Omega$

$R_{13} = 1000 \text{ k}\Omega - 200 \text{ k}\Omega = 800 \text{ k}\Omega$

$R_{500\underline{V}} = 500 \times 4 \text{ k}\Omega = 2 \text{ M}\Omega$

$R_{14} = 2 \text{ M}\Omega - 1 \text{ M}\Omega = 1 \text{ M}\Omega$

1.6　测量交流电流的原理及计算

1.6.1　分流法测量交流电流的原理及计算

1. 分流法测量交流电流的原理

分流法测量交流电流的原理相对简单，给整流系电表装上分流电阻，以分流的原理扩大量限，即可成为一只多量限交流电流表。

在测量交流电流时，电表和电路串接，表阻越小，对原电路的影响越小，但这种影响却不能过小，否则会使整流线性不好。一般取其压降为

$$U_\sim = I_\sim R = (1 \sim 1.5)\ \text{V}$$

2. 交流电流挡的计算

计算交流电流挡时，首先应确定压降，然后用欧姆定律计算各挡分流电阻的阻值，再从整流系电表的灵敏度及内阻求出总分流电阻的阻值。

例 1.13　在图 1.5.5 所示的交流电压挡电路的基础上，试设计一只量限为 5 A、0.5 A 和 0.1 A 的交流电流表。取 $U_\sim = I_\sim R = 1$ V。

解　由于压降 $U_\sim = I_\sim R = 1$ V，如图 1.6.1 所示，各挡的分流电阻为

$$R_{S5A} = \frac{U_\sim}{I_\sim} = \frac{1\ \text{V}}{5\ \text{A}} = 0.2\ \Omega$$

$$R_{19} = 0.2\ \Omega$$

$$R_{S0.5A} = \frac{1\ \text{V}}{0.5\ \text{A}} = 2\ \Omega$$

$$R_{20} = 2\ \Omega - 0.2\ \Omega = 1.8\ \Omega$$

$$R_{S0.1A} = \frac{1\ \text{V}}{0.1\ \text{A}} = 10\ \Omega$$

$$R_{21} = 10\ \Omega - 2\ \Omega = 8\ \Omega$$

由于

$$I_{M\sim}(R_{M\sim} + R_{S\sim}) = 1\ \text{V}$$

式中：$I_{M\sim}$——整流系电表灵敏度；

$R_{M\sim}$——整流系电表内阻；

$R_{S\sim}$——交流电流表总分流电阻。

又

$$I_{M\sim} = 227\ \mu\text{A}$$

$$R_{M\sim} = 1.52\ \text{k}\Omega + 0.5\ \text{k}\Omega = 2.02\ \text{k}\Omega$$

则

$$R_{S\sim} = \frac{1}{I_{M\sim}} - R_{M\sim} = \frac{1}{227 \times 10^{-6}} \, \Omega - 2020 \, \Omega = 2386 \, \Omega$$

$$R_{22} = 2386 \, \Omega - 10 \, \Omega = 2376 \, \Omega$$

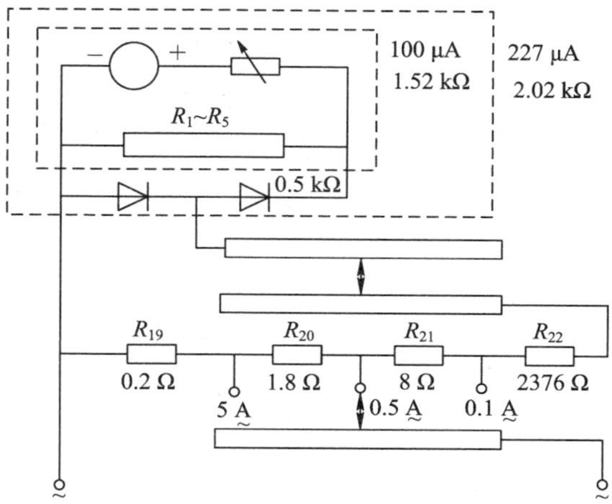

图 1.6.1　交流电流挡线路

特别提示：

（1）由于最大电流可达 5 A，所以必须使用优质转换开关；若无优质转换开关，可采用接线柱接出。

（2）分流电阻所选用的线径要足够粗，否则烧断后会损坏电表。

（3）R_{22} 可采用一只 3 kΩ 可变线绕电阻，便于校验时进行调整。

1.6.2　变流法测量交流电流的原理及计算

1. 变流法测量交流电流的原理

万用表交流电流也可利用变流器扩大量限后进行测量。在变流器中，初级线圈的匝数相对较少，次级线圈的匝数为初级的百倍、甚至千倍。如不考虑损耗，初、次级线圈间有如下关系：

$$I_1 w_1 = I_c w_c$$

式中：I_1——通过初级线圈的被测电流；

　　　w_1——初级线圈的匝数；

　　　I_c——初级线圈的感应电流；

　　　w_c——次级线圈的匝数。

$I_1 w_1 (I_c w_c)$ 的单位为安匝，在万用表所用的变流器中，安匝的数值一般取 5～10。可利用 5 寸喇叭的输出变压器铁芯进行改装，线径要与通过的电流强度相适应。

例如，如图 1.6.2 所示，有一只变流器，其初级线圈为 5 匝，次级线圈为 4500 匝。当初级线圈有 1 A 的电流通过时，次级线圈就会有 1.11 mA 的电流（用公式 $I_1 w_1 = I_c w_c$ 算得）通过。通过全波整流后可得到 1 mA 直流电流。将此电流通入一只满量限值为 1 mA 的直流电表中，指针指向满标度，即表示初级线圈有 1 A 电流通过。当对初级线圈做不同的抽头时，即可制作一只多量限交流电流表。

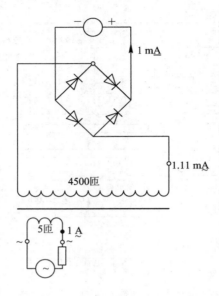

图 1.6.2　变流法测量交流电流线路

在初级线圈的通电过程中，次级线圈必须接通整流系电表，绝对不允许产生开路或断路，否则次级线圈会有很高的感应电压，产生安全隐患。变流器也可以做成自耦式，用抽头方法改变量限，在此不过多赘述。

2. 变流法测量电流挡的计算

变流法测量电流挡的计算步骤如下：

（1）确定电流挡的各量限。

（2）确定安匝。

（3）确定次级交流电流值。

（4）计算交流整流后的直流电流值。

（5）接到直流电流表的某个抽头点上，使其与整流后的直流电流相适应。

例 1.14　在图 1.3.7 所示的闭路抽头转换式分流电路的基础上，试设计一只交流电流量限为 5 A、1 A 和 100 mA 的交流电流表，采用变流法测量，所用材料包括自耦抽头式变流器及四只二极管，进行桥式全波整流。设整流电路总效率为 90%。

解　如图 1.6.3 所示，自耦抽头式变流器交流电流量限为 5 A、1 A、100 mA，安匝数值取 5，次级线圈交流电流取 1.111 mA（该数值可使整流后得到 1 mA 的直流电流，以便接到电流表的 1 mA 抽头上），则

$$w_{5A} = \frac{5}{5} = 1 \text{ 匝}, \quad w_{1A} = \frac{5}{1} = 5 \text{ 匝}$$

$$w_{100mA} = \frac{5}{0.1} = 50 \text{ 匝}, \quad w_{1.111mA} = \frac{5}{0.001111} = 4500 \text{ 匝}$$

全波整流后的直流电流＝1.111 mA×0.9＝0.9999 mA≈1 mA。

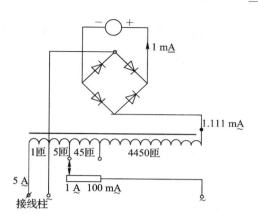

图 1.6.3　自耦抽头式变流器交流电流量限

因变流器总会产生一些损耗，校验时若指示值偏低，超过误差允许范围，可拆去部分次级线圈，重新校正。例如，指示值低于标准值的 5%，可拆去次级线圈匝数的 5%。

上述两种方法相比，分流法比变流法简易得多，故现在设计的万用表多数采用分流式。如若一只万用表没有交流电流挡，则可按照上述原理制作一只交流电流测量附加器。

1.7 测量电阻的原理及计算

1.7.1 测量电阻的原理

在电压不变的情况下，若回路电阻增加一倍，则电流减少一半。根据这个原理，可制作一只欧姆表用于测量电阻。下面对欧姆表测量电阻的原理进行具体分析。

如图 1.7.1 所示，将欧姆表 $\oplus$、$\ominus$ 极短路，调节限流电阻 R_d 使表针指示满标度，则满标度电流为

$$I = \frac{E}{R_z}$$

或

$$E = IR_z \tag{1.6}$$

式中：R_z——欧姆表的综合内阻，且有

$$R_z = R_d + \frac{R_M R_S}{R_M + R_S} + r$$

式中：R_d——限流电阻；

r——干电池内阻。

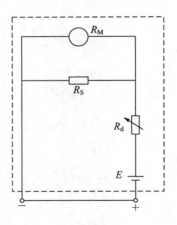

图 1.7.1　欧姆挡调零电路原理

在 $\oplus$、$\ominus$ 极间接上被测电阻 R_X，如图 1.7.2 所示，则电流下降值为 I'，即

$$I' = \frac{E}{R_z + R_X} \tag{1.7}$$

将式（1.6）代入式（1.7）得

$$I' = \frac{IR_z}{R_z + R_X} = \frac{R_z}{R_z + R_X} I \tag{1.8}$$

当 $R_X = 0$ 时，$I' = I$；

当 $R_X = R_z$ 时，$I' = \dfrac{1}{2}I$；

当 $R_X = 2R_z$ 时，$I' = \dfrac{1}{3}I$；

$$\vdots$$

当 $R_X = \infty$ 时，$I' = 0$。

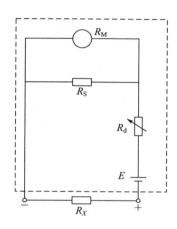

图 1.7.2　欧姆挡测量电阻原理

　　根据以上结论可得出：欧姆标度为不等分的倒标度。当被测电阻等于欧姆表综合内阻（即 $R_X = R_z$）时，指针指在表盘的中心位置。所以，R_z 又称为中心阻值（或中值电阻）。

　　当被测电阻的阻值远大于欧姆表综合内阻时，其阻值无法精确地读出，从而会带来很大的读数误差。为了得到精确的读数，需将欧姆表的表盘按十进制分挡。分挡后，各挡都有相应的综合内阻（即中心阻值），使用时采用一条欧姆标度尺，其分度数值是以 $R \times 1$ 挡的中心阻值标定出来的，其中心阻值叫做欧姆表的表盘中心标度阻值。大多数欧姆表采用只有两位数字的表盘中心标度阻值，如 12 Ω、60 Ω 等。

1.7.2　欧姆表的中心阻值及表盘中心标度阻值的计算

　　欧姆表某挡的中心阻值即为其综合内阻值，表盘中心标度值是欧姆表 $R \times 1$ 挡的综合内阻值，两者的关系为：某挡的中心阻值＝表盘中心标度阻值×该挡的倍率。

　　欧姆表的表盘中心标度阻值是一个重要数值，目前万用表大多采用 12 Ω 和 24 Ω 表盘中心标度阻值，少数采用 10 Ω、13 Ω、18 Ω、25 Ω、48 Ω、60 Ω 和 75 Ω 等的表盘中心标度阻值。

　　中心阻值的大小不仅与电流表的灵敏度有关，还与所用干电池的数量（电压）有关。新干电池的电压每节虽可高达 1.6 V，但考虑到充分利用及欧姆表的准确度，以 1.2 V 作为更换界限，故计算时以 1.2 V 为标准。在使用过程中，一节干电池内阻平均以 0.6 Ω 计算。

　　当电流表的灵敏度（表头接上分流电阻后的电流表的灵敏度）和所用干电池的节数确定后，其中心阻值即可根据欧姆定律 $\left(R_z = \dfrac{E}{I} \right)$ 求出，从而可得两位数字的表盘中心标度阻值。

例 1.15 现有一只 $100\ \mu A$ 的电流表,当使用一节干电池,电压在 1.2 V 时,其中心阻值为多少?表盘中心标度阻值为多少?

解

$$R_z = \frac{E}{I} = \frac{1.2}{100 \times 10^{-6}} = 12\ k\Omega = 12\ \Omega \times 1k$$

该电流表的中心阻值为 12 kΩ,表盘中心标度阻值为 12 Ω。

如表 1.7.1 所示为当使用一节干电池时各种灵敏度的电流表的中心阻值及表盘中心标度阻值。

表 1.7.1　各种灵敏度电流表的中心阻值及表盘中心标度阻值

序号	电池电压/V	电流表灵敏度/μA	满偏转时综合内阻（中心阻值）/kΩ	二位数×倍率	表盘中心标度阻值/Ω
1	1.2	50	24	24 Ω×1k	24
2	1.2	66.7	18	18 Ω×1k	18
3	1.2	100	12	12 Ω×1k	12
4*	1.2	200	6	50 Ω×100	60
5	1.2	250	4.8	48 Ω×100	48
6	1.2	500	2.4	24 Ω×100	24
7	1.2	667	1.8	18 Ω×100	18
8	1.2	1000	1.2	12 Ω×100	12

注:表中带"＊"数值表示当使用两节干电池时,中心阻值为 12 kΩ,二位数×倍率为 12 Ω×1 k,表盘中心标度阻值为 12 Ω。

1.7.3　倍率的升降

从计算公式 $R_z = \frac{E}{I}$ 可以看出:

(1) 在相同电压条件下,若电流表灵敏度升高一倍,则中心阻值增大一倍;若并联一只分流电阻,使电流表灵敏度降低到原来的 1/10,则中心阻值也将下降到原来的 1/10,即欧姆表倍率降低一挡。

(2) 在电流表灵敏度相同的条件下,若电压增加一倍,则中心阻值也增加一倍;若电压增加到 10 倍,则中心阻值也增加到 10 倍,即倍率提高一挡。

1.7.4　表盘欧姆标度尺的标定

当表盘中心标度阻值确定后,表盘的欧姆标度尺也随之确定。下面以 12 Ω 表盘中心标度阻值为例,说明欧姆标度尺的标定过程。

由于

$$I' = \frac{R_z}{R_z + R_x}I$$

当 $R_x = 0$ Ω 时，指针位于满偏转处，即直流 50 格处。串联接入 R_x 后，指针指向 G 格处，则上式变为

$$G = \frac{R_z}{R_z + R_x} \times 50$$

因为

$$R_z = 12 \text{ Ω}$$

所以

$$G = \frac{12}{12 + R_x} \times 50$$

当 $R_x = 0$ Ω 时，$G = 50$ 格；

当 $R_x = 0.2$ Ω 时，$G = 49.2$ 格；

当 $R_x = 0.4$ Ω 时，$G = 48.4$ 格；

当 $R_x = 1$ Ω 时，$G = 46.2$ 格；

当 $R_x = 12$ Ω 时，$G = 25$ 格；

当 $R_x = 100$ Ω 时，$G = 5.4$ 格。

欧姆表的标度尺标定如表 1.7.2 所示。

表 1.7.2　欧姆标度尺的标定 (以 12 Ω 为中心)

欧姆数值	直流格数	欧姆数值	直流格数	欧姆数值	直流格数
0	50.0	3	40.0	7.5	30.8
0.2	49.2	3.2	39.5	8	30.0
0.4	48.4	3.4	39.0	8.5	29.3
0.6	47.6	3.6	38.5	9	28.6
0.8	46.9	3.8	38.0	9.5	27.9
1	46.2	4	37.5	10	27.3
1.2	45.5	4.2	37.0	11	26.1
1.4	44.8	4.4	36.6	12	25.0
1.6	44.1	4.6	36.2	13	24.0
1.8	43.5	4.8	35.7	14	23.1
2	42.8	5	35.3	15	22.2
2.2	42.2	5.5	34.3	16	21.4
2.4	41.7	6	33.4	17	20.7
2.6	41.1	6.5	32.4	18	20.0
2.8	40.6	7	31.6	19	19.4

欧姆数值	直流格数	欧姆数值	直流格数	欧姆数值	直流格数
20	18.8	38	12.0	150	3.7
22	17.7	40	11.5	200	2.8
24	16.7	45	10.5	300	2.0
26	15.8	50	9.7	400	1.4
28	15.0	60	8.3	500	1.2
30	14.3	70	7.3	1k	0.6
32	13.6	80	6.5	2k	0.3
34	13.1	90	5.9	∞	0
36	12.5	100	5.4		

同样，24 Ω 表盘中心标度阻值的标度尺可用下式标定，即

$$G = \frac{24}{24 + R_X} \times 50$$

具体标度尺的标定同 12 Ω 表盘的计算，在此不过多赘述。

1.7.5 电压变动引起误差的补偿

在 R_Z 不变或基本不变的情况下，才可测出准确的 R_X。如果此时 R_Z 也随之变化，欧姆表所测结果就不准确了。干电池电压变动幅度为 1.6 V～1.2 V，它必然会使 R_Z 产生变化，即当电池电压大于 1.2 V 而 ⊕、⊖ 极短接时，指针超出满标度。为使指针退回满标度（即零欧姆），需增设一只零欧姆调节电位器 R_D。现以 100 μA 电流表（采用一节干电池，中心阻值为 12 kΩ）为例加以研究。

在图 1.7.3 中，当更换新电池时，E 由 1.2 V 增加至 1.6 V，R_Z 应从 12 kΩ 增加至 16 kΩ，方能使指针退到满标度（此时 $I = \dfrac{1.6V}{16\ k\Omega} = 100\ \mu A$），即要串联接入一只 4 kΩ 的电阻 R_D，此时欧姆表中心阻值 R_Z 变为 16 kΩ。这种电路引起的相对误差为 $\dfrac{16-12}{12} = \dfrac{4}{12} =$ 33.3%，因此不可采用。

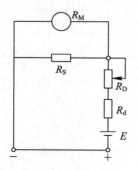

图 1.7.3 串联式调节电路

如图 1.7.4 所示电路，当更换新电池时，E 由 1.2 V 增加至 1.6 V，在表头串联接入一只可变电阻 R_D 使表头支路电阻增加，从而电流减小，使指针退到满标度。R_D 的阻值可用下列方法求得：

当电压增大 $\dfrac{1.6}{1.2}$ 倍时，电流相应增加，则

$$\left(\frac{4}{3}I - I_M\right)R_S = I_M(R_M + R_D)$$

因此

$$\frac{\frac{4}{3}IR_S - I_M R_S}{I_M} = R_M + R_D$$

$$\frac{4}{3} \times \frac{IR_S}{I_M} - R_S = R_M + R_D$$

$$R_D = \frac{4}{3} \times \frac{IR_S}{I_M} - R_S - R_M$$

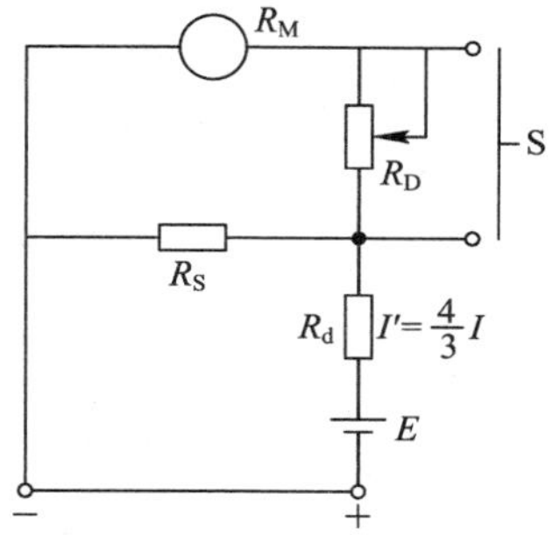

图 1.7.4　表头回路串接式调节电路

由于

$$IR_S = I_M(R_M + R_S)$$

因此

$$R_D = \frac{4}{3} \times \frac{I_M(R_M + R_S)}{I_M} - (R_S + R_M)$$

$$= (R_M + R_S)\left(\frac{4}{3} - 1\right)$$

$$= \frac{1}{3}(R_M + R_S)$$

若 $R_M + R_S$ 愈大，则 R_D 愈大，误差也愈大，应引起一定的注意。而且在电流挡或电压挡时，若使用开关 S 使 R_D 短路，则会增大误差。

如图 1.7.5 所示，零欧姆调节电位器 R_D 是分流电阻 R_S 的一部分。当更换上新电池时，电压 E 会由 1.2 V 增加至 1.6 V，可将 R_D 上的触点由 A 向 B 移动，则分流电阻减小，分流电流增大；同时，由于表头支路的电阻增加，可使表头电流减小到满标度。在这样的双重作用下，R_D 所用的阻值比前述两种都小，其数值可根据下面的方法求出，参考电路如图 1.7.6所示。

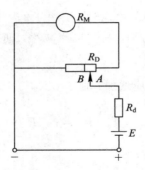

图 1.7.5　并联式调节电路

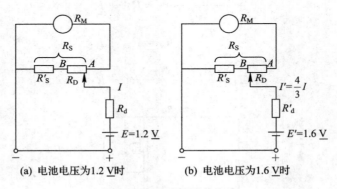

(a) 电池电压为1.2 V时　　　　　　(b) 电池电压为1.6 V时

图 1.7.6　零欧姆调节电路

由于

$$I'R'_S = IR_S$$

故

$$R'_S = \frac{I}{I'}R_S = \frac{I}{\frac{4}{3}I}R_S = \frac{3}{4}R_S$$

式中：I——电源电压为 1.2 V 时的电流；

　　　R_S——电源电压为 1.2 V 时的分流电阻；

　　　I'——电源电压为 1.6 V 时的电流；

　　　R'_S——电源电压为 1.6 V 时的分流电阻。

因此

$$R_D = R_S - R'_S = R_S - \frac{3}{4}R_S = \frac{1}{4}R_S$$

由于 R_D 的阻值比前述两种方式下的阻值都小，因而准确度较高。这种电路叫做并联式调节电路。

1.8　测量电阻的方法

1.8.1　极限灵敏度运用法

极限灵敏度运用法是以电流表的极限灵敏度为基准制成欧姆表进行测量的方法，其零欧姆调节电位器采用并联式调节线路，误差较小，现在制造的万用表大多采用这种线路。其计算方法包括平均法和标称法两种。

1.8.2　平均法电阻量限的计算

平均法电阻量限的计算步骤为：先求出表头回路的平均阻值，再计算限流电阻 R_d 的平均阻值，二者之和即等于基准挡的中心阻值。

例 1.16　如图 1.8.1 所示，试用一只 $100~\mu A$ 电流表，表头支路电阻为 $1.88~k\Omega$，其分流电阻 R_s 为 $8~k\Omega$。采用并联式调节线路，设计一只量程为 $R\times1$、$R\times10$、$R\times100$、$R\times1000$ 和 $R\times10000$ 的欧姆表。

解　用一节干电池时，$100\mu A$ 电流表的中心阻值为

$$R_Z = \frac{E}{I} = \frac{1.2}{100\times10^{-6}} = 12~k\Omega(12~\Omega\times1k)$$

其表盘中心标度阻值为 $12~\Omega$，倍率为 $R\times1k$。

对于基准挡 $R\times1000$（即 $R\times1k$)挡，零欧姆调节电位器的阻值为

$$R_D = \frac{1}{4}R_S = \frac{1}{4}\times8~k\Omega = 2~k\Omega$$

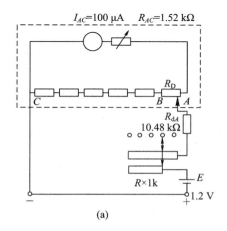
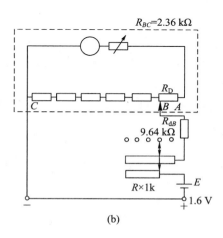

图 1.8.1　零欧姆调节电位器的调节实例

当 R_D 的触点位于 A 点时，如图 1.8.1(a)所示，可得

$$R_{AC} = \frac{1.88 \times 8}{1.88 + 8} = 1.52 \text{ k}\Omega$$

当 R_D 的触点位于 B 点时，如图 1.8.1(b)所示，可得

$$R_{BC} = \frac{(1.88 + 2) \times (8 - 2)}{(1.88 + 2) + (8 - 2)} = 2.36 \text{ k}\Omega$$

表头回路平均阻值为

$$R_{M\text{平}} = \frac{R_{M\text{大}} + R_{M\text{小}}}{2} = \frac{R_{BC} + R_{AC}}{2}$$

$$= \frac{2.36 + 1.52}{2} = 1.94 \text{ k}\Omega$$

此时限流电阻平均阻值为

$$R_{d\text{平}}^* = R_Z - R_{M\text{平}} = 12 \text{ k}\Omega - 1.94 \text{ k}\Omega = 10.06 \text{ k}\Omega$$

在干电池电压由 1.6 V 降至 1.2 V 过程中，R_Z 变化幅度为

$$\begin{array}{cc} 1.6 \text{ V 时} & 1.2 \text{ V 时} \\ 10.06k + 2.36k & \sim \quad 10.06k + 1.52k \end{array}$$

即

$$12.42k \sim 11.58k$$

对于 $R \times 1k$ 挡中心阻值，R_Z 偏离 12 kΩ，最大可达到 ± 0.42 kΩ，所引起的误差为

$$\gamma_R = \frac{\text{偏离中心阻值} \pm 0.42 \ k\Omega \ \text{的弧长}}{\text{标度尺弧长}} \times 100\%$$

$$= \frac{\pm 0.5 \ \text{格}}{50 \ \text{格}} \times 100$$

$$= \pm 1\%$$

相对误差为

$$\gamma_{R\text{相}} = \frac{\pm 0.42}{12} \times 100\% = \pm 3.5\%$$

由于并联(如 $R \times 100$ 挡、$R \times 10$ 挡、$R \times 1$ 挡)或串联(如 $R \times 10k$ 其他电阻)，故误差被减小。$R \times 100$ 挡相对误差为 $\pm 0.33\%$，$R \times 10k$ 挡为 $\pm 0.35\%$。

特别提示：

(1) R_S 越大，则 R_D 越大，R_Z 变化幅度越大，误差也越大。

因为

$$R_S = \frac{I_M}{I - I_M} \times R_M$$

取

$$I_M = 95 \ \mu A, \quad I = 100 \mu A$$

所以

$$R_S = \frac{95}{100 - 95} \times R_M = 19 R_M$$

由于

$$R_{\mathrm{M}} = 1 \text{ k}\Omega$$

则

$$R_{\mathrm{S}} = 19 \text{ k}\Omega$$

故

$$R_{\mathrm{D}} = \frac{1}{4} R_{\mathrm{S}} = \frac{1}{4} \times 19 \text{ k}\Omega \approx 4.8 \text{ k}\Omega$$

R_{D} 为 4.8 kΩ 时，可引起大于 10% 的相对误差，此电路不能应用。

（2）表头回路电阻的平均值为

$$R_{\mathrm{M平}} = \frac{R_{\mathrm{M大}} + R_{\mathrm{M小}}}{2}$$

在计算 $R_{\mathrm{M大}}$ 时要注意：表头内阻加上分流电阻总阻值的一半（即 $\frac{R_{\mathrm{M}} + R_{\mathrm{S}}}{2}$）是否在电位器 R_{D} 的阻值范围内，若在该范围内，则由此点计算所得的数值才是 $R_{\mathrm{M大}}$。

如图 1.8.2 所示，其他各挡的计算如下：

① $R \times 100$ 挡：

在 $R \times 1k$ 挡电路的基础上，并联一只分流电阻 R_{15}，使其综合内阻（即中心阻值）变为 1200 Ω（即 1.2 kΩ）。R_{15} 的阻值可用下式求得：

$$R_{15} = \frac{R_{\mathrm{Z1k}} \times R_{\mathrm{Z100}}}{R_{\mathrm{Z1k}} + R_{\mathrm{Z100}}} = \frac{12 \text{ k}\Omega \times 1.2 \text{ k}\Omega}{12 \text{ k}\Omega - 1.2 \text{ k}\Omega} = 1.333 \text{ k}\Omega$$

在 R_{D} 的触点由 B 点移向 A 点的过程中，此挡的综合内阻变化幅度为

$$R_{\mathrm{Z100}} = \frac{12.42\mathrm{k} \times 1.333\mathrm{k}}{12.42\mathrm{k} + 1.333\mathrm{k}} = 1204 \ \Omega$$

$$R_{\mathrm{Z100}} = \frac{11.58\mathrm{k} \times 1.333\mathrm{k}}{11.58\mathrm{k} + 1.333\mathrm{k}} = 1196 \ \Omega$$

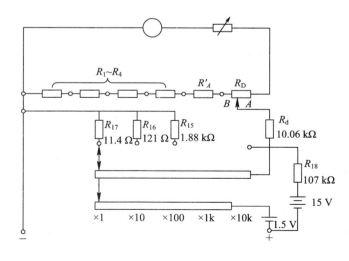

图 1.8.2　电阻挡分流电阻及串联电阻的线路

即偏离中心阻值 $\pm 4\ \Omega$，所以相对误差为

$$\gamma_{R相} = \frac{\pm 4}{1200} \times 100\% = \pm 0.33\%$$

② $R \times 10$ 挡：

在 $R \times 1k$ 挡电路的基础上，并联一只分流电阻 R_{16}，使其综合内阻（即中心阻值）变为 $120\ \Omega$。R_{16} 的阻值可由下式求得：

$$R_{16} = \frac{R_{Z1k} \times R_{Z10}}{R_{Z1k} - R_{Z10}} = \frac{12000 \times 120}{12000 - 120} = 121\ \Omega$$

此挡的相对误差更小，读者可自行计算，在此不过多叙述。

③ $R \times 1$ 挡：

在 $R \times 1k$ 挡电路的基础上，并联一只分流电阻 R_{17}，使其综合内阻（即中心阻值）变成 $12\ \Omega$。R_{17} 的阻值可由下式求得：

$$R_{17} = \frac{R_{Z1k} \times R_{Z1}}{R_{Z1k} - R_{Z1}} - 0.6 = \frac{12000 \times 12}{12000 - 12} - 0.6 = 11.4\ \Omega$$

④ $R \times 10k$ 挡：

此挡电流灵敏度应为 $10\ \mu A$，采用 $100\ \mu A$ 电流表接一节干电池无法起作用，故采用增加电压的方法解决。$R \times 1k$ 挡采用一节干电池，$R \times 10k$ 挡则应采用 10 节干电池或一节 15 V 迭层电池。因为该挡的综合内阻（中心阻值）为 $120\ k\Omega$，所以

$$R_{18} = 120\ k\Omega - 12\ k\Omega - 1\ k\Omega = 107\ k\Omega$$

上式中 1 $k\Omega$ 为 15 V 迭层电池的内阻，9 V 迭层电池内阻约为 500 Ω。

在 R_D 的触点由 B 点移动到 A 点的过程中，$R \times 10\ k$ 挡的综合内阻变化幅度为

$$\text{1.6 V 时} \qquad\qquad \text{1.2 V 时}$$
$$107k + 1k + 12.42k \sim 107k + 1k + 11.58k$$

即

$$120.42k \sim 119.58k$$

偏离中心阻值为 $\pm 0.42\ k\Omega$，其相对误差为

$$\gamma_{R相} = \frac{\pm 0.42}{120} \times 100\% = \pm 0.35\%$$

例 1.17 以 $50\ \mu A$ 直流电流挡为基点，如图 1.8.3 所示，试设计一只量限为 $R \times 1$、$R \times 10$、$R \times 100$、$R \times 1k$ 和 $R \times 10k$ 的欧姆表，表盘中心标度阻值为 24 Ω。

解
$$R_Z = \frac{E}{I} = \frac{1.2\ V}{50\ \mu A} = 24\ k\Omega = 24\ \Omega \times 1\ k$$

$R \times 1$ 挡（基准挡）：

$$R_D = \frac{1}{4} R_S = \frac{1}{4} \times 12\ k\Omega = 3\ k\Omega$$

如图 1.8.3 所示，当触点在 A 点时，其阻值为

$$R_{AC} = \frac{3 \times 12}{3 + 12} = 2.4\ k\Omega$$

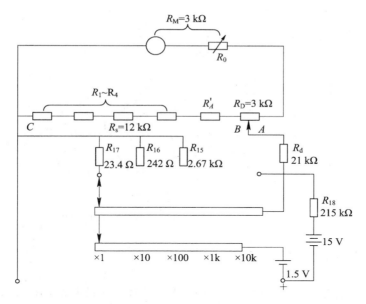

图 1.8.3 24 Ω 中心电阻挡线路

当触点在 B 点时，其阻值为

$$R_{BC} = \frac{(3+3) \times (12-3)}{(3+3)+(12-3)} = \frac{6 \times 9}{15} = 3.6 \ \Omega$$

$$R_{M\Psi} = \frac{R_{M大}+R_{M小}}{2} = \frac{R_{AC}+R_{BC}}{2} = \frac{2.4+3.6}{2} = \frac{6}{2} = 3 \ k\Omega$$

$$R_{d\Psi} = R_Z - 3 \ k\Omega = 24 \ k\Omega - 3 \ k\Omega = 21 \ k\Omega$$

在干电池电压由 1.6 V 降至 1.2 V 的过程中，R_Z 变化幅度为

$$1.6 \ V \ 时 \qquad 1.2 \ V \ 时$$

$$(21+3.6)k \sim (21+2.4)k$$

即

$$24.6k \sim 23.4k$$

R_Z 偏离 24 kΩ，即偏离 $R \times 1k$ 挡中心阻值，最大可达到 ± 0.6 kΩ，引起的误差为

$$\gamma_R = \frac{偏离中心阻值 \pm 0.6 \ k\Omega \ 的弧长}{标度尺弧长} \times 100\% =$$

$$\frac{\pm 0.3 \ 格}{50} \times 100\% = \pm 0.6\%$$

其相对误差为

$$\gamma_{R相} = \frac{\pm 0.6k}{24k} \times 100\% = \pm 2.5\%$$

将 R_5 分散的具体方法为：将交流电压挡接入点设定为如图 1.8.4 所示的方式，同时可参考图 1.5.6，其阻值为

$$R'_5 = 5.4 \ k\Omega - 1.2 \ k\Omega = 4.2 \ k\Omega$$

$$R''_5 = 12 \ k\Omega - (1.2 \ k\Omega + 4.2 \ k\Omega + 3 \ k\Omega) = 3.6 \ \Omega$$

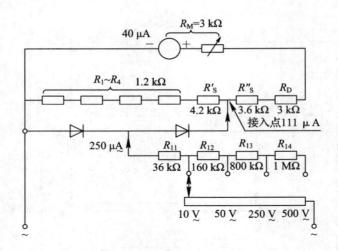

图 1.8.4　固定法交流电压挡接入点线路

由于万用表是批量生产的，而整流元件的效率不能逐一地测试，R_S' 及 R_S'' 的阻值大小不同。每只万用电表中各种电阻的阻值大小不一，不方便生产，所以在接入点使用一只小型线绕电位器，便于调整，如图 1.8.5 所示。

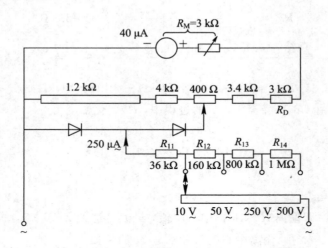

图 1.8.5　可调法交流电压挡接入点线路

其他各挡计算方法与例 1.16 相同，可参考如图 1.8.4 所示线路进行计算。

1.8.3　标称法电阻量限的计算

所谓标称法，是指将欧姆表的标度尺与干电池的标称电压 1.5 V 相符合的计算方法。其具体计算步骤如下：

（1）先求出电池电压为 E_Q（标称电压）时的标称电流 I_Q，即

$$I_Q = \frac{E_Q}{R_Z}$$

式中：E_Q——干电池的标称电压；

$\quad\quad R_z$——欧姆表的综合内阻；

$\quad\quad I_Q$——标称电流。

（2）计算在标称电流时触点位置的 R_{SQ}，即

$$I_Q \times R_{SQ} = IR_s$$

故

$$R_{SQ} = \frac{IR_s}{I_Q}$$

式中：R_{SQ}——触点在 Q 时的分流电阻；

$\quad\quad I$——极限灵敏度电流；

$\quad\quad R_s$——极限灵敏度时的分流电阻。

（3）求出电流表的等效内阻 R_{QC}，如图 1.8.6 中虚线框所示，即

$$R_{QC} = \frac{R_{SQ}(R_M + R_s - R_{SQ})}{R_{SQ} + R_M + R_s - R_{SQ}}$$

（4）求出限流电阻 R_d 的阻值，满足：

$$R_{QC} + R_d = \text{中心阻值}$$

例 1.18　在图 1.3.6 所示的低量限闭路抽头转换式分流电路的基础上，以 $100\ \mu A$ 为基点，用标称法计算欧姆表 $R \times 1k$ 挡电路的相应参数，如图 1.8.6 所示。

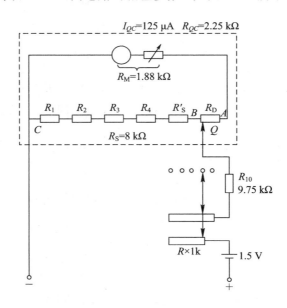

图 1.8.6　12Ω 中心标称法电阻挡线路

解　用一节干电池时，$100\mu A$ 电流表的中心阻值为

$$R_z = \frac{E}{I} = \frac{1.2}{100 \times 10^{-6}} = 12\ k\Omega = 12\ \Omega \times 1k$$

即表盘中心标度阻值为 $12\ \Omega$，倍率为 $R \times 1k$，则零欧姆调节电位器的阻值为

$$R_D = \frac{1}{4}R_s = \frac{1}{4} \times 8 \text{ k}\Omega = 2 \text{ k}\Omega$$

对于 $R \times 1\text{k}$ 挡:

(1) $I_{QC} = \dfrac{E_Q}{R_Z} = \dfrac{1.5 \text{ V}}{12 \text{ k}\Omega} = 125 \ \mu\text{A}$;

(2) $R_{SQ} = \dfrac{IR_s}{I_Q} = \dfrac{100 \times 8 \text{ k}\Omega}{125} = \dfrac{4}{5} \times 8 \text{ k}\Omega = 6.4 \text{ k}\Omega$;

(3) $R_{QC} = \dfrac{R_{SQ}(R_M + R_s - R_{SQ})}{R_{SQ} + R_M + R_s - R_{SQ}} = \dfrac{6.4 \times (1.88 + 8 - 6.4)}{6.4 + 1.88 + 8 - 6.4} = \dfrac{6.4 \times 3.48}{9.88} = 2.25 \text{ k}\Omega$;

(4) $R_{dQ} = 12 \text{ k}\Omega - 2.25 \text{ k}\Omega = 9.75 \text{ k}\Omega$。

在电池电压由 1.6 V 降至 1.2 V 的过程中，R_Z 的变化幅度为

$$1.6 \text{ V 时} \qquad 1.5 \text{ V 时} \qquad 1.2 \text{ V 时}$$
$$9.75\text{k} + 2.36\text{k} \sim 12\text{k} \sim 9.75\text{k} + 1.52\text{k}$$

即

$$12.11\text{k} \sim 12\text{k} \sim 11.27\text{k}$$

偏离中心阻值的范围为

$$+0.11\text{k} \sim 0 \sim -0.73\text{k}$$

标称法的优点为：由于干电池电压在 1.5 V 时的时期较长，所以在该时段内的误差较小。

标称法的缺点是：当干电池电压降到 1.2 V 时，引起的相对误差可达到 $\dfrac{-0.73\text{k}}{12\text{k}} = -6.1\%$。采取的补救办法是：当干电池电压降到 1.3 V 时更换新电池，使用过程中，用 $R \times 1$ 挡检验，当该挡无法调到零欧姆时立即更换新电池，即可减小误差。改善后误差比平均法小，准确度高，值得采用。

1.8.4　闭路抽头串阻法

闭路抽头串阻法是从合适的直流电池挡抽头，再串联接入一只电阻，使综合内阻达到中心阻值。

1. 中心阻值的确定

R_Z 为欧姆表的综合内阻，即中心阻值；I_Z 是外阻为零、综合内阻为 R_Z 时欧姆表的满标度电流，即直流电流挡抽头点的电流；E 为所用干电池的电压，每节以 1.2 V 计算，则根据欧姆定律可得

$$R_Z = \frac{E}{I_Z}$$

例如，电路从直流电流表的 0.1 A（即 100 mA）挡接出，用一节干电池时，其中心阻值为

$$R_z = \frac{E}{I_z} = \frac{1.2}{0.1} = 12 \ \Omega$$

但 100 mA 电流表的等效内阻小于 12 Ω，故要串联一只电阻进行补足。

若电路从 50 mA 挡接出，则中心阻值为

$$R_z = \frac{E}{I_z} = \frac{1.2}{0.05} = 24 \ \Omega$$

2. $R\times1$ 挡的设计及倍率的提高

大多数欧姆表的 $R\times1$ 挡采用一节干电池为电源，电压以 1.2 V 计算。在闭路抽头串阻法中，抽头点抽取的最大电流值一般是小于 120 mA 的，大多为 100 mA 或 50 mA，使 $R\times1$ 挡的中心阻值 R_{z1} 为两位数（如 12 Ω 或 24 Ω），此时其表盘中心标度阻值也为 12 Ω 或 24 Ω。

当抽头点选定后，计算出电流表的等效内阻，再串联一只限流电阻 R_{d1}，使欧姆表综合内阻等于 $R\times1$ 挡的中心阻值。必须注意：干电池内阻也串联在线路中，它对 $R\times1$ 挡的影响较大，计算时必须考虑。

从 $R_z = \dfrac{E}{I_z}$ 可知，若电池电压 E 不变，改变抽头点，使 I_z 减至极限灵敏度，用升高电源电压 E 的办法可提高中心阻值。电源电压 E 提高到 10 倍时，倍率即可提高 1 挡。

例 1.19　在图 1.3.7 所示电路的基础上，试设计一只闭路抽头串阻式欧姆表，其量限为 $R\times1$、$R\times10$、$R\times100$、$R\times1\mathrm{k}$ 和 $R\times10\mathrm{k}$，如图 1.8.7 所示。

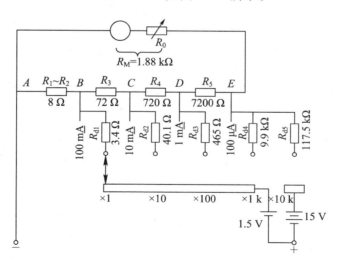

图 1.8.7　闭路抽头串阻式欧姆表电路

解　(1) $R\times1$ 挡(用一节干电池为电源)：

首先确定 $R\times1$ 挡的抽头点，从 100 mA 挡接出，得到两位数的表盘中心标度阻值，即为该挡的综合内阻，其值 R_{z1} 为

$$R_{Z1} = \frac{E}{I_{Z1}} = \frac{1.2\ \text{V}}{100\ \text{mA}} = \frac{1.2\ \text{V}}{0.1\ \text{A}} = 12\ \Omega$$

但 A、B 两点间的电阻为

$$R_{AB} = \frac{8 \times (1.88\ \text{k}\Omega + 8\ \text{k}\Omega - 8\ \Omega)}{8 + (1.88\ \text{k}\Omega + 8\ \text{k}\Omega - 8\ \Omega)} \approx 8\ \Omega$$

R_{AB} 不满足 12 Ω，所以需串联接入一只限流电阻 R_{d1} 进行补足，其阻值为

$$R_{d1} = 12\ \Omega - 8\ \Omega - 0.6\ \Omega = 3.4\ \Omega$$

（2）$R \times 10$ 挡：

从 10 mA 挡抽头，其综合内阻 R_{Z10} 为

$$R_{Z10} = \frac{1.2\ \text{V}}{10\ \text{mA}} = \frac{1.2\ \text{V}}{0.01\ \text{A}} = 120\ \Omega$$

但 A、C 两点间的电阻为

$$R_{AC} = \frac{80 \times (1.88\ \text{k}\Omega + 8\ \text{k}\Omega - 80\ \Omega)}{80 + (1.88\ \text{k}\Omega + 8\ \text{k}\Omega - 80\ \Omega)} = \frac{80 \times 9.8\ \text{k}\Omega}{9.88\ \text{k}\Omega} = 79.3\ \Omega$$

R_{AC} 不满足 120 Ω，所以需串联接入一只限流电阻 R_{d2} 进行补足。

（3）$R \times 1k$ 挡：

从 100 μA 最灵敏点接出，其综合内阻 R_{Z1k} 应为

$$R_{Z1k} = \frac{1.2\ \text{V}}{100\ \mu\text{A}} = \frac{1.2\ \text{V}}{100 \times 10^{-6}\ \text{A}} = 12\ \text{k}\Omega$$

但 A、E 两点间的电阻为

$$R_{AE} = \frac{8\ \text{k}\Omega \times 1.88\ \text{k}\Omega}{8\ \text{k}\Omega + 1.88\ \text{k}\Omega} = 1.52\ \text{k}\Omega$$

R_{AE} 不满足 12 kΩ，所以需串联接入一只限流电阻 R_{d4} 进行补足，其阻值为

$$R_{d4} = 12\ \text{k}\Omega - 1.52\ \text{k}\Omega = 10.48\ \text{k}\Omega$$

（4）$R \times 10k$ 挡：

该挡只可从 100 μA 点接出，因 100 μA 已为极限值，可将干电池电压升高到 10 倍（可使用一只 15 V 迭层电池），此时该挡的综合内阻 R_{Z10k} 为

$$R_{Z10k} = \frac{E}{I_{Z10k}} = \frac{12\ \text{V}}{100\ \mu\text{A}} = \frac{12\ \text{V}}{100 \times 10^{-6}\ \text{A}} = 120\ \text{k}\Omega$$

但 R_{AE} 只有 1.52 kΩ 迭层，不满足 12 kΩ，故需串联接入一只限流电阻 R_{d5} 来补足，其阻值为

$$R_{d5} = 120\ \text{k}\Omega - 1.52\ \text{k}\Omega - 1\ \text{k}\Omega = 117.5\ \text{k}\Omega$$

其中，1 kΩ 为 15 V 迭层电池在使用过程中的平均内阻。

在闭路抽头串阻式欧姆表内，零欧姆调节电位器只可采用表头支路串阻式电位器，其接法如图 1.8.8 所示。

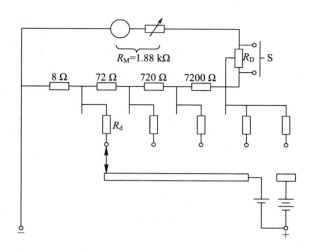

图 1.8.8　闭路抽头串阻式欧姆表的零欧姆调节电位器接法

电位器中阻值 R_D 计算过程如下：

当 $E = 1.6$ V 时，R_D 全部接入，则

$$I_M(表头满标度电流) = I(总电路电流) \times \frac{T}{R_M + R_S + R_D}(表头电流所占分数)$$

$$I_M = \frac{1.6}{R_d + \dfrac{[R_M + (R_S - r) + R_D]r}{R_M + R_S + R_D}} \times \frac{r}{R_M + R_S + R_D} \tag{1.9}$$

当 $E = 1.2$ V 时，R_D 未接入，则

$$I_M = \frac{1.2}{R_d + \dfrac{[R_M + (R_S - r)]r}{R_M + R_S}} \times \frac{r}{R_M + R_S} \tag{1.10}$$

由式(1.9)、式(1.10)可得

$$\frac{1.6}{R_d + \dfrac{[R_M + (R_S - r) + R_D]r}{R_M + R_S + R_D}} \times \frac{r}{R_M + R_S + R_D} = \frac{1.2}{R_d + \dfrac{[R_M + (R_S - r)]r}{R_M + R_S}} \times \frac{r}{R_M + R_S}$$

$$\frac{1}{R_d(R_M + R_S + R_D) + [R_M + (R_S - r) + R_D]r} = \frac{0.75}{R_d(R_M + R_S) + [R_M + (R_S - r)]r}$$

$$0.75R_D(R_d + r) = 0.25\{R_d(R_M + R_S) + [(R_M + R_S) - r]r\}$$

$$R_D = \frac{0.25}{0.75}\left[\frac{(R_M + R_S)(R_d + r) - r^2}{R_d + r}\right] = \frac{1}{3}\left(R_M + R_S - \frac{r^2}{R_d + r}\right)$$

当 $r \ll (R_M + R_S)$ 时，可得

$$R_D = \frac{1}{3}(R_M + R_S)$$

在本例中

$$R_D = \frac{1}{3}(R_M + R_S) = \frac{1}{3} \times 9.88 \text{ k}\Omega = 3.29 \text{ k}\Omega$$

因此，可使用一只阻值大于 3.3 kΩ 的线绕电阻。因为 R_D 的接入对 $R \times 1k$ 挡的影响不可忽略，故应将 R_{d4} 予以校正。

由于

$$R_{D1k} = \frac{1}{3}\left(R_M + R_S - \frac{r^2}{R_{d4} + r}\right)$$

$$= \frac{1}{3}\left[1.88 \text{ k}\Omega + 8 \text{ k}\Omega - \frac{(8 \text{ k}\Omega)^2}{10.48 \text{ k}\Omega + 8 \text{ k}\Omega}\right]$$

$$= \frac{1}{3}(9.88 \text{ k}\Omega - 3.46 \text{ k}\Omega)$$

$$= \frac{1}{3} \times 6.42 \text{ k}\Omega$$

$$= 2.14 \text{ k}\Omega$$

所以

$$R_{AE\text{大}} = \frac{(1.88 + 2.14) \times 8}{1.88 + 2.14 + 8} \text{ k}\Omega = \frac{4.02 \times 8}{12.02} \text{ k}\Omega = 2.68 \text{ k}\Omega$$

$$R_{AE\text{小}} = \frac{1.88 \times 8}{1.88 + 8} \text{ k}\Omega = 1.52 \text{ k}\Omega$$

$$R_{AE\text{平}} = \frac{R_{AE\text{大}} + R_{AE\text{小}}}{2} = \frac{2.68 \text{ k}\Omega + 1.52 \text{ k}\Omega}{2} = 2.1 \text{ k}\Omega$$

从而得出

$$R_{d4\text{校}} = 12 \text{ k}\Omega - 2.1 \text{ k}\Omega = 9.9 \text{ k}\Omega$$

校正后，此挡的综合内阻变化幅度为

$$1.6 \text{ V 时} \qquad 1.2 \text{ V 时}$$

$$9.9k + 2.68k \sim 9.9k + 1.52k$$

即

$$12.58k \sim 11.42k$$

偏离中心阻值为

$$+0.58k \sim -0.58k$$

其相对误差为

$$\gamma_{\text{相}} = \frac{\pm 0.58}{12} \times 100\% = \pm 4.8\%$$

所以闭路抽头串阻法相较于极限灵敏度运用法误差大，不宜采用，且在转换测量对象时，还需用开关将 R_D 短路，操作较繁琐。

以上所提到的测量电阻的方法都是串联测量法，即被测电阻与电表串联。

1.8.5　并联测量法

1. 并联测量的原理

将被测电阻 R_X 与电表并联测量电阻的方法叫做并联测量法，其测量原理如下：

将电路 ⊕、⊖ 极短路而未连接 R_X 时，选择 R_d 使指针满偏转，如图 1.8.9(a) 所示，可得

$$I_M = \frac{E}{R_d + R_M} \tag{1.11}$$

式中：I_M——电表满偏时的电流值；

　　　E——电源电压；

　　　R_d——限流电阻；

　　　R_M——电表内阻。

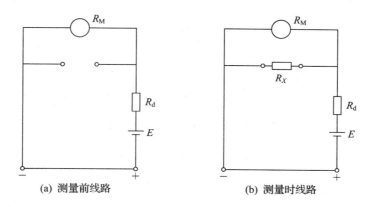

图 1.8.9　并联测量法线路

当并联接入被测电阻 R_X 时，一部分电流被 R_X 分流，表针随即减小到 I'_M 处，如图 1.7.9 (b) 所示，则

$$I'_M = \frac{E}{R_d + \dfrac{R_M R_X}{R_M + R_X}} \times \frac{R_X}{R_M + R_X} = \frac{E R_X}{R_d(R_M + R_X) + R_M R_X}$$

因此有

$$\frac{I'_M}{I_M} = \frac{\dfrac{E R_X}{R_d(R_M + R_X) + R_M R_X}}{\dfrac{E}{R_d + R_M}} = \frac{R_X(R_d + R_M)}{R_d(R_M + R_X) + R_M R_X}$$

$$= \frac{R_X(R_d + R_M)}{R_X(R_d + R_M) + R_d R_M} = \frac{R_X}{R_X + \dfrac{R_d R_M}{R_d + R_M}}$$

根据上式可得：并联测量法采用顺标度的标度方法，与串联测量法相反，当 $R_X = 0$ 时为零标度，当 $R_X = \infty$ 时为满标度。

2. 中心阻值及其改变

若

$$R_X = \frac{R_d R_M}{R_d + R_M}$$

则

$$I'_M = \frac{1}{2} I_M$$

所以，$\dfrac{R_d R_M}{R_d + R_M}$ 为其中心阻值。

在大多数情况下，由于 $\dfrac{R_d R_M}{R_d + R_M}$ 不是简单的整数，不便于标度，因而将 B 点的位置调整到 R_d，即将 R_d 分成 r 和 R 两部分，如图 1.8.10 所示，即可变换其中心阻值。

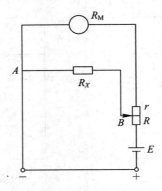

图 1.8.10　并联测量法的抽头点

此时电表的等效内阻为 $R_M + r$，限流电阻为 R，可按照半值法测量表头内阻的方法进行测试。

1.8.6　表头内阻的测定

电表等效内阻为 $R_M + r$，限流电阻为 R，可按照半值法测量表头内阻的方法，接入被测表头，其内阻为 R_M，具体可参考表头内阻的测量，可得

$$R_M + r = \frac{R}{R - R_X} R_X$$

即

$$(R_M + r)(R - R_X) = R R_X$$

设中值电阻为 $R_M + R_d = R_M + r + R = R_Z$，则上式变为

$$(R_Z - R)(R - R_X) = R R_X$$

或

$$R^2 - R_Z R + R_Z R_X = 0$$

则

$$R = \frac{R_z \pm \sqrt{R_z^2 - 4R_zR_x}}{2} = \frac{1 \pm \sqrt{1 - \dfrac{4R_x}{R_z}}}{2}R_z$$

R 有两个阻值，即抽头包含上端和下端。当抽头在下端时，可得

$$R = \frac{1 - \sqrt{1 - \dfrac{4R_x}{R_z}}}{2}R_z$$

当 $R_x = \dfrac{R_z}{10}$，$R_z = 12\ \text{k}\Omega$，$100\ \mu\text{A}$ 电表用一节干电池时，可得

$$R = \frac{1 - \sqrt{1 - 4/10}}{2} \times 12\ \text{k}\Omega = 0.1127 \times 12\ \text{k}\Omega$$
$$= 1352\ \Omega \quad (R \times 100\ 挡)$$

当 $R_x = \dfrac{R_z}{100}$ 时，可得

$$R = \frac{1 - \sqrt{1 - 4/100}}{2} \times 12\ \text{k}\Omega = 0.0101 \times 12\ \text{k}\Omega$$
$$= 121.2\ \Omega \quad (R \times 10\ 挡)$$

当 $R_x = \dfrac{R_z}{1000}$ 时，可得

$$R = \frac{1 - \sqrt{1 - 4/1000}}{2} \times 12\ \text{k}\Omega - 0.6\ \Omega = 0.001 \times 12\ \text{k}\Omega - 0.6\ \Omega$$
$$= 12\ \Omega - 0.6\ \Omega = 11.4\ \Omega$$

将上述求得的 R 的三个数值（11.4 Ω、121.2 Ω 和 1352 Ω）与串联测量法中 12 Ω 表盘中心标度阻值相比，它们与 $R \times 1$、$R \times 10$ 和 $R \times 100$ 三挡分流电流电阻较为接近，只与 $R \times 100$ 挡相差 1.5%，但该方法相对较繁琐，因此可不采用。必须注意：表盘中心标度阻值虽然相同，但方向不同，互为反向，并联测量法的标度尺可参考图 1.8.11 标定，数值如表 1.8.1所示。

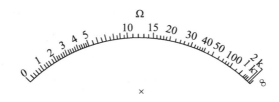

图 1.8.11　并联测量法的欧姆标度尺

这种并联测量线路很少采用，其与串联测量线路相比有下列缺点：

(1) 线路在测试过程中始终消耗电能。

(2) 转换测量对象时，必须用开关把电池电源断路。

但该线路也有其独特的优点，即：若抽头位于上端，而抽头点不在动圈内，即电表内阻

较低时，则可制成一只测量低阻值的欧姆表，使用过程中耗电量很少，且其表盘中心标度阻值不受 10 Ω 界线限制。

例如，一只灵敏度为 1 mA、内阻为 3 Ω 的表头，可用一节干电池做成一只中心阻值为 3 Ω 的低欧姆表，用于测量低阻值的电阻，低量限欧姆表线路如图1.8.12所示。并联测量法欧姆表标度尺的标定（12 Ω 中心阻值）如表 1.8.1 所示。

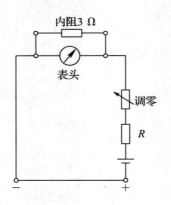

图 1.8.12　低量限欧姆表线路

表 1.8.1　并联测量法欧姆表标度尺的标定（12 Ω 中心阻值）

欧姆数值	直流格数	欧姆数值	直流格数	欧姆数值	直流格数
0	0	3.4	11.0	9.5	22.1
0.2	0.8	3.6	11.5	10	322.7
0.4	1.6	3.8	12.0	11	23.9
0.6	2.4	4	12.5	12	25.0
0.8	3.1	4.2	13.0	13	26.0
1	3.8	4.4	13.4	14	26.9
1.2	4.5	4.6	13.8	15	27.8
1.4	5.2	4.8	14.3	16	28.6
1.6	5.9	5	14.7	17	29.3
1.8	6.5	5.5	15.7	18	30.0
2	7.2	6	16.6	19	30.6
2.2	7.8	6.5	17.6	20	31.2
2.4	8.3	7	18.4	22	32.3
2.6	8.9	7.5	19.2	24	33.3
2.8	9.4	8	20.0	26	34.2
3	10.0	8.5	20.7	28	35.0
3.2	10.5	9	21.4	30	35.7

欧姆数值	直流格数	欧姆数值	直流格数	欧姆数值	直流格数
32	36.4	60	41.7	300	48.0
34	36.9	70	42.7	400	48.6
36	37.5	80	43.5	500	48.8
38	38.0	90	44.1	1k	49.4
40	38.5	100	44.6	2k	49.7
45	39.5	150	46.3	∞	50.0
50	40.3	200	47.2		

$$R_\mathrm{d} = \frac{E}{I} = \frac{1.2\ \mathrm{V}}{0.001 \mathrm{A}} = 1.2\ \mathrm{k\Omega}$$

$$R_\mathrm{D} = 0.4\ \mathrm{k\Omega}$$

$$R_\mathrm{M} = 3\ \Omega$$

$$R_\mathrm{Z} = R_\mathrm{M} = 3\ \Omega$$

因为中心阻值在电路中所占比例很小,所以不必计算其抽头点处的阻值。在测量低阻值电阻时,耗电量也较少,只稍大于 1 mA,因线路上的电阻阻值总大于 1.2 kΩ。

1.9 测量 I_{ceo} 和 β 的原理及计算

1.9.1 测量 I_{ceo} 和 $\bar{\beta}$ 的电路及计算

1. 穿透电流 I_{ceo} 的测量

当晶体三极管基极为开路时，通过发射结和集电结的电流叫做穿透电流 I_{ceo}。

测量穿透电流时的外接电路如图 1.9.1 所示。将万用表转换开关旋于直流电流挡上，即可直接读得 I_{ceo}。

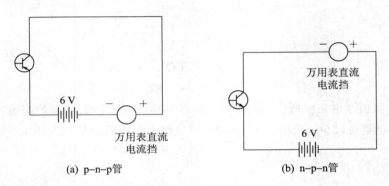

(a) p-n-p管　　　　　　　　　　　　(b) n-p-n管

图 1.9.1　测量 I_{ceo} 电路

2. 晶体管共发射极静态直流电流放大系数 $\bar{\beta}$（即 h_{FE}）的测量原理和计算

在一定的电压 E 下，集电极电流 I_c（严格说来应为集电极电流减去穿透电流）与基极电流 I_b 之比称为直流电流放大系数 $\bar{\beta}$，即

$$\bar{\beta} \doteq \frac{I_c}{I_b}\bigg|_{H^\circ}$$

若 I_b 为定值时，则 I_c 值可反映出 $\bar{\beta}$ 值。实际上，测量 $\bar{\beta}$ 的值就是在 I_b 已确定的情况下，测量晶体管的集电极电流 I_c。

由于一般小功率管的 $\bar{\beta}$ 值小于 250，I_c 的安全电流可取 5 mA（即 5000 μA），将 $\bar{\beta}$ 量限定为 250，则 I_b 值可根据下式算出：

$$I_b = \frac{I_c}{\beta} = \frac{5000\ \mu A}{250} = 20\ \mu A$$

3. 测量 $\bar{\beta}$（即 h_{FE}）的外接线路

测量线路见图 1.9.2（电压为 6 V，$I_b = 20\ \mu A$，则 $R_b = \dfrac{6\ V}{20\ \mu A} = 300\ k\Omega$），将万用表转换开关旋于 5 mA 挡上，按下开关 S 即可读得 $\bar{\beta}$ 数值。满偏转时，可得

$$\bar{\beta} = \frac{I_{\mathrm{c}}}{I_{\mathrm{b}}} = \frac{I_{\mathrm{c}}}{\dfrac{U}{R_{\mathrm{b}}}} = \frac{5 \times 10^{-3} \text{ A}}{\dfrac{6 \text{ V}}{300 \text{ k}\Omega}} = \frac{5000 \text{ } \mu\text{A}}{20 \text{ } \mu\text{A}} = 250$$

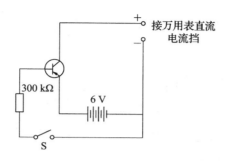

图 1.9.2　测量 p-n-p 管 I_{ceo} 及 $\bar{\beta}$ 电路

同理，当转换开关位于 0.5 mA 挡满偏转时，$\bar{\beta}$ 值为 25，此时为测量 p-n-p 管的电路。测量 n-p-n 管时要将干电池正负极对调，电表的表笔也需对调。

必须注意：当电压不足 6 V 时需校正，精细计算时，晶体管发射结正向压降（锗管取 0.25 V、硅管取 0.65 V）也需扣除。例如，用 5.5 V 电池组测得锗管的 $\bar{\beta}$ 校正值为 $\bar{\beta} \times \dfrac{6}{5.5 - 0.25}$。

1.9.2　内接线路及计算

1. 万用表测量 $\bar{\beta}$ 的内接线路及计算

一节干电池的标称电压为 1.5 V，p-n-p 管发射结正向压降约为 0.25 V，偏流电阻的阻值 R_{b} 可由下式求得：

$$R_{\mathrm{b}} = \frac{U_{\mathrm{eb}}}{I_{\mathrm{b}}} = \frac{1.5 \text{ V} - 0.25 \text{ V}}{20 \text{ } \mu\text{A}} = \frac{1.25 \text{ V}}{20 \text{ } \mu\text{A}} = 62.5 \text{ k}\Omega$$

由于干电池的电压在使用时要下降，所以测量 I_{c} 时不能直接应用直流电流挡，而要从电阻挡的零欧姆调节电位器中心抽头引出，再并联一只分流电阻 $R_{S\bar{\beta}}$，使满标度电流 I_{c} 扩展为 5 mA（即 5000 μA），与电阻挡共用一节电池，并且在电池电压下降过程中可用零欧姆调节电位器在 $R \times 1\mathrm{k}$ 挡进行调节。

$R_{S\bar{\beta}}$ 的阻值计算如下，电路如图 1.9.3 所示。

由并联支路 B、C 两点电压降相等，可知：

$$I_Q(R_{QC} + R_{\mathrm{c}}) = I_{S\bar{\beta}} R_{S\bar{\beta}}$$

则

$$R_{S\bar{\beta}} = \frac{I_Q(R_{QC} + R_{\mathrm{c}})}{I_{S\bar{\beta}}}$$

式中：R_0——凑足简单整数阻值的电阻。

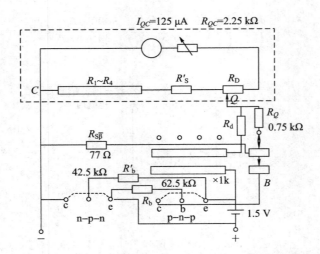

图 1.9.3 测量晶体管 $\bar{\beta}$ 的线路

现

$$I_Q = \frac{1.5}{1.2}I = \frac{15}{12} \times 100 = 125 \ \mu A$$

$$R_{QC} = 2.25 \ k\Omega$$

$$R_Q = 0.75 \ k\Omega(\text{使 } R_{QC} + R_c = 3 \ k\Omega)$$

$$I_{S\bar{\beta}} = 5000 - 125 = 4875 \ \mu A$$

则

$$R_{S\bar{\beta}} = \frac{I_Q(R_{QC} + R_c)}{I_{S\bar{\beta}}} = \frac{125 \times 3 \ k\Omega}{4875} = \frac{3 \ k\Omega}{39} = \frac{1 \ k\Omega}{13} = 77 \ \Omega$$

此时，满量限电流 I_c 为 5000 μA，$I_b = 20 \ \mu A$，所以满量限时有

$$\bar{\beta} = \frac{I_c}{I_b} = \frac{5000}{20} = 250$$

在测量 n‐p‐n 管时，由于它的发射结正向压降约为 0.65 V，所以其偏流电阻 R_b' 为

$$R_b' = \frac{U_{eb}'}{I_b} = \frac{1.5 \ V - 0.65 \ V}{20 \ \mu A} = \frac{0.85 \ V}{20 \ \mu A} = 42.5 \ k\Omega$$

2. 内接线路测量 $\bar{\beta}$ 的方法

首先在 $R \times 1k$ 挡进行调整，直至表针指示满标度，然后将转换开关旋至 $\bar{\beta}$ 挡。测量 p‐n‐p 管时，将双脚插头（图 1.9.3 中连接 ce 虚线部分）插入 n‐p‐n 管孔内，此时指针偏转，即可读得 $\bar{\beta}$ 值。测量 n‐p‐n 管时，将双脚插头插入 p‐n‐p 管孔，使"e""c"短路。平时可将双脚插头插入 p‐n‐p 管孔内。

1.10　分　贝

1.10.1　分贝的来源

在测量中采用分贝的原因包括以下两点：

（1）声音的功率增加一倍时，人耳的感觉并未增强一倍。只有声音的功率增加到十倍时，听起来才会响了一倍。所以听觉与声音功率并非呈线性正比关系，而是与声音功率放大倍数的对数呈直线正比关系。

（2）多级放大器的功率放大总倍数是各级功率放大倍数的乘积。如某超外差七管机的功率放大总倍数为 1 262 000 000 000 倍，它是各级功率放大倍数的乘积，但这个数字读起来很不方便。采用对数计算，可把相乘变为相加，有效数字减小，十分方便。

采用分贝（dB）量度功率或音频增益的衰减公式为

$$K_p = 10 \lg \frac{P_2}{P_1}$$

式中：K_p——功率增益分贝数；

P_1——输入功率；

P_2——输出功率；

$\dfrac{P_2}{P_1}$——功率放大倍数。

例如，上述七管机的总增益分贝数可由下式计算：

$$K_p = 10 \lg \frac{P_2}{P_1} = 10 \lg 1\,262\,000\,000$$

$$= 10 \lg 1.262 \times 10^{12} = 10(12 + 0.1)$$

$$= 121 \text{ dB}$$

总增益为 121 分贝。

1.10.2　万用表分贝标度尺的标定

分贝（dB）是量度功率增益和衰减的计量单位。一般万用表以 0 dB＝1mW600Ω 的输送线为标准，即在 600 Ω 负荷阻抗上得到的 1 mW 功率规定为零分贝。一般万用表以零分贝作为参考零电平，与电学中以大地作为参考零电位作用相同。此时相当于交流电压 0.775 V，可采用下式计算：

$$P = \frac{U^2}{Z}$$

式中：P——功率（W）；

$\quad\quad U$——交流电压（V）；

$\quad\quad Z$——负荷阻抗（Ω）。

或

$$U = \sqrt{PZ}$$

$$U = \sqrt{0.001 \times 600} = 0.775 \text{ V}$$

即零分贝的标度位于交流电压 0.775 V 处，其他分贝标度也可根据上式算出，标度尺如图 1.10.1 所示。

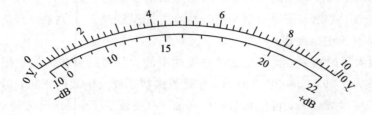

图 1.10.1　10 V 挡分贝标度尺

测量时的线路如图 1.10.2 所示，原理可参考测量 600 Ω 负荷阻抗的交流电压的方法。

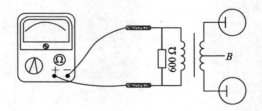

图 1.10.2　测量电平的线路

例 1.20　试用 10 V 交流电压挡标定分贝标度尺，在万用表中以交流电压最低挡作为分贝标度尺标定的基准。

解

$$K_p = 10 \lg \frac{P_2}{P_1} = 10 \lg \frac{U_2^2/Z}{U_1^2/Z} = 10 \lg \left(\frac{U_2}{U_1}\right)^2$$

$$= 20 \lg \frac{U_2}{U_1} \left(= 20 \lg \frac{I_2}{I_1}\right)$$

或

$$\lg U_2 = \frac{K_p}{20} + \lg U_1$$

$$U_1 = 0.775 \text{ V}$$

因为

$$\lg U_2 = \frac{K_p}{20} + \lg 0.775 = \frac{K_p}{20} + 1.8893$$

当 $K_p = 2$ dB 时，$\lg U_2 = \dfrac{2}{20} + 1.8893 = 1.9893$，即 $U_2 = 0.976$ V

$$\vdots$$

当 $K_p = 10$ dB 时，$\lg U_2 = \dfrac{10}{20} + 1.8893 = 0.3893$，即 $U_2 = 2.45$ V

同理可得其他数值，计算出的分贝标度与 10 V 标度对应值如表 1.10.1 所示。特别提示：由于元器件本身误差影响，会有实际测量误差产生，可使用微型可调电位器调节测量参数。

表 1.10.1　分贝标度与 10 V 标度对应值

分贝数值	10 V 交流电压标度的相当值 /V	分贝数值	10 V 交流电压标度的相当值 /V
−10	0.245	14	3.89
0	0.775	+15	4.36
2	0.976	16	4.80
4	1.23	17	5.49
6	1.55	18	6.16
8	1.95	19	6.91
+10	2.45	+20	7.75
11	2.75	21	8.70
12	3.08	22	9.76
13	3.46		

50 V 挡测量时，指针所指的电压为 10 V（基准挡）的 5 倍，即 $5U_2$。此时，

$$K_p = 20 \lg \frac{5U_2}{U_1} = 20 \lg 5 + 20 \lg \frac{U_2}{U_1} = 14 + 20 \lg \frac{U_2}{U_1}$$

所以读数需增加 15 分贝。

例如，用 50 V 挡测得音频电平为 10 dB，则实际值为 $14 + 10 = 24$ 分贝。

若用其他挡电压测量时，可根据下式计算增加的分贝数：

$$增加分贝数 = 20 \lg \frac{当时转换开关所指电压（V）}{分贝标度标定电压（V）}$$

1.11　测量电容量和电感量的原理及计算

1.11.1　测量电容量和电感量的原理

测量电容量、电感量的原理和测量电阻的原理相似。以交流电压代替干电池的直流电压，通入交流电压表，即可制成一只测量阻抗（电阻、电容器容抗和电感器感抗的总称）的阻抗表，从而换算出电容量、电感量等数值。此时，被测电容量或电感量相当于欧姆表中的被测电阻。

如图 1.11.1 所示，测试前将 A、B 短路，调节交流电源电压 e，使表针指示满量限值时的电流 i，此时电压表的输入内阻为 R_λ，则

$$e = iR_\lambda \tag{1.12}$$

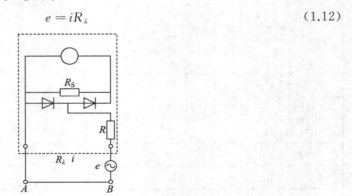

图 1.11.1　测量电感（或电容）前满流线路

断开 A、B，串联接入电容器或电感器，如图 1.11.2 所示，此时线路上的阻抗为 Z（$Z = \sqrt{R_\lambda^2 + X^2}$），$X$ 为电容器的容抗或电感器的感抗，电流下降到 i'，则

$$e = i'Z = i'\sqrt{R_\lambda^2 + X^2} \tag{1.13}$$

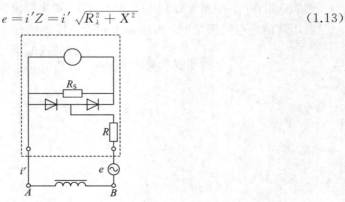

图 1.11.2　测量电感（或电容）线路

由式(1.12)和式(1.13)可得

$$iR_\lambda = i'Z = i' \sqrt{R_\lambda^2 + X^2}$$

或

$$i' = \frac{R_\lambda}{Z}i = \frac{R_\lambda}{\sqrt{R_\lambda^2 + X^2}}i$$

设满偏转时(A、B 短路)指针位于交流 50 格处，串联接入电容或电感时退至交流 g 格，则上式变为

$$g = \frac{R_\lambda}{\sqrt{R_\lambda^2 + X^2}} \times 50 \text{ 格}_\sim$$

1.11.2　电感量或电容量标度尺的标定

电感量或电容量可根据下式计算：

$$X_L(\text{电感器的感抗}) = 2\pi fL, \quad X_C(\text{电容器的容抗}) = \frac{1}{2\pi fC}$$

式中：f——交流电的频率(Hz)；

　　　C——电容量(F)；

　　　L——电感量(H)。

对于电感量，有

$$g = \frac{R_\lambda}{\sqrt{R_\lambda^2 + X_L^2}} \times 50 \text{ 格}_\sim = \frac{R_\lambda}{\sqrt{R_\lambda^2 + (2\pi fL)^2}} \times 50 \text{ 格}_\sim$$

对于电容量，有

$$g = \frac{R_\lambda}{\sqrt{R_\lambda^2 + X_C^2}} \times 50 \text{ 格}_\sim = \frac{R_\lambda}{\sqrt{R_\lambda^2 + \left(\frac{1}{2\pi fC}\right)^2}} \times 50 \text{ 格}_\sim$$

由于电压表的内阻 R_λ 及交流频率 f 均已知，所以根据不同的 C 或 L 就可求得不同的 g 值。

例 1.21　试用一只交流电压灵敏度为 1000 $\Omega/\underset{\sim}{V}$ 的万用表的 10 $\underset{\sim}{V}$ 挡，标定电感量的标度。设交流 10 $\underset{\sim}{V}$ 挡共有交流标度 50 格，交流电频率为 50 Hz。

解　由于交流 10 $\underset{\sim}{V}$ 挡的内阻为

$$R_\lambda = 10 \underset{\sim}{V} \times 1000 \ \Omega/\underset{\sim}{V} = 10000 \ \underset{\sim}{V}$$

故

$$g = \frac{10000}{\sqrt{(10000)^2 + (2\pi \times 50 \times L)^2}} \times 50$$

$$= \frac{10000}{\sqrt{(10000)^2 + 10^5 L^2}} \times 50 = \frac{1}{\sqrt{1 + \frac{L^2}{10^3}}} \times 50$$

将不同的电感量 L 代入上式即可得到不同的 g 值(交流 10 $\underset{\sim}{V}$ 挡分格)，如表 1.11.1 和

图 1.11.3 所示。

表 1.11.1 电感量标度尺的标定（10 V、交流电压灵敏度 1000 Ω/V）

L/H	10 V 挡格数 （共 50 格）/格	L/H	10 V 挡格数 （共 50 格）/格
10	47.7	120	12.7
20	42.3	140	11.0
30	36.3	160	9.7
40	31.0	180	8.7
50	26.7	200	7.8
60	23.3	300	5.2
70	20.6	400	3.9
80	18.4	500	3.0
90	16.4	1000	1.1
100	15.1	∞	0

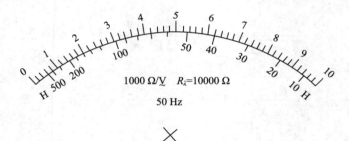

图 1.11.3 10 V 挡电感标度尺

例 1.22 试用一只交流电压灵敏度为 1000 Ω/V 的万用表的 10 V 挡，标定电容量的标度。设交流 10 V 挡共有交流标度 50 格，交流电频率为 50 Hz。

解

$$g = \frac{10000}{\sqrt{(10000)^2 + \left(\dfrac{1}{2\pi \times 50 \times C}\right)^2}} \times 50$$

$$= \frac{10000}{\sqrt{(10000)^2 + \left(\dfrac{10^6}{2\pi \times 50 \times C_{\mu F}}\right)^2}} \times 50$$

$$= \frac{10000}{\sqrt{(10000)^2 + \dfrac{10^{12}}{10^5 C_{\mu F}^2}}} \times 50 = \frac{1}{\sqrt{1 + \dfrac{1}{10 C_{\mu F}^2}}} \times 50$$

将不同的电容量 $C_{\mu F}$ 代入上式即可得到不同的 g 值（交流 10 V 挡分格），如表 1.11.2 和图 1.11.4 所示。

表 1.11.2　电容量 $C_{\mu F}$ 标度尺的标定（10 V 挡、交流电压灵敏度 1000 Ω/V）

$C_{\mu F}/\mu F$	10 V 挡格数（共 50 格）/格	$C_{\mu F}/\mu F$	10 V 挡格数（共 50 格）/格
0.02	3.2	0.2	26.7
0.04	6.3	0.25	31.0
0.06	9.3	0.3	34.4
0.08	12.3	0.35	37.1
0.10	15.1	0.4	39.2
0.12	17.7	0.45	41.5
0.14	20.2	0.5	42.3
0.16	22.6	1	47.7
0.18	24.7	5	49.9

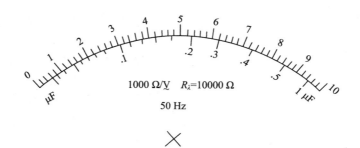

图 1.11.4　10 V 挡电容标度尺

1.11.3　倍率的升降

由于

$$g = \frac{R_{\lambda}}{\sqrt{R_{\lambda}^2 + (2\pi f L)^2}} \times 50$$

$$g = \frac{R_{\lambda}}{\sqrt{R_{\lambda}^2 + \left(\dfrac{1}{2\pi f C}\right)^2}} \times 50$$

可知：若标度 g 位置和交流频率 f 不变，增减 R_{λ} 的倍率，可使 L 的倍率随之产生相同的变化，而 C 的倍率将随之产生反向的改变。

(1) 若在 ⊕、⊖ 极插座间并联一只电阻，使 R_λ 降低 10 倍，则电感量 L 也将降低 10 倍，倍率降低一挡；电容量 C 将升高 10 倍，倍率升高一挡。具体关系如表 1.11.3 所示。

表 1.11.3　R_λ 与 L、C 的倍率关系（1000 Ω/V、10 V 挡为基准）

R_λ	10000 Ω	1000 Ω	100 Ω
倍率	$L \times 1$、$C \times 1$	$L \times \frac{1}{10}$、$C \times 10$	$L \times \frac{1}{100}$、$C \times 100$

所并联电阻的阻值可根据并联电阻计算法得到，其计算法简述如下：

并联一只 $\frac{10000}{9}$ Ω（即 1111 Ω）的电阻，其总阻值为 1000 Ω；并联一只 $\frac{10000}{99}$ Ω（即 101 Ω）的电阻，其总阻值为 100 Ω。必须注意所并联电阻的功率是否合适，其数值可用下式求得：

$$P = \frac{U^2}{R}$$

式中：P——电阻所需最小功率（W）；

　　　U——测量时使用的电压（V）；

　　　R——电阻的阻值（Ω）。

例如上述的 101 Ω 电阻至少需要 1 W 功率，即

$$P = \frac{U^2}{R} = \frac{10 \times 10}{101} \approx 1 \text{ W}$$

(2) 若 R_λ 增大 10 倍（即电阻增加十倍并用 100 V 挡测试），则电容 C 将减小 10 倍，具体关系如表 1.11.4 所示，电容标度尺如图 1.11.5 所示。

表 1.11.4　交流电压提高后的电容倍率

电压	10 V	100 V
R_λ	10 000 Ω	100 000 Ω
C 倍率	$C \times 1$	$C \times \frac{1}{10}$

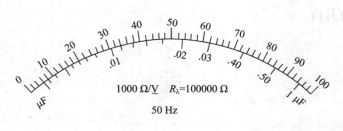

图 1.11.5　100 V 挡电容标度尺

由于 100 $\underset{\sim}{V}$ 挡 50 格标度与 10 $\underset{\sim}{V}$ 挡 50 格标度的分布情况略有不同，在标定 $C \times \dfrac{1}{10}$ 的标度时应以 100 $\underset{\sim}{V}$ 挡为准。对电感量 L 来说，10 $\underset{\sim}{V}$ 挡已足够使用，不必再进行提高。对电容量来讲，100 $\underset{\sim}{V}$ 挡稍显不够，可增大至 250 $\underset{\sim}{V}$ 挡。此时标度须另行标定。

对于 250 $\underset{\sim}{V}$ 挡：

$$R_\lambda = 250 \underset{\sim}{V} \times 1000 \ \Omega/\underset{\sim}{V} = 250\,000 \ \Omega, \qquad f = 50 \ \text{Hz}$$

则

$$g = \frac{250000}{\sqrt{(250000)^2 + \dfrac{1 \times 10^{12}}{(2\pi \times 50 \times C_{\mu F})^2}}} \times 50$$

$$= \frac{1}{\sqrt{1 + \dfrac{1}{6250 C_{\mu F}^2}}} \times 50$$

将不同的 $C_{\mu F}$ 代入上式，即可得到不同的 g 值，具体如表 1.11.5 和图 1.11.6 所示。

表 1.11.5　电容量 $C_{\mu F}$ 标度尺的标定（250 $\underset{\sim}{V}$ 挡、1000 $\Omega/\underset{\sim}{V}$）

$C_{\mu F}/\mu F$	250 $\underset{\sim}{V}$ 挡格数 （共 50 格）/格	$C_{\mu F}/\mu F$	250 $\underset{\sim}{V}$ 挡格数 （共 50 格）/格
0.0001	0.4	0.005	18.2
0.0002	0.8	0.006	21.3
0.0003	1.2	0.007	24.4
0.0004	1.6	0.008	26.7
0.0005	2.0	0.009	28.8
0.0006	2.4	0.01	30.8
0.0007	2.8	0.012	34.0
0.0008	3.1	0.014	37.1
0.0009	3.5	0.016	39.2
0.001	3.9	0.018	40.9
0.0015	5.9	0.02	42.2
0.002	7.7	0.025	44.6
0.0025	9.7	0.03	46.0
0.003	11.5	0.04	47.7
0.0035	13.8	0.05	48.5
0.004	15.0	0.1	49.6
0.0045	16.8		

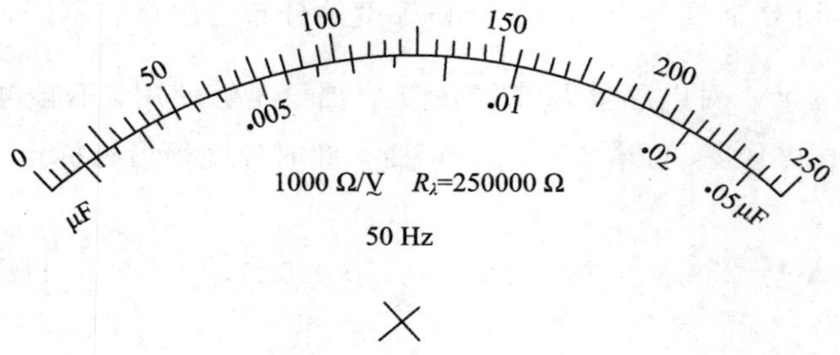

图 1.10.6　250 $\underset{\sim}{V}$ 挡电容标度尺

在测量电容器或电感器时,若没有调压变压器,用 220 $\underset{\sim}{V}$ 挡测得电压为 205 $\underset{\sim}{V}$,串联接入某电容器后,指针指在 20 格(即 100 $\underset{\sim}{V}$)处,进行校正后实际读数为

$$20 \times \frac{250}{205} = 24.4 \text{ 格}_\sim \left(\text{或 } 100 \times \frac{250}{205} = 122 \underset{\sim}{V}\right)$$

其实际电容量应为 24.4 格处的电容数值,即为 0.007 μF。

第 ② 章

传感器原理与应用

电桥不仅仅是一种测量仪表，它在很多电路中都有实际的应用。例如，在固定电话通话过程中，电信号通过电话线接到通信局的电话设备中，首先连接的就是一个电桥电路，并且该电桥的一个臂，就是由用户线和用户电话构成的交流阻抗。

直流电桥又称惠斯顿电桥，是一种利用比较法进行测量的电学测量仪器。当需要精确测量中值电阻时，往往采用单臂电桥。常用电桥 QJ23 直流单臂电桥具有测量灵敏度高和使用方便等优点。

2.1　QJ23 直流单臂电桥的原理与应用

　　QJ23 型仪器属于惠斯顿电桥线路，测量 $1\sim100$ MΩ 范围内的电阻极为方便。内附指零仪及电源，整个测量装置位于金属外壳内，轻便易携带，适用于各种场合。

　　QJ23 直流单臂电桥属于单电桥，主要由比例臂、比较臂、放大臂、指零仪及电池组等组合而成，如图 2.1.1 所示。比较臂由四个十进盘组成，最大可调至 11 110 Ω，最小步进为 1 Ω。放大器采用运算放大器，接在指零仪的输入端，以提高指零仪的灵敏度。所有线绕电阻均采用高稳定性锰铜电阻丝，以无感式绕制在磁骨架上。QJ23 仪器性能稳定，灵敏度高，测量数据准确。

　　下面以 QJ23 直流单臂电桥面板为例进行简单说明，各生产厂家的仪器虽然外形有所不同，但其功能基本相同，QJ23 直流单臂电桥如图 2.1.1 所示。

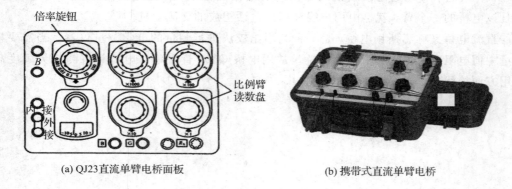

(a) QJ23直流单臂电桥面板　　　　　　(b) 携带式直流单臂电桥

图 2.1.1　QJ23 直流单臂电桥

　　电桥使用结束后，应立即将检流计的锁扣锁上，以免在搬动过程中将悬丝振坏。电池电压偏低时会影响仪器的灵敏度。当外接电源时，注意正负极不要接反，使用电压不能超过规定电压。

2.1.1　直流电桥

　　电桥使用之前，应将电桥调至平衡，以消除因不平衡而产生的零漂，电桥基本连接方式如图 2.1.2 所示。调零方法是：在电桥输出端 A 和 C 之间接入检流计，调整桥臂电阻使检流计指示为 0，即电桥输出电流 $I_\circ=0$，输出电压 $U_\circ=0$，电桥达到平衡状态。由式(2.1)可知，电桥的平衡条件为 $R_1R_3=R_2R_4$。

$$U_\circ = \left(\frac{R_1}{R_1+R_2} - \frac{R_4}{R_3+R_4}\right)U_i = \frac{R_1R_3-R_2R_4}{(R_1+R_2)(R_3+R_4)}U_i \tag{2.1}$$

　　应变测量电桥有 3 种接法，即单臂桥、半桥和全桥，下面分别对这 3 种测量电桥的工作特性进行介绍。

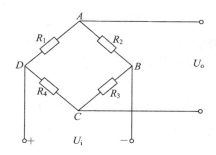

图 2.1.2　直流电桥

2.1.2　单臂桥

应变片单臂测量电桥如图 2.1.3 所示，桥臂 AD 为工作臂，接应变片；R_1 为应变片静态电阻，ΔR 为工作时应变片电阻的变化量。ΔR 为正值时，称为正应变，此时应变片承受拉应变，图 2.1.3 中箭头向上表示正应变；ΔR 为负值时，称为负应变，此时应变片承受压应变。单臂桥只有一个桥臂接应变片，其他桥臂均接性能参数稳定的标准电阻，为了便于分析，一般取 $R_1 = R_2 = R_3 = R_4 = R$，称为等臂桥。

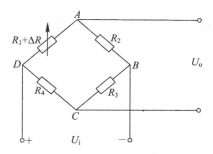

图 2.1.3　单臂桥

由式(2.1)可得单臂桥电压输出表达式为

$$
\begin{aligned}
U_\mathrm{o} &= \left(\frac{R_1 + \Delta R}{R_1 + \Delta R + R_2} - \frac{R_4}{R_3 + R_4}\right) U_\mathrm{i} \\
&= \left(\frac{R + \Delta R}{2R + \Delta R} - \frac{1}{2}\right) U_\mathrm{i} = \frac{\Delta R}{2(2R + \Delta R)} U_\mathrm{i} \\
&= \frac{\Delta R / R}{4 + 2\dfrac{\Delta R}{R}} U_\mathrm{i} = \frac{K\varepsilon}{4 + 2K\varepsilon} U_\mathrm{i}
\end{aligned}
\tag{2.2}
$$

单臂桥的灵敏度为

$$
S_u = \frac{U_\mathrm{o}}{\Delta R / R} = \frac{U_\mathrm{i}}{4 + 2\dfrac{\Delta R}{R}}
\tag{2.3}
$$

当 $\Delta R \ll R$ 时，由式(2.2)和式(2.3)可得

$$U_o = \frac{1}{4}K\varepsilon U_i, \qquad S_u = \frac{1}{4}U_i$$

由上述分析可知，单臂桥不但输出电压小、灵敏度低，且具有一定的非线性。

2.1.3 半桥

应变片半桥为双臂桥，如图 2.1.4 所示，此时有两个相邻桥臂连接应变片，其中一个为正应变、另一个为负应变，此时 $\Delta R_1 = \Delta R$，$\Delta R_2 = -\Delta R$，即连接 R_1 的桥臂为拉应变，连接 R_2 的桥臂为压应变。

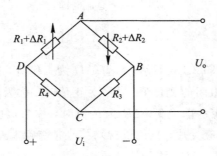

图 2.1.4　半桥

在等臂桥下，$R_1 = R_2 = R_3 = R_4 = R$，由式(2.1)可得半桥输出表达式为

$$
\begin{aligned}
U_o &= \left(\frac{R_1 + \Delta R_1}{R_1 + \Delta R_1 + R_2 + \Delta R_2} - \frac{R_4}{R_3 + R_4}\right)U_i \\
&= \left(\frac{R + \Delta R}{2R} - \frac{1}{2}\right)U_i = \frac{\Delta R}{2R}U_i \\
&= \frac{1}{2}K\varepsilon U_i
\end{aligned}
\tag{2.4}
$$

半桥的灵敏度为

$$S_u = \frac{U_o}{\Delta R / R} = \frac{1}{2}U_i \tag{2.5}$$

由上述可知，半桥的输出电压和灵敏度都比单臂桥大一倍，且非线性得到了改善。

2.1.4 全桥

应变片全桥(Entire Bridge)是指 4 个桥臂都连接有应变片的电桥，如图 2.1.5 所示，此时相邻桥臂所连接的应变片承受相反应变，相对桥臂所连接的应变片承受相同应变，即 $R_1 = R_2 = R_3 = R_4 = R$，$\Delta R_1 = \Delta R_3 = \Delta R$，$\Delta R_2 = \Delta R_4 = -\Delta R$。由式(2.1)可得全桥输出表达式为

$$
\begin{aligned}
U_o &= \left(\frac{R_1 + \Delta R_1}{R_1 + \Delta R_1 + R_2 + \Delta R_2} - \frac{R_4 + \Delta R_4}{R_3 + \Delta R_3 + R_4 + \Delta R_4}\right)U_i \\
&= \left(\frac{R + \Delta R}{2R} - \frac{R - \Delta R}{2R}\right)U_i = \frac{\Delta R}{R}U_i = K\varepsilon U_i
\end{aligned}
\tag{2.6}
$$

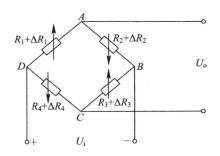

图 2.1.5　全桥

全桥的灵敏度为

$$S_u = \frac{U_o}{\Delta R / R} = U_i \tag{2.7}$$

由上述可知，全桥不但有很好的线性输出，且全桥的输出电压和灵敏度比半桥大一倍，测量时应尽量采用全桥。

2.1.5　应变测量电桥性能的提高

测量电桥工作性能对应变测量的精度影响很大，为了实现高精度测量，必须改善测量电桥的工作性能，如提高灵敏度、改善非线性及进行温度补偿等。

1. 灵敏度的提高

各种测量电桥的灵敏度都与电桥供电电压有关，供电电压越大，电桥灵敏度越高。但供电电压的增大将引起应变片温度上升，使应变测量桥温度误差增大，因此应变测量电桥的供电电压一般为 $1 \sim 3$ V。

提高灵敏度的有效方法是采用差动电桥，即半桥和全桥。由式(2.1)可知，差动全桥输出电压与各桥臂电阻的关系为

$$U_o = \frac{(R_1 + \Delta R_1)(R_3 + \Delta R_3) - (R_2 + \Delta R_2)(R_4 + \Delta R_4)}{(R_1 + \Delta R_1 + R_2 + \Delta R_2)(R_3 + \Delta R_3 + R_4 + \Delta R_4)} U_i$$

当上式中 $\Delta R_i \ll R_i$ 时，为分析方便，忽略分母中的 ΔR_i 项和分子中的 ΔR_i 高次项；且电桥已调至平衡，即 $R_1 R_3 = R_2 R_4$，此时差动电桥输出电压可改写为

$$U_o = \frac{R_1 R_2}{(R_1 + R_2)^2} \left(\frac{\Delta R_1}{R_1} - \frac{\Delta R_2}{R_2} + \frac{\Delta R_3}{R_3} - \frac{\Delta R_4}{R_4} \right) U_i$$

若采用等臂桥，$R_1 = R_2 = R_3 = R_4 = R$，则有

$$U_o = \frac{U_i}{4R} (\Delta R_1 - \Delta R_2 + \Delta R_3 - \Delta R_4) \tag{2.8}$$

式(2.8)表示差动桥输出电压的加减特性，即当相邻桥臂电阻的变化量极性相反时，变化量相减则等于相加，使输出电压增加；而当相邻桥臂电阻的变化量极性相同时，变化量相减即为相互抵消，使输出电压减小。

2. 非线性误差及其补偿

由式(2.8)可知，差动桥输出表达式中不含非线性项，因而采用差动桥是改善非线性的有效方法。当采用单臂桥时，由式(2.2)可得单臂桥电压非线性输出为

$$U_o = \frac{K\varepsilon}{4 + 2K\varepsilon}U_i = \frac{K\varepsilon}{4\left(1 + \dfrac{1}{2}K\varepsilon\right)}U_i$$

$$= \frac{U_i}{4}K\varepsilon\left(1 + \frac{1}{2}K\varepsilon\right)^{-1} \tag{2.9}$$

按二项式定理展开为级数，可得

$$U_o = \frac{U_i}{4}K\varepsilon\left[1 - \frac{1}{2}K\varepsilon + \frac{1}{4}(K\varepsilon)^2 - \frac{1}{8}(K\varepsilon)^3 + \cdots\right]$$

由上式得单臂桥非线性误差为

$$\delta = \frac{1}{2}K\varepsilon - \frac{1}{4}(K\varepsilon)^2 + \frac{1}{8}(K\varepsilon)^3 - \cdots \tag{2.10}$$

可见 $K\varepsilon$ 越大，δ 越大。但由于 $\varepsilon \ll 1$，即 $K\varepsilon < 1$，故可认为单臂桥非线性误差约为

$$\delta = \frac{1}{2}K\varepsilon \tag{2.11}$$

显然，当采用单臂桥时，为了改善测量桥的非线性，以减小非线性误差，必须采取相应的措施，下面推荐两种方法。

1) 采用恒流源电桥

产生非线性误差的原因之一是在测量时通过桥臂的电流不恒定，当采用恒流源供电时，单臂测量桥电路如图 2.1.6 所示，此时按分流定律可得各桥臂电流为

$$I_1 = \frac{R_3 + R_4}{R_1 + \Delta R + R_2 + R_3 + R_4}I$$

$$I_2 = \frac{R_1 + \Delta R + R_2}{R_1 + \Delta R + R_2 + R_3 + R_4}I$$

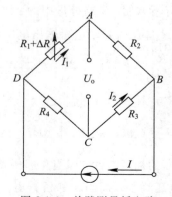

图 2.1.6　单臂测量桥电路

当 $R_1=R_2=R_3=R_4=R$ 时，电桥输出电压表达式为

$$U_{\circ} = I_1(R_1 + \Delta R) - I_2 R_4$$

$$= \frac{R \cdot \Delta R}{4R + \Delta R} I = \frac{1}{4} I \Delta R \frac{1}{1 + \dfrac{\Delta R}{4R}}$$

$$= \frac{1}{4} \Delta R \frac{1}{1 + \dfrac{1}{4} K\varepsilon}$$

$$= \frac{I}{4} \Delta R \left(1 + \frac{1}{4} K\varepsilon\right)^{-1} \tag{2.12}$$

此时单臂桥非线性误差约为

$$\delta = \frac{1}{4} K\varepsilon \tag{2.13}$$

比较式(2.11)和式(2.13)可得：恒流源单臂桥非线性误差比恒压源单臂桥减少了 1/2。在实际使用中，半导体电阻应变测量电桥都采用恒流源供电。

2）有源单臂测量电桥

某些有源单臂桥也可以改善测量电桥的非线性，其电路如图 2.1.7 所示。

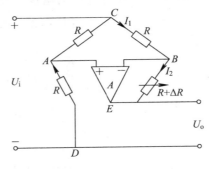

图 2.1.7　有源单臂桥

根据运算放大器的零输入特性，可得该电桥输出电压表达式为

$$U_{\circ} = \left(1 + \frac{R + \Delta R}{R}\right) \frac{R}{R + R} U_i - \frac{R + \Delta R}{R} U_i$$

$$= -\frac{\Delta R}{2R} U_i = -\frac{1}{2} K\varepsilon U_i \tag{2.14}$$

显然式(2.14)是一个线性表达式，且输出电压比一般单臂桥增加一倍，即灵敏度提高一倍。同时输出电压由运算放大器输出，使得测量桥输出电阻减小，负载能力增强。

3. 电桥的温度补偿

金属电阻应变片和半导体电阻应变片对温度变化十分敏感，因而温度变化将引起电桥测量误差，通常采取温度补偿(Temperature Compensation)的方法，主要包括以下 3 种。

1）桥路补偿

利用差动电桥输出电压的加减特性，可实现温度自补偿。当采用差动桥时，由式(2.8)可知：由于差动桥各应变片处于同一温度场下，即温度变化引起各桥臂电阻的变化量大小

相等、极性相同，使相邻桥臂电阻变化量相减为零，因而差动桥具有温度自补偿功能。因而，首先应考虑选用差动半桥或全桥。

当采用单臂桥时，应使单臂桥对温度场呈现差动输出状态。即在单臂桥工作臂的相邻臂接入相同型号的应变片，此应变片不受应力的影响，但与工作臂上的应变片处于同一温度场中，称其为补偿片，如图 2.1.8 所示。

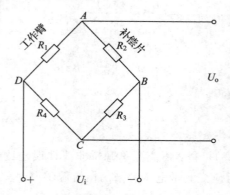

图 2.1.8　单臂桥温度补偿法

图中 R_1 为工作臂应变片，R_2 为温度补偿片。当温度变化时，其电阻变化量 ΔR_1 和 ΔR_2 大小相等、极性相同，在等臂桥状态下，单臂桥因温度变化引起的输出电压可由式(2.8)求得，即

$$U_\circ = \frac{U_i}{4R}(\Delta R_1 - \Delta R_2) = 0$$

可见，两桥臂因温度变化引起的电阻变化量在输出电压表达式中相减为零，因而亦具有温度自补偿功能。

2）应变片自补偿

采用具有温度自补偿(Self-Compensated)的应变片，当在温度变化时应变片电阻基本保持不变。可选用温度系数小的材料作为应变片，或选择温度系数一正一负的两种材料制成互补型组合应变片，如双金属互补型电阻应变片、P－N 互补型半导体电阻应变片。

3）外补偿

如在电路输出端接入热敏电阻 R_T，如图 2.1.9 所示。图中热敏电阻 R_T 与测量桥应变片处于同一个温度场中，当温度上升使测量桥输出电压下降时，热敏电阻 R_T 的阻值也相应减小，以保证输出电压 $U_\circ$ 不受温度变化的影响。

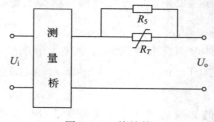

图 2.1.9　外补偿

图 2.1.9 中，R_5 为分流电阻，R_5 的选择应满足：当温度上升时，R_T 使输出电压上升的速率等于应变片使电桥输出电压下降的速率，从而获得最佳的温度补偿。

2.1.6　电桥的零位调整

电桥使用之前需进行零位调整，以消除因各桥臂电阻不匹配引起的零位输出。直流电桥零位调整的基本方法简介如下。

1. 电阻串联法

串联法是指在桥臂电阻之间串联接入调零电阻以实现零位调整的方法，如图 2.1.10 所示。在两桥臂之间串联接入调整电阻 R_w，实际调零时，先以电位器代替 R_w，调零后再以固定电阻 R_w 代替电位器。

2. 电阻并联法

在电路中并联接入适当的电阻，也可以实现零位调整，如图 2.1.11 所示。此时调零功能主要由电阻 R_5 决定，R_5 越小调零功能越强，但引入的测量误差也越大。因而只能在测量精度允许的情况下，R_w 尽量选择小一些，且 R_w 通常可取与 R_5 相同的数值，调零电阻值要通过实际调零操作后才可最终确定。

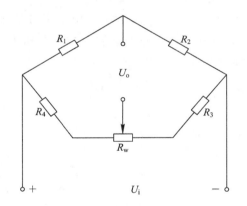

图 2.1.10　串联调零法

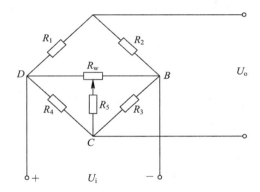

图 2.1.11　并联调零法

应变电桥输出电压很小，一般应接入放大器。为避免直流放大器引入零漂，常采用交流放大器。此时应变电桥需采用交流供电电源，但交流激励会引起电桥引线对分布电容的影响，相当于各桥臂电阻上并联了一个电容，此时应按交流正弦（电源为正弦）阻抗电桥进行分析和调零。

2.1.7　电阻应变传感器的应用

电阻应变片除了可直接粘贴到被测的机械构件上进行应力应变测量外，还可以和弹性元件一起构成各种应变式传感器，用来测量力、扭矩、加速度及压力等非电量参数。

1. 应变式力传感器

电阻应变传感器主要用于载荷力的测量，称为应变式力传感器（Weighing Sensor），其测力范围可以从几克到几百吨，精度可高达 0.05% F·S。根据所用的弹性元件不同，应变式力传感器主要分为柱式力传感器、环式力传感器和悬臂梁式力传感器。

2. 柱式力传感器

柱式力传感器主要用于测定力的弹性元件是实心圆柱或空心圆柱的场合，如图 2.1.12 所示，应变片粘贴在圆柱的表面上，轴向粘贴的应变片与切向粘贴的应变片个数相等，以便组成差动测量电桥。

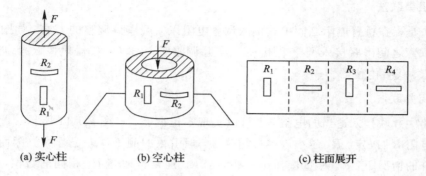

(a) 实心柱　　　　　　(b) 空心柱　　　　　　(c) 柱面展开

图 2.1.12　柱式力传感器

当柱体承受拉力如图 2.1.12(a)所示，或承受压力如图 2.1.12(b)所示时，由于作用力不可能正好通过柱体的中心轴线，因而柱体除承受拉力或压力外，还承受横向力和弯曲力，故应恰当地布置应变片，以尽量减少横向及弯曲的影响。应变片承受拉、压力所产生的应变分析如下。

（1）与轴向成任意角 α 方向的应变为

$$\varepsilon_\alpha = \frac{\varepsilon}{2}\left[(1-\mu)+(1+\mu)\cos 2\alpha\right]$$

式中：ε——沿轴向的应变；

μ——弹性元件的泊松比。

（2）轴向应变($\alpha=0$)为

$$\varepsilon_{\alpha=0} = \frac{\varepsilon}{2}\left[(1-\mu)+(1+\mu)\cos 0\right]=\varepsilon=\frac{F}{SE} \qquad (2.15)$$

式中：F——载荷力(N)；

S——弹性元件的横截面积(m^2)；

E——弹性元件的弹性模量(N/m^2)。

（3）切向应变($\alpha=90°$)为

$$\varepsilon_{\alpha=90°} = \frac{\varepsilon}{2}\left[(1-\mu)+(1+\mu)\cos 180°\right]=-\mu\varepsilon=-\mu\frac{F}{SE}=\varepsilon_t$$

3. 环式力传感器

为了适应工程测量的需要，有时会采用如图 2.1.13 所示的环式力传感器，其弹性元件是圆形或扁环形吊环，环上粘贴的应变片应便于组成差动测量电桥，即承受拉应变的应变片数等于承受压应变的应变片数。

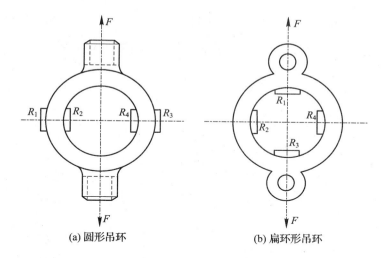

图 2.1.13　环式力传感器

在如图 2.1.13 所示的力 F 的作用下，应变片 R_1 和 R_3 承受压应变，作用力 F 越大，其阻值越小；应变片 R_2 和 R_4 承受拉应变，即作用力 F 越大，其阻值越大，按照应变测量桥的接桥原则，可以组成差动半桥或全桥。

环式弹性元件上的轴向应变可按下式计算：

$$\varepsilon = \frac{1.08Fr}{Ebh^2} \tag{2.16}$$

式中：F——载荷力（N）；

　　　E——弹性模量（N/m^2）；

　　　r——圆环的平均半径（m）；

　　　h——圆环平面的径向厚度（m），且 $h \ll r$；

　　　b——圆环平面法线方向的厚度（m）。

在相同的情况下，环式弹性元件比柱式弹性元件抗载偏心能力强，且测力范围大，但其制作较为复杂，常用于检测 500 N 以上的载荷。

4. 悬臂梁式力传感器

悬臂梁式力传感器的弹性元件是一个悬臂梁，载荷加在梁的自由端，应变片沿梁的长度方向上下粘贴。悬臂梁分等强度梁和等截面梁，其应变特性是不相同的。

1）等强度梁

等强度梁（Equal-Strength Beam）应变传感器如图 2.1.14 所示。

等强度梁是指沿梁的长度方向强度相等。悬臂梁多采用矩形截面，保持截面厚度 h 不变，只改变截面的宽度 b_X，此时梁上沿长度方向各点 X 的应变值为

$$\varepsilon = \frac{6FX}{b_X h^2 E} \tag{2.17}$$

式中：h——悬臂梁截面厚度；

b_X——悬臂梁长度 X 处截面宽度。

由于 $\dfrac{X}{b_X}$ 为常数，因而等强度梁各截面上的应力与 X 无关，即沿 L 方向任意截面上的应变值相等，应变片沿 L 方向的粘贴位置误差对测量结果不产生影响。

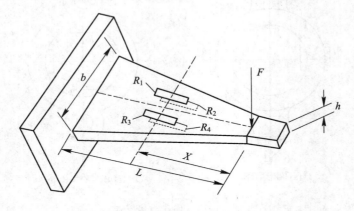

图 2.1.14　等强度梁

2）等截面梁

等截面梁是指沿悬臂梁长度 L 方向各点横截面积都相等的梁，即式（2.17）中 b_X 恒等于 b，则沿长度方向各点 X 的应变值为

$$\varepsilon = \frac{6FX}{bh^2E} \tag{2.18}$$

显然各点上的应力与 X 有关，X 越大，应力应变就越大，即沿 L 方向粘贴位置的误差将直接影响测量结果。

相比较三种应变式力传感器，悬臂梁式力传感器具有最高的灵敏度，适用于小载荷力的精确测量，最小可测得几十克重的载荷。

从工程应用的角度考虑，在分析应变式力传感器时，至少应明确以下 3 个问题。

（1）根据测力现场需要，选择合适的弹性元件。

（2）根据所选的弹性元件正确地布片，尽量使应变片保持与拉压力平行或垂直，使应变片承受最大拉应变或压应变。

（3）根据应变片的布片正确地连接测量电桥，尽量选择差动测量电桥。当连接差动测量电桥时，应变片应遵循接桥原则，即相邻桥臂所连接的应变片承受相反应变，相对桥臂所连接的应变片承受相同应变，以使差动测量电桥输出电压具有"加减特性"。

2.1.8　应变式压力传感器实例

电阻应变传感器可用于测量压力，配以合适的弹性元件，可实现几十帕至 10^{11} 帕的大范围测量，测量精度可达 0.1% F·S。应变式压力传感器（Strain Type Pressure Sensor）有多种弹性元件，但主要用于气体和液体压力的测量，下面就两个实例进行简要介绍。

1. 圆筒式压力传感器

圆筒式压力传感器的弹性元件是一个薄壁圆筒，如图 2.1.15 所示。

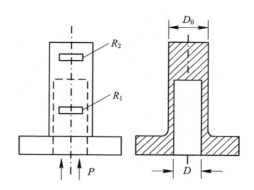

图 2.1.15　圆筒式压力传感器

当气体或液体进入圆筒内对薄壁产生压力 P 时，薄壁会发生变形，粘贴在薄壁上的应变片产生相应的应变，应变片 R_1 所承受的沿圆轴线方向的切向应变值为

$$\varepsilon_t = \frac{PD}{dE}(1 - 0.5\mu) \tag{2.19}$$

式中：d——圆筒的壁厚，$d = D_0 - D$。

显然，应变值与壁厚成反比。圆筒上端实心部位处的应变片 R_2 是温度补偿片，其与应变片 R_1 处于同一个温度场中，但不受流体压力 P 的影响。这种传感器可用于较大压力的测量，测量范围为 $10^6 \sim 10^8$ Pa。

2. 膜片式压力传感器

膜片式压力传感器如图 2.1.16 所示，当流体进入膜盒后，对膜片产生一定的压力，该压力会使膜片上的应变片承受相应的应变。图 2.1.16 中 R_1 和 R_3 承受拉应变，即径向应变 ε_r；R_2 和 R_4 承受压应变，即切向应变 ε_t，这 4 个应变片可组成差动全桥测量电路，从而获得较高的灵敏度。

当压力 P 均匀地作用于膜片上时，膜片上各点的径向应变和切向应变可由下式确定：

$$\varepsilon_r = \frac{3P}{8h^2E}(1 - \mu^2)(r^2 - 3X^2) \tag{2.20}$$

$$\varepsilon_t = \frac{3P}{8h^2E}(1 - \mu^2)(r^2 - X^2) \tag{2.21}$$

式中：P——流体压力（N/m²）；

　　　μ——泊松比；

　　　E——弹性模量（N/m²）；

　　　h——膜片（薄板）厚度（m）；

　　　r——膜片（薄板）有效圆半径（m）；

X——应变片离圆心的径向距离（m）。

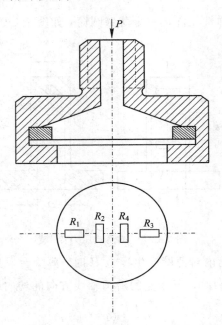

图 2.1.16　膜片式压力传感器

显然径向应变 ε_r 位于膜片的圆边缘时值最大，即当 $X=r$ 时，有

$$\varepsilon_r=-\frac{3Pr^2}{4h^2E}(1-\mu^2),\quad \varepsilon_t=0$$

切向应变 ε_t 位于膜片的圆中心时值最大，即当 $X=0$ 时，有

$$\varepsilon_t=\frac{3Pr^2}{8h^2E}(1-\mu^2)$$

当 $X=\dfrac{r}{\sqrt{3}}$ 时，$\varepsilon_r=0$，有

$$\varepsilon_t=\frac{Pr^2}{4h^2E}(1-\mu^2)$$

因而一般在膜片的圆中心处沿切向粘贴两片应变片 R_2 和 R_4，在膜片的圆边缘处沿径向粘贴两片应变片 R_1 和 R_3，可获得最大的切向应变和径向应变。

2.1.9　应变式加速度传感器

应变式加速度传感器（Acceleration Transducer）是通过悬臂梁和质量块构成的惯性系统，将振动加速度转换为力后作用于应变片上，其基本结构如图 2.1.17 所示。

当测量振动体加速度时，根据被测加速度 a 的方向，将传感器固定在被测部位。当被测部位加速度 a 沿图示方向变化时，悬臂梁随质量块上下振动而产生弯曲变形，致使梁上的应变片 R_1 和 R_2 产生大小相等极性相反的应变。若悬臂梁为等截面梁，梁宽为 b，梁厚为 h，应变片离自由端的距离为 X，则振动使应变片上产生的应变如图 2.1.17 所示。此时

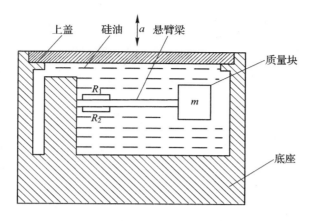

图 2.1.17 应变式加速度传感器

$F = ma$，且测量加速度时，为了获得较高的灵敏度，应变片应尽量靠近悬臂梁的固定端，则有

$$\varepsilon = \frac{6mL}{Ebh^2}a \qquad\qquad (2.22)$$

式中：m——质量块的质量；

$\quad\ a$——振动加速度，$F = ma$；

$\quad\ L$——悬臂梁的长度。

显然当梁的结构确定之后，$6mL/Ebh^2$ 是一个常数，此时应变 ε 与加速度 a 成正比。微振动加速度传感器多采用半导体应变加速度传感器，其悬臂梁采用硅梁，即用硅单晶制梁，在硅单晶薄片上形成扩散电阻，即 N 型硅应变片。这种加速度传感器不但体积小，而且灵敏度高，目前用于生物医学工程上的微型加速度传感器，其尺寸可以小到 2 mm×3 mm×0.6 mm，重量仅为 0.02 g，量程范围为 0.01～50 g。

思考题

（1）请对 3 种应变片测量电桥的输出电压及其灵敏度进行比较。

（2）简述常用的单臂测量电桥减小非线性的方法。

（3）简述常用的应变测量电桥温度补偿的主要方法。

（4）差动测量电桥应变片的接桥原则是什么？

（5）简述各类实用应变传感器中应变片的分布与接桥。

（6）举例说明电阻应变传感器的实际应用。

2.2 电感传感器

电感传感器(Inductance Sensor)可利用线圈自感和互感的变化实现非电量测量。根据工作原理不同,电感传感器可分为自感式、互感式和涡流式 3 种类型,可用来测量位移、振动、转速等多种非电信号,其主要特点如下:

(1) 结构简单,工作可靠,寿命长。

(2) 灵敏度高,能分辨 0.01 μm 的位移变化。

(3) 精度高,线性好,非线性误差一般为 0.05%~0.1%。

自感式传感器亦称变隙式自感传感器,它是根据铁芯线圈磁路气隙的改变,引起磁路磁阻的变化,从而改变线圈自感的大小。激磁线圈分单线圈和差动线圈两类,气隙参数的改变包括变气隙长度 δ 型和变气隙截面积 S 型两种方式。

2.2.1 单线圈自感传感器

1. 工作原理

单个线圈气隙型自感传感器工作原理如图 2.2.1 所示,图 2.2.1(a)为变气隙长度型自感传感器,图 2.2.1(b)为变气隙截面积型自感传感器。

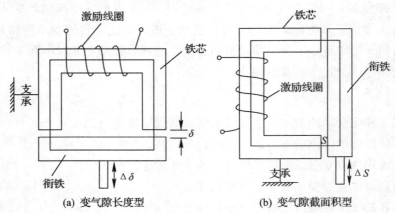

(a) 变气隙长度型　　　　　　　　(b) 变气隙截面积型

图 2.2.1　气隙型自感传感器原理图

根据磁路知识,线圈的自感可按下式计算

$$L = \frac{N^2}{R_m} \tag{2.23}$$

式中:N——线圈的匝数;

　　R_m——磁路的总磁阻,即铁芯、衔铁和气隙三部分磁路磁阻之和,且

$$R_m = \sum R_{mi} = \frac{l_1}{\mu_1 S_1} + \frac{l_2}{\mu_2 S_2} + \frac{l_0}{\mu_0 S_0}$$

式中：l_1、l_2、l_0——分别为铁芯、衔铁和气隙的长度；

　　　S_1、S_2、S_0——分别为铁芯、衔铁和气隙的截面积；

　　　μ_1、μ_2、μ_0——分别为铁芯、衔铁和气隙的磁导率，其中 $\mu_1 = \mu_2$，$\mu_0 = 4\pi \times 10^{-7}$ H/m。

实际上，由于铁芯一般在非饱和状态下工作，此时铁芯的导磁率远远大于空气的导磁率，因而磁路的总磁阻主要由气隙长度决定。即

$$R_m \approx \frac{l_0}{\mu_0 S_0}$$

则有

$$L = \frac{N^2 \mu_0}{l_0} S_0 \tag{2.24}$$

显然改变气隙的长度或截面积，都可以引起线圈自感的变化。

2. 工作特性

单线圈的自感传感器工作特性（Work Capability）如图 2.2.2 所示，图中 $L = f(\delta)$ 是变气隙长度型自感传感器的工作特性曲线，$L = f(S)$ 是变气隙截面积型自感传感器的工作特性曲线。

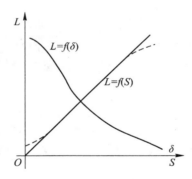

图 2.2.2　自感传感器特性曲线

1）变气隙长度型

由式（2.24）可知，变气隙长度 δ 型传感器的自感 L 与 δ 呈非线性关系，其灵敏度为

$$K_\delta = \frac{dL}{d\delta} = -\frac{N^2 \mu_0 S}{2\delta^2}$$

式中：δ——单个气隙长度。

可见，对气隙长度的改变可得到较高的灵敏度，但线性度差。

2）变气隙截面积型

由式（2.24）可知，变气隙截面积 S 型传感器的自感 L 与 S 之间呈线性关系，其灵敏度为

$$K_S = \frac{dL}{dS} = -\frac{N^2 \mu_0}{\delta}$$

此时，灵敏度较低。实际上单个线圈的自感传感器虽然结构简单，但工作性能较差，

一般很少采用，工程上广泛采用两线圈的自感传感器。

2.2.2　差动自感传感器

两线圈的变气隙式自感传感器采用两个线圈激磁，工作时两线圈的自感呈反向变化，形成差动输出，因而称为差动自感传感器。差动自感传感器包括变气隙长度型和变气隙截面积型两种形式，图 2.2.3 所示为变气隙长度型差动自感传感器原理图。

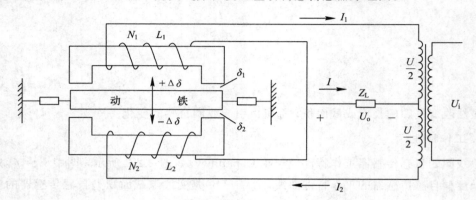

图 2.2.3　差动自感传感器原理图

1. 工作原理

（1）初态时：若结构对称，且动铁居中，则

$$\delta_1 = \delta_2 \rightarrow L_1 = L_2 \rightarrow I_1 = I_2 \rightarrow I = 0 \rightarrow U_o = 0$$

（2）动铁上移时，可得

$$\delta_1 \downarrow \rightarrow L_1 \uparrow \rightarrow I_1 \downarrow \rightarrow I_1 - \Delta I$$
$$\delta_2 \uparrow \rightarrow L_2 \downarrow \rightarrow I_2 \uparrow \rightarrow I_2 + \Delta I$$
$$I = I_2 \uparrow - I_1 \downarrow = (I_2 + \Delta I) - (I_1 - \Delta I) = 2\Delta I$$

此时

$$U_o = IZ_L = 2\Delta I Z_L$$

（3）动铁下移时，同理可得

$$U_o = IZ_L = -2\Delta I Z_L$$

由以上分析可得，动铁位移时，输出电压的大小和极性将随着位移的变化而变化。

2. 特性分析

（1）输出电压不但能反映位移量的大小，而且能反映位移的方向。

（2）输出电压与位移成正比，灵敏度较高。

（3）输出电压非线性减小。如图 2.2.4 所示为差动自感传感器特性曲线，可以看出，当位移控制在 $-\Delta\delta \sim +\Delta\delta$ 时，输出电压 U_o 与位移 δ 间近似成线性关系。

（4）差动输出可获得温度自补偿。变气隙截面积型差动自感传感器的工作原理及特性分析与长度型差动自感传感器相同，引起输出量变化的参数是气隙有效截面积的变化量 ΔS。

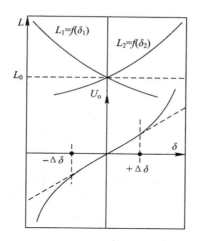

图 2.2.4 差动自感传感器特性曲线

2.2.3 差动自感传感器测量电路

如图 2.2.5 所示为差动自感传感器基本交流测量电桥。阻抗 Z_1 和 Z_2 为传感器两线圈的等效阻抗，供桥电源由带中心抽头的变压器次级线圈供给。

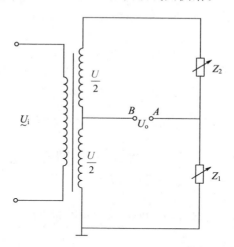

图 2.2.5 基本交流测量电桥

由图 2.2.5 所示的电路分析可得

$$\dot{U}_A = \dot{U}\frac{Z_1}{Z_1 + Z_2}$$

$$\dot{U}_o = \dot{U}_A - \dot{U}_B = \left(\frac{Z_1}{Z_1 + Z_2} - \frac{1}{2}\right)\dot{U} \tag{2.25}$$

（1）初态时：由于动铁居中，即 $Z_1 = Z_2 = Z$，$U_o = 0$，说明电桥处于平衡状态。

（2）动铁上移时，有

$$\delta_1 \downarrow \ \rightarrow L_1 \uparrow \ \rightarrow Z_1 \uparrow \ \rightarrow Z + \Delta Z$$

$$\delta_2 \uparrow \to L_2 \downarrow \to Z_2 \downarrow \to Z - \Delta Z$$

代入式（2.25）得

$$\dot{U}_o = \left(\frac{Z + \Delta Z}{Z + \Delta Z + Z - \Delta Z} - \frac{1}{2}\right)\dot{U} = \frac{\Delta Z}{2Z}\dot{U} \tag{2.26}$$

令 $Z = R + j\omega L$，$\Delta Z = \Delta R + j\omega \Delta L$，且 $R \ll \omega L$、$\Delta R \ll \omega \Delta L$，则由式（2.26）可得

$$U_o = \frac{\omega \Delta L}{2\sqrt{R^2 + (\omega L)^2}}U \tag{2.27}$$

（3）动铁下移时，同理可得

$$\dot{U}_o = \left(\frac{Z - \Delta Z}{Z - \Delta Z + Z + \Delta Z} - \frac{1}{2}\right)\dot{U} = -\frac{\Delta Z}{2Z}\dot{U} \tag{2.28}$$

$$U_o = -\frac{\omega \Delta L}{2\sqrt{R^2 + (\omega L)^2}}U \tag{2.29}$$

由式（2.26）和式（2.28）分析可知，基本交流测量电桥输出电压的大小可以反映动铁位移的大小，输出电压的极性可以反映动铁位移的方向。但由于交流电表不能指示交流电压的极性，因而实际上无法判断动铁位移的方向。

用交流电表测得的基本交流测量电桥输出特性曲线如图 2.2.6 所示，图中虚线为理想对称状态下的输出特性，实线为实际输出状态。由于电路结构不完全对称，初态时电桥不完全平衡，因而产生静态零偏压，称为零点残余电压。

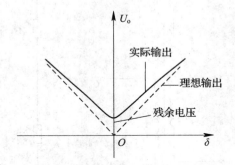

图 2.2.6　基本测量电桥输出特性

2.2.4　带相敏整流的交流电桥

由于交流电压表不能直接指示电桥输出电压的极性，即无法确定动铁位移的方向，因而通常在交流测量电桥中引入相敏整流电路，将测量桥的交流输出转换为直流输出，而后用零值居中的直流电压表测量电桥的输出电压，原理电路如图 2.2.7 所示。

图 2.2.7 中，Z_1、Z_2 为差动线圈等效阻抗，R 为平衡电阻，$VD_1 \sim VD_4$ 组成相敏整流电路，Z_1、Z_2 和两个电阻 R 组成电桥；U_i 为供桥交流电压，U_o 为测量电路的输出电压，由零值居中的直流电压表指示输出电压的大小和极性。

（1）初态时：由于动铁居中，即 $Z_1 = Z_2 = Z$，由于桥路结构对称，此时 $U_B = U_C$，即 $U_o = U_B - U_C = 0$。

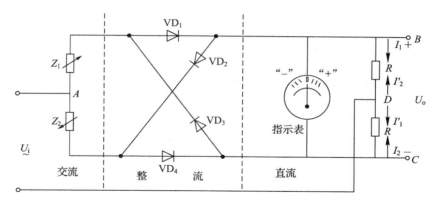

图 2.2.7　带相敏整流测量电桥

（2）动铁上移时：$Z_1 \uparrow = Z + \Delta Z$，$Z_2 \downarrow = Z - \Delta Z$，即 $Z_1 > Z_2 \rightarrow I_1 < I_2$，此时

$$U_o = U_B - U_C = U_{BD} + U_{DC} = I_1 R - I_2 R = R(I_1 - I_2) < 0$$

图 2.2.7 中电流 I_1 和 I_2 方向为电源 U_i 正半周时的流向，电源 U_i 负半周时电流流向与其相反，如图中 I_1' 和 I_2' 所示。但测量桥的输出电压极性不变，即无论位于电源正半周或负半周时，输出电压 $U_o < 0$，指示表指针反偏，读数为负值，表明动铁在上移。

（3）动铁下移时：$Z_1 \downarrow = Z - \Delta Z$，$Z_2 \uparrow = Z + \Delta Z$，即 $Z_2 > Z_1 \rightarrow I_1 > I_2$，此时

$$U_o = U_B - U_C = R(I_1 - I_2) > 0$$

指示表指针右偏，读数为正值，表明动铁在下移。

由于带相敏整流的交流测量电桥输出为直流电压，采用直流电压表不但可以测量输出电压的大小，而且可以测量输出电压的极性，如图 2.2.8 所示为带相敏整流的交流测量电桥的输出特性。由于电压输出特性曲线通过零点，因而不但可以表示输出电压的极性随位移方向而发生变化，同时消除了零点残余电压，还增加了曲线的线性度。

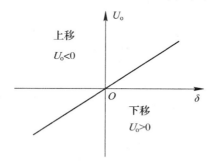

图 2.2.8　带相敏整流的交流测量电桥的输出特性

2.2.5　紧耦合测量电桥

1. 紧耦合测量电桥概述

紧耦合测量电桥具有较高的稳定性和灵敏度，因而在工程中常被采用。其原理电路如图 2.2.9 所示，Z_1 和 Z_2 为差动两线圈等效阻抗，N 为两固定的紧耦合线圈匝数，M 为两耦合线圈间的互感。

静态时，$Z_1 = Z_2 = Z$，$N_1 = N_2$，则两线圈 N_1 与 N_2 的耦合互感为 M，且

$$M = KL_0 \tag{2.30}$$

式中：L_0——两线圈 N_1 和 N_2 的自感；

K——耦合系数。由于两线圈紧耦合，且线圈中电流方向相反，因而可取两线圈耦合系数 $K = -1$。

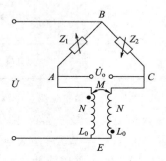

图 2.2.9　紧耦合测量电桥

2. T 型等效电路

如图 2.2.10 所示为两紧耦合线圈的 T 型等效电路，图中

$$Z_S = j\omega(L_0 - M) = j2\omega L_0$$

$$Z_P = j\omega M = -j\omega L_0$$

$$Z_{AC} = 2Z_S = j4\omega L_0$$

$$Z_{AE} = Z_{CE} = Z_S + Z_P = j\omega L_0$$

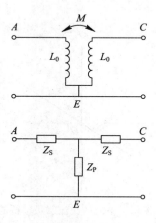

图 2.2.10　T 型等效电路

3. 紧耦合测量电桥的等效电路

如图 2.2.11 所示为紧耦合测量电桥的等效电路，由此等效电路可以分析紧耦合测量电桥的输出电压及其灵敏度。

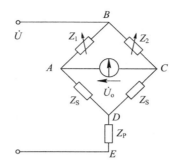

图 2.2.11　紧耦合测量电桥等效电路

1）测量桥输出电压

初态时，由于 $Z_1 = Z_2 = Z$，则 $Z_{AB} = Z_{BC}$，$Z_{AD} = Z_{CD}$，即 $\dot{U}_A = \dot{U}_C$，$\dot{U}_o = \dot{U}_C - \dot{U}_A = 0$。
动铁上移时，由于 $Z_1 = Z + \Delta Z$，$Z_2 = Z - \Delta Z$，则有

$$Z_{BD} = (Z_1 + Z_S) \mathbin{/\!/} (Z_2 + Z_S) = \frac{(Z + Z_S)^2 - \Delta Z^2}{2(Z + Z_S)} \approx \frac{Z + Z_S}{2}$$

$$\dot{U}_{BD} = \frac{Z_{BD}}{Z_P + Z_{BD}} \dot{U} = \frac{Z + Z_S}{2Z_P + Z + Z_S} \dot{U}$$

$$\dot{U}_o = \dot{U}_{CD} - \dot{U}_{AD} = \dot{U}_{BD} \frac{Z_S}{Z_2 + Z_S} - \dot{U}_{BD} \frac{Z_S}{Z_1 + Z_S} = \frac{2 \Delta Z Z_S}{(Z + Z_2)^2 - \Delta Z^2} \dot{U}_{BD}$$

$$\approx \frac{2 \Delta Z Z_S}{(Z + Z_S)^2} \dot{U}_{BD} = \frac{2 \Delta Z Z_S}{(Z + Z_S)^2} \cdot \frac{Z + Z_S}{2Z_P + Z + Z_S} \dot{U}$$

$$= \frac{2 \Delta Z Z_S}{(Z + Z_S)(Z + Z_S + 2Z_P)} \dot{U} \tag{2.31}$$

同理可求得动铁下移时输出电压 U_o 的表达式为

$$\dot{U}_o = \frac{-2 \Delta Z Z_S}{(Z + Z_S)(Z + Z_S + 2Z_P)} \dot{U} \tag{2.32}$$

式中，负号即表示动铁在向下移动。式（2.31）和式（2.32）说明紧耦合电轿输出电压可以反
映动铁位移的大小和方向。

2）测量桥灵敏度

将 $Z = R + j\omega L$，$\Delta Z = \Delta R + j\omega \Delta L$，$Z_S = j2\omega L_0$，$Z_P = -j\omega L_0$ 分别代入式（2.31）和式
（2.32），可得

$$\dot{U}_o = \pm \frac{j4\omega L_0 (\Delta R + j\omega \Delta L)}{[R + j\omega(L + 2L_0)](R + j\omega L)} \dot{U}$$

由于 $\Delta R \ll \omega \Delta L$、$R \ll \omega L$，则

$$\dot{U}_o = \pm \frac{j4\omega L_0 (j\omega \Delta L)}{j\omega(L + 2L_0)(j\omega L)} \dot{U} = \pm \frac{\Delta L}{L} \times \frac{4\omega^2 L_0}{\omega^2 L + 2\omega^2 L_0} \dot{U}$$

$$= \pm \frac{\Delta L}{L} \times \frac{4L_0/L}{1 + 2L_0/L} \dot{U} \tag{2.33}$$

此时，测量桥的灵敏度为

$$K_B = \frac{U_o}{\dfrac{\Delta L}{L} U} = \frac{4L_0/L}{1 + 2L_0/L} \qquad (2.34)$$

当测量桥无耦合，即耦合系数 $K = 0$ 时，可推导其输出电压为

$$U'_o = \pm \frac{\Delta L}{L} \times \frac{2L_0/L}{(1 + L_0/L)^2} U \qquad (2.35)$$

此时，测量桥的灵敏度为

$$K'_B = \frac{U_o}{\dfrac{\Delta L}{L} U} = \frac{2L_0/L}{(1 + L_0/L)^2} \qquad (2.36)$$

由此可见，测量桥采用紧耦合电路后可以提高电桥的灵敏度。紧耦合桥灵敏度最大值趋于 2，电桥工作稳定性好；同时灵敏度 K_B 与频率 ω 无关，有利于在高频状态下工作。

2.2.6 差动变压器

差动变压器（Differential Transformer）属于互感式传感器，通过将被测量的位移量转换为传感器线圈间互感的变化量以实现非电测量，其本身是一个具有差动输出的开磁路变压器，故简称为差动变压器。

1. 工作原理

如图 2.2.12 所示为螺管型差动变压器原理图及其等效电路。在图 2.2.12（a）中，1 表示变压器初级线圈，21 和 22 表示变压器次级两差动线圈，3 为线圈绝缘框架，4 表示动铁，变量 ΔX 表示动铁的位移变化量。

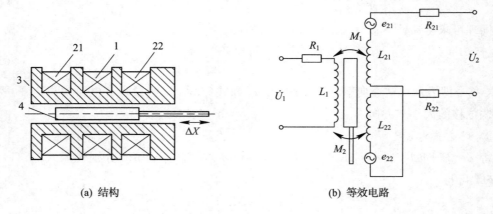

(a) 结构　　　　　　　　　　　　(b) 等效电路

图 2.2.12　差动变压器原理图

在图 2.2.12(b)中，R_1 和 L_1 表示初级线圈 1 的电阻和自感，R_{21} 和 R_{22} 表示两次级线圈的电阻，L_{21} 和 L_{22} 表示两次级线圈的自感，M_1 和 M_2 表示初级线圈分别与两次级线圈间的互感。e_{21} 和 e_{22} 表示在初级电压 $\dot{U}_1$ 作用下两次线圈上产生的感应电动势，图中两次级线圈反向串联，形成差动输出电压 $\dot{U}_2$。

根据电路原理，初级线圈的激磁电流为

$$\dot{I}_1 = \frac{\dot{U}_1}{R_1 + j\omega L_1} \tag{2.37}$$

在动铁和次级线圈中产生的磁通分别为

$$\begin{cases} \dot{\phi}_{21} = \dfrac{N_1 \dot{I}_1}{R_{m1}} \\ \dot{\phi}_{22} = \dfrac{N_1 \dot{I}_1}{R_{m2}} \end{cases} \tag{2.38}$$

式中：N_1——初级线圈的匝数，次级线圈的匝数为 $N_{21} = N_{22} = N_2$；

　　　R_{m1}、R_{m2}——$\dot{\phi}_{21}$ 和 $\dot{\phi}_{22}$ 的通道磁阻。

此时初级线圈与两次级线圈的互感为

$$\begin{cases} M_1 = \dfrac{N_{21}\phi_{21}}{\dot{I}_1} = \dfrac{N_1 N_2}{R_{m1}} \\ M_2 = \dfrac{N_{22}\phi_{22}}{\dot{I}_1} = \dfrac{N_1 N_2}{R_{m2}} \end{cases} \tag{2.39}$$

次级两线圈中的感应电动势分别为

$$\begin{cases} \dot{E}_{21} = -j\omega M_1 \dot{I}_1 \\ \dot{E}_{22} = -j\omega M_2 \dot{I}_1 \end{cases} \tag{2.40}$$

式中：ω——激磁电流 I_1 的角频率。

由此可得差动变压器空载输出电压为

$$\dot{U}_2 = \dot{E}_{21} - \dot{E}_{22} = j\omega (M_2 - M_1)\frac{\dot{U}_1}{R_1 + j\omega L_1} \tag{2.41}$$

其有效值为

$$U_2 = \frac{\omega (M_2 - M_1)}{\sqrt{R_1^2 + (\omega L_1)^2}} U_1 \tag{2.42}$$

输出阻抗为

$$Z = R_{21} + R_{22} + j\omega L_{21} + j\omega L_{22}$$

其大小为

$$Z = \sqrt{(R_{21} + R_{22})^2 + (\omega L_{21} + \omega L_{22})^2} \tag{2.43}$$

由以上分析可得：

（1）当动铁处于中间位置时，磁阻 $R_{m1} = R_{m2}$，即互感 $M_1 = M_2$，故此时输出电压$U_2 = 0$。

（2）当动铁上移时，磁阻 $R_{m1} < R_{m2}$，则 $M_1 > M_2$，此时输出电压 $U_2 < 0$。

（3）当动铁下移时，磁阻 $R_{m1} > R_{m2}$，则 $M_1 < M_2$，此时输出电压 $U_2 > 0$。

因而差动变压器可以用于测量动铁位移的大小和方向。

2. 输出电压特性

差动变压器输出电压特性如图 2.2.13 所示。图中动铁居中时，动铁与次级两线圈均不耦合，此时理想的输出电压应为零，但实际的输出电压不为零，如图 2.2.13 所示的 U_o，称为残余电压。当动铁向左移动时，与次级线圈 21 耦合加强，U_{21} 迅速增加，U_{22} 基本不变，输出电压 U_2 近似线性上升；当动铁向右移动时，与次级线圈 22 耦合加强，U_{22} 迅速增加，U_{21} 基本不变，输出电压 U_2 近似线性上升。图中 X_1 和 X_2 分别表示动铁与次级两线圈 21、22 完全耦合点，此时输出电压 U_2 都达到最大值。ΔX 表示动铁线性工作范围，即动铁在 X_1 和 X_2 之间移动时，差动变压器都可以得到线性输出，说明差动两线圈输出电压的线性工作范围比单个线圈约增加了一倍。

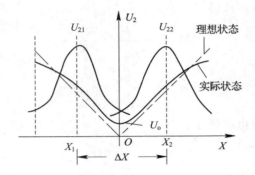

图 2.2.13　差动变压器输出电压特性

理想的差动变压器输出电压与位移呈线性关系，实际上由于线圈、铁芯、骨架的结构形状、材质等诸多因素的影响，不可能达到完全对称，使得实际输出电压呈非线性状态。但在变压器中间部分的磁场强度大且均匀分布，因而有较好的线性段，此线性段的位移范围 ΔX 为线圈骨架的 $1/10 \sim 1/4$。提高次级两线圈磁路和电路的对称性，可改善输出电压的线性度。采用相敏整流电路对输出电压进行处理，可进一步改善差动变压器输出电压的线性。

3. 灵敏度

差动变压器的灵敏度是指差动变压器在单位电压激励下，动铁移动单位距离时所产生的输出电压，以 mV/mm/V 表示，其值一般大于 50 mV/mm/V。

由式(2.42)可知，提高差动变压器的灵敏度可采用如下方法：

(1) 在初级线圈热容量的允许范围内适当增加激励电压 U_1。

(2) 适当增加动铁截面积，以减小磁路磁阻，同时减小铁损。

(3) 适当增加次级线圈的匝数 N_2，一般取 $N_2 = (1 \sim 2)N_1$。

(4) 在低频段，若 $R_1 \gg \omega L_1$，则由式(2.42)可得

$$U_2 \approx \frac{\omega}{R_1}(M_2 - M_1)U_1$$

此时，适当增加激励频率，也可以提高灵敏度。

4. 温度特性

组成差动变压器的各构件的材料性能均受温度的影响，因而会产生测量误差，其中初级线圈电阻温度系数受到的影响最大。在温度变化时，初级电流 I_1 发生变化，使输出电压随温度变化。通常铜导线的电阻温度系数为 $+0.4\%/9℃$，在低频激励下（$R_1 \ll \omega L_1$），温度升高引起初级线圈电阻增加，差动变压器温度系数会变为 $-0.3\%/℃$。为了减小温度变化引起的测量误差，一般温度控制在 80℃以下。在低频激励下，可适当提高工作频率，减小 R_1 的变化对输出电压的影响，有条件时可考虑采用恒流源激励。

5. 零点残余电压消除方法

差动变压器零点残余电压是由于结构及电磁特性不对称等多方面影响产生的，消除或减小的方法主要包含以下几方面：

（1）提高差动变压器的组成结构及电磁特性的对称性。

（2）引入相敏整流电路，对差动变压器输出电压进行处理。

（3）采用外电路补偿，如图 2.2.14 所示。

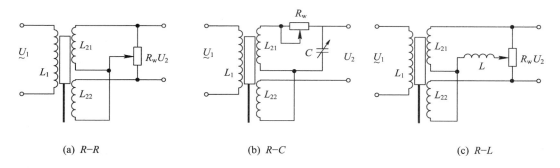

(a) R–R　　　　　　　　(b) R–C　　　　　　　　(c) R–L

图 2.2.14　差动变压器外补偿电路

如图 2.2.14 所示，电位器 R_w 一般为 10 kΩ，用于调整输出电压（基波分量）的大小和相位；电容 C 和电感 L 用于调整输出电压（谐波分量）的大小和相位，其大小需通过试验确定。

6. 测量电路

差动变压器最常用的测量电路是差动相敏整流电路，如图 2.2.15 所示。差动变压器两次级输出电压分别整流后，将 a、b 端的差值作为整流输出。

如图 2.2.15(a) 和 (b) 所示为电流输出型差动整流电路，用于连接低阻抗负载电路；(c) 和 (d) 所示为电压输出型差动整流电路，用于连接高阻抗负载电路。电路采用差动相敏整流电路，不但可以用零值居中的直流电表指示输出电压或电流的大小和极性，还可以有效地消除残余电压，同时可使线性工作范围得到一定的扩展。

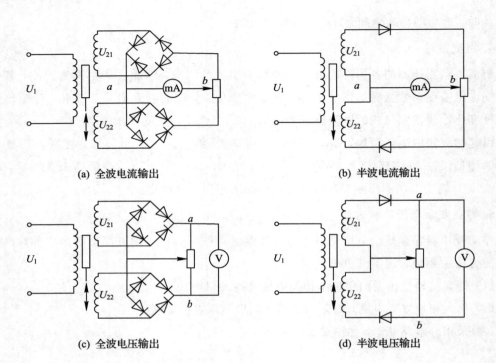

(a) 全波电流输出　　　　　　　　　　　(b) 半波电流输出

(c) 全波电压输出　　　　　　　　　　　(d) 半波电压输出

图 2.2.15　差动整流电路

2.3　电涡流传感器

电涡流（Eddy Current）是指传感线圈的交变磁场在被测金属板上产生的感应电流，此电流在金属板平面上形成闭合回路，其大小与金属板平面电阻率 ρ、导磁率 μ、激磁电源频率 f 以及传感线圈与金属板间的距离 δ 有关。电涡流沿金属板厚度方向的贯穿深度 h 与激磁电源的频率 f 成反比，频率越高贯穿深度越小，此即电涡流的趋肤效应。通常按激磁电源频率高低将电涡流传感器分为两大类：高频反射式电涡流传感器和低频透射式电涡流传感器，前者用于非接触式位移变量的监测，后者仅用于金属板厚度的测量。

2.3.1　高频反射式电涡流传感器

高频反射式电涡流传感器结构简单，主要由安置于骨架上的扁平圆形线圈构成，如图 2.3.1 所示。

传感线圈由高频电流 $\dot{I}$ 激磁，产生高频交变磁场 ϕ_i，ϕ_i 在被测体平面上产生电涡流 $\dot{I}_e$。根据电磁感应定律，电涡流 $\dot{I}_e$ 对 ϕ_i 有去磁作用，可阻止 ϕ_i 的变化。图 2.3.1 中 ϕ_e 表示由电涡流 $\dot{I}_e$ 产生的磁场，因而 ϕ_e 与 ϕ_i 反向。显然传感线圈与被测物体之间的距离 δ 越小，电涡流效应越强，可将非电量 δ 转换为电量，以实现位移量的测量。

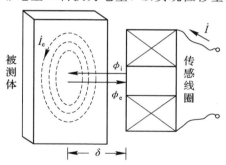

图 2.3.1　高频反射式电涡流传感器原理图

1. 等效电路

电涡流传感器的等效电路如图 2.3.2 所示，它类似于副边短路的空心变压器。图中 R_1 和 L_1 为传感线圈的电阻和自感，M 为传感线圈与被测体间的磁耦合等效互感。

根据 KVL 可列出如图 2.3.2 所示电路的电压平衡方程为

$$\begin{cases} R_1\dot{I}_1 + \mathrm{j}\omega L_1\dot{I}_1 - \mathrm{j}\omega M\dot{I}_2 = \dot{U}_1 \\ -\mathrm{j}\omega M\dot{I}_1 + R_2\dot{I}_2 + \mathrm{j}\omega L_2\dot{I}_2 = 0 \end{cases} \tag{2.44}$$

求解方程组可得电涡流传感器的等效阻抗为

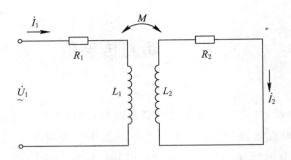

图 2.3.2　电涡流传感器等效电路

$$Z = \left[R_1 + R_2 \frac{\omega^2 M^2}{R_2^2 + (\omega L_2)^2} \right] + j\omega \left[L_1 - L_2 \frac{\omega^2 M^2}{R_2^2 + (\omega L_2)^2} \right] \tag{2.45}$$

式中：$R_2 \dfrac{\omega^2 M^2}{R_2^2 + (\omega L_2)^2} = R_2'$——涡流回路的反射电阻；

$L_2 \dfrac{\omega^2 M^2}{R_2^2 + (\omega L_2)^2} = L_2'$——涡流回路的反射电感。

由式(2.45)可得电涡流传感器的品质因数为

$$Q = \frac{\omega L_1 - \omega L_2 \dfrac{\omega^2 M^2}{R_2^2 + \omega^2 L_2^2}}{R_1 + R_2 \dfrac{\omega^2 M^2}{R_2^2 + \omega^2 L_2^2}} = Q_0 \frac{1 - \dfrac{L_2}{L_1} \dfrac{\omega^2 M^2}{R_2^2 + (\omega L_2)^2}}{1 + \dfrac{R_2}{R_1} \dfrac{\omega^2 M^2}{R_2^2 + (\omega L_2)^2}} \tag{2.46}$$

式中：$Q_0 = \dfrac{\omega L_1}{R_1}$——无涡流效应时传感线圈的品质因数。

由以上分析可知，电涡流传感器等效阻抗 Z 与被测物体涡流回路的电阻率、导磁率、激励源频率、传感线圈与被测物体间的距离有关，即

$$Z = f(\delta, \rho, f, \mu_r)$$

Z 是一个四变量函数，实际上当被测物体材料及激磁频率一定时，阻抗 Z 为 δ 的单值函数，因而高频反射式电涡流传感器可以实现位移量的测量。

2. 工作特性

从电涡流效应的形成原理可知，当传感线圈受到一定强度的电流 $\dot{I}_1$ 激励后，所形成的电涡流密度、贯穿深度及涡流效应的灵敏度、线性度等与诸多因素有关。

(1) 电涡流的径向密度与传感线圈的外径有关。电涡流的径向分布是不均匀的，但会保持一定的比例关系，即：当涡流半径 r 等于线圈外圆半径 R 时，密度最大；随着涡流半径的增大或减小，密度都会显著下降，在 r 减小直至为 0 时，密度等于 0，在 r 增大到 $2.5R$ 时，密度亦趋于 0。

(2) 电涡流的径向密度和传感线圈与被测体的间距 δ 成反比。即当间距 $\delta = 0$ 时，电涡流的密度最大；随着间距的增加，密度显著下降，当 δ 增大到 R 时，电涡流密度下降到最大值的 30%。

（3）电涡流的贯穿深度 h 与被测物体涡流回路的电阻率 ρ 成正比，与其相对导磁率 μ_r 及电源频率 f 成反比，其计算关系式为

$$h = \sqrt{\frac{\rho}{\mu_0 \mu_r \pi f}} \tag{2.47}$$

当 $f = 1\,\mathrm{MHz}$ 时，铁板的贯穿深度为 $1.78\,\mu m$，铜板的贯穿深度为 $65.6\,\mu m$，铝板的贯穿深度为 $85.15\,\mu m$。

3. 电涡流效应的灵敏度

在传感线圈的结构性能和激磁电流一定的情况下，电涡流效应与被测物体的物理性能和几何尺寸密切相关。

（1）被测物体材料物理性能的影响。由以上分析可知，被测体材料的电阻率和磁导率直接影响着电涡流效应，因而也会引起灵敏度的变化。一般来说，被测物体电阻率 ρ 越高，电涡流的灵敏度 K_r 也越高；被测体导磁率 μ_r 越高，电涡流的灵敏度 K_r 越低。

（2）被测物体几何尺寸的影响。由电涡流的径向分布可知，当被测物体能形成涡流的平面面积远远大于传感线圈的平面面积时，灵敏度不发生变化；当被测物体的涡流平面面积小于传感线圈的平面面积时，灵敏度 K_r 将随被测物体平面面积的减小而下降；当被测物体的涡流平面面积只有传感线圈平面面积的一半时，其灵敏度也减小一半。

若被测物体是圆柱体，为了获得较高的灵敏度，要求圆柱体的直径 D 应是传感线圈外圆直径 d 的 3.5 倍以上，此时灵敏度比较稳定。当圆柱体直径 D 减小到与线圈直径 d 相同时，灵敏度将降至 70% 左右。

对于平面形被测物体，其厚度也不能太小，一般应达到 0.2 mm 以上，否则由于电涡流穿透作用的影响，灵敏度将会下降。同时，在测试现场周围的附加电场或磁场也会导致灵敏度下降。

4. 非线性

一般来说，灵敏度越高，线性度越差（仅指未采取补偿措施时）。电涡流传感器线性工作范围一般为传感线圈外径的 $1/5 \sim 1/3$，线圈外径越大，线性范围越大。因此，电涡流传感器的线圈通常都采用窄而扁的结构。

5. 测量电路

根据电涡流效应原理和等效电路，电涡流传感器输出的测量电路（Measuring Circuit）有下述 3 种形式。

（1）谐振法。谐振法是依照 LC 电路谐振原理，实现对电涡流传感器输出信号测量的方法。根据 LC 谐振电路的幅值及频率特性（Frequency Response），又分为调幅法和调频法。

① 调幅法。调幅法是以传感线圈与调谐电容组成并联 LC 谐振回路，由石英振荡器提供高频激磁电流，如图 2.3.3 所示，测量电路的输出电压 U_o 正比于 LC 谐振电路的阻抗 Z，激磁电流 I 和谐振阻抗 Z 越大，输出电压 $U_o = IZ$ 越高。

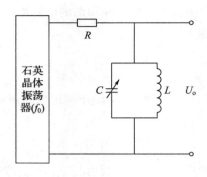

图 2.3.3　调幅法测量电路

初态时，传感器远离被测物体，调整 LC 回路谐振频率等于石英晶体振荡器频率 f_0，即

$$f_0 = \frac{1}{2\pi\sqrt{LC}}\tag{2.48}$$

此时，LC 并联谐振回路的等效阻抗 Z 最大，即

$$Z = Z_0 = \frac{L}{R'C}\tag{2.49}$$

式中：R'——谐振回路的等效电阻；

　　　　L——传感线圈自感。

在谐振频率 f_0 之外，LC 回路的等效阻抗将显著减小，如图 2.3.4 所示。

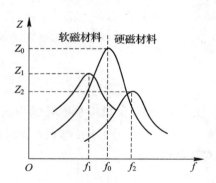

图 2.3.4　阻抗谐振曲线

工作时，传感器接近被测物体，传感线圈的激磁磁通在被测物体上产生涡流效应，此时谐振回路的等效电感 L 及等效阻抗 Z 发生变化，此变化即反应传感线圈与被测物体间距 δ 的变化，即被测位移量的变化。

当被测物体为软磁材料时，由于磁导率 μ 增加，谐振回路的等效电感 L 增加，LC 回路谐振频率减小，谐振曲线左移，谐振阻抗由初态最大值 Z_0 降至 Z_1，对应的谐振频率为 f_1。当被测物体为硬磁材料时，由于磁导率 μ 减小，等效电感 L 减小，LC 回路谐振频率增大，谐振曲线右移，谐振阻抗由初态最大值 Z_0 降至 Z_2，对应的谐振频率为 f_2。由于并联谐振电路输出电压 $U_{o}=IZ$，因而传感线圈与被测物体间距 δ 的变化会引起 Z 的变化，使输出电压随之变化，从而实现位移量的测量，故称为调幅法。

②调频法。调频法是以 LC 谐振回路的频率作为输出量，直接用频率计测量；或通过测量 LC 回路等效电感 L，间接测量频率变化量。此时，传感线圈作为 LC 谐振回路的电感 L，如图 2.3.5 所示是一个电感三点式调频测量电路。测量时，由于传感线圈与被测物体间距 δ 的变化会引起电感或频率的变化，亦可实现位移量的测量。

这种方法稳定性较差，几个皮法的分布电容可能引起几千赫兹的频率变化，虽然可以通过扩大调频范围来提高稳定性，但调频的范围不可能无限扩大。

（2）正反馈电路法。如图 2.3.6 所示为采用正反馈电路实现电涡流效应的测量。图中 Z_{r} 为固定的线圈阻抗，Z_{L} 为传感线圈电涡流效应的等效阻抗。当线圈与被测物体间距 δ 变化时，Z_{L} 亦发生变化，其结果会引起运算放大器输出电压的变化，经检波和放大后使测量电路输出电压 U_{o} 变化。

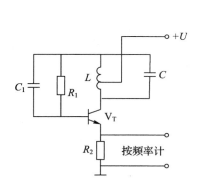

图 2.3.5 电感三点式调频测量电路

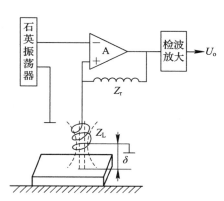

图 2.3.6 正反馈法测量电路

（3）电桥法。对于差动电涡流传感器，常用电桥法实现传感器输出信号的测量，如图 2.3.7 所示。图中 L_1 和 L_2 为传感器两线圈电感，分别与选频电容 C_1 和 C_2 并联组成两桥臂，电阻 R_1 和 R_2 组成另外两桥臂。

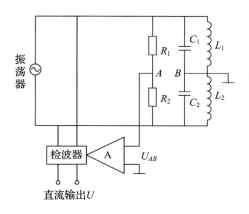

图 2.3.7 电桥法测量电路

静态时，电桥平衡，桥路输出 $U_{AB}=0$。

工作时，传感器接近被测物体，电涡流效应等效电感 L 发生变化，测量电桥失去平衡，即 $U_{AB} \neq 0$。经线性放大后送检波器检波输出直流电压 U，显然此输出电压 U 的大小正比于传感器线圈的移动量，从而实现对位移量的测量。

2.3.2 低频透射式电涡流传感器

低频透射式电涡流传感器如图 2.3.8 所示。当传感线圈激磁频率在 1 kHz 以下时，电涡流的趋肤效应极大地减弱，穿透能力极大地加强，由式(2.47)可知，此时可用来检测金属薄板的厚度，故称为低频透射式电涡流传感器。

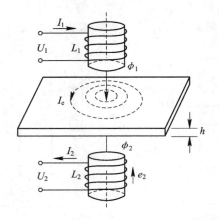

图 2.3.8 低频透射式电涡流传感器原理图

图 2.3.8 中 L_1 是发射线圈电感，L_2 是接收线圈电感，I_1 为激磁电流，ϕ_1 为激磁磁通，I_e 为涡流，U_2 为 L_2 上的电磁感应电压。显然，在一定的激磁电流 I_1 作用下，金属板厚度尺寸 h 越大，穿过金属板到达接收线圈的磁通 ϕ_2 就越小，感应电压 U_2 也相应减小，即 U_2 与 h 之间有着对应的函数关系 $U_2 = f(h)$。由图 2.3.9 可知，频率越低，磁通穿透能力越强，在接收线圈上产生的感应电压也越高。这种传感器一般可用来检测 100 mm 以下的金属板厚度，分辨率可达 0.1 μm。

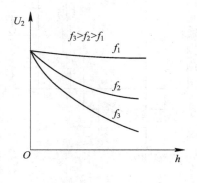

图 2.3.9 $U_2 = f(h)$ 曲线

2.4 电感传感器的应用

电感传感器可直接测量位移量，亦可测量能转换为位移量的其他非电量，但各自应用的领域有所不同，下面介绍几个应用实例。

2.4.1 电感测微仪

电感测微仪是一个用于测量微位移的差动式自感传感器，其测量电路如图 2.4.1 所示。图中两个传感线圈和两个电阻组成交流测量电桥，电桥输出交流电压经放大后送至相敏检波器，检波输出直流电压由直流电压表或显示器输出。

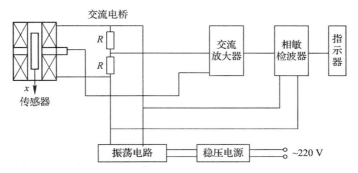

图 2.4.1 电感测微仪原理图

2.4.2 力平衡式差压计

力平衡式差压计是一个差动变压器测量电路，其原理图如图 2.4.2 所示。图中 N_1、N_{21}、N_{22} 分别为差动变压器初级线圈和两次级线圈，VD_1、VD_2 和 C 为半波整流电容滤波电路。当动铁处于中间位置时，膜盒亦在正中处，此时膜盒的上下压力相同（即 $P_1 = P_2$），差动变压器输出电压 $U = 0$。当 P_1 和 P_2 大小不同时，膜盒产生位移，则动铁随之移动，此时差动变压器输出电压 $U \neq 0$，其大小和极性即表示动铁位移的大小和方向，从而可测出 P_1 与 P_2 的压力差。

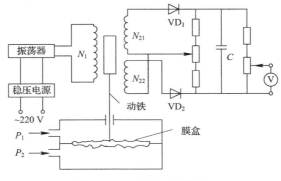

图 2.4.2 力平衡式差压计

101

2.4.3 位移计

位移计利用电涡流传感器的基本原理，其原理图如图 2.4.3 所示。其中(a)表示直接检测传动轮的轴向位移量，(b)表示间接检测膨胀体轴向膨胀量。

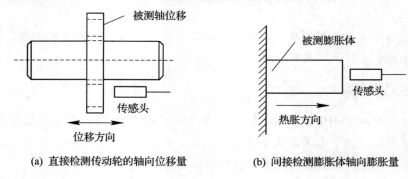

(a) 直接检测传动轮的轴向位移量   (b) 间接检测膨胀体轴向膨胀量

图 2.4.3　位移计

2.4.4 振动计

利用涡流传感器还可以实现对振动的测量，振动计原理如图 2.4.4 所示。

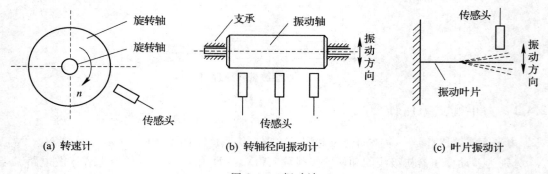

(a) 转速计   (b) 转轴径向振动计   (c) 叶片振动计

图 2.4.4　振动计

思考题

（1）电感传感器有哪几种类型，分别是利用什么变量来实现非电测量的？

（2）差动式电感传感器测量电桥为什么要引入相敏整流电路？

（3）简述差动式电感传感器的残余电压及其消除的方法。

（4）简述高频反射式电涡流传感器的工作原理。

将非电量转换成电容量的测量装置称为电容传感器。与电阻传感器和电感传感器相比，电容传感器具有如下优点：

（1）测量范围大。如 $\Delta R/R$ 值，金属应变片的 $\Delta R/R$ 低于 1%，半导体应变片的 $\Delta R/R$ 约为 20%，而 $\Delta C/C$ 可达 100%。

（2）灵敏度高。电容值的灵敏度高，其相对变化量可达 10^{-7}。

（3）动态响应时间短。电容传感器可动部分质量小，因而固有频率高，适于动态测量。

（4）结构简单、适应性强。电容传感器采用金属板作为电极，采用石英、陶瓷等无机材料作为绝缘支承，因而可以耐高温和强辐射，在恶劣环境中亦可正常工作。

2.5.1　电容传感器的工作原理

以电容器作为敏感元件的电容传感器，可将被测的非电量转换为电容量。根据平行板电容量的变化原理，当忽略极板间电场的边缘效应时，其电容量的计算式为

$$C = \varepsilon \frac{S}{d} = \varepsilon_0 \varepsilon_r \frac{S}{d} \text{ (F)} \tag{2.50}$$

式中：S——极板有效面积（m^2）；

　　　d——极板间距离（m）；

　　　ε——极板间介质的介电常数（F/m）；

　　　ε_r——极板间介质的相对介电常数；

　　　ε_0——真空介电常数，取 $8.85 \times 10^{-12}\,\text{F/m}$。

电容量 C 的变化决定于参数 S、d 和 ε，因而有 3 种基本类型的电容传感器。

2.5.2　变面积型

改变两平行板电极间的有效面积（S）通常有两种方式，如图 2.5.1 所示，分别为角位移式和直线位移式，其工作原理及特性分述如下。

1. 角位移式

如图 2.5.1(a) 所示为一个角位移式变面积型电容传感器，当动片 1 相对于定片 2 有一个角位移时，两极板之间的有效面积发生相应变化，其表达式为

$$C_\theta = \frac{\varepsilon S \left(1 - \dfrac{\theta}{\pi}\right)}{d} \text{ (F)} \tag{2.51}$$

式中：θ——动极相对于定极旋转的角度，即角位移。

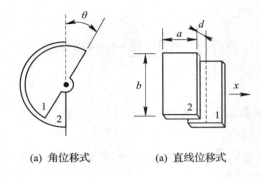

(a) 角位移式 (a) 直线位移式

图 2.5.1 变面积型电容传感器

此时，电容量 C_θ 与角位移 θ 呈线性比例关系，其灵敏度为

$$K_\theta = \frac{\mathrm{d}C_\theta}{\mathrm{d}\theta} = -\frac{\varepsilon S}{\pi d} \qquad (2.52)$$

显然 K_θ 仅与 S/d 有关，而与角位移 θ 无关。

2. 直线位移式

如图 2.5.1(b)所示为一个直线位移式变面积型电容传感器，当动片 1 相对于定片 2 有一段直线位移时，两极板之间的有效面积发生相应变化，其表达式为

$$C_x = \frac{\varepsilon b(a - x)}{d} \qquad (2.53)$$

式中：x——动极相对于定极的直线位移。

此时，电容量 C_x 与直线位移 x 也是线性关系，其灵敏度为

$$K_x = \frac{\mathrm{d}C_x}{\mathrm{d}x} = -\frac{\varepsilon b}{d} \qquad (2.54)$$

显然 K_x 仅与 b/d 有关，而与直线位移 x 无关。

由以上分析可知，加大极板面积 S 可以提高灵敏度，但通常结构尺寸不允许做得很大；减小极间距 d 亦可提高灵敏度，但过小的 d 可能导致极间介质被电场击穿。

2.5.3 变介电常数型

不同的电介质具有不同的介电常数(Dielectric Constant)，改变极板间介质的介电常数即可改变电容量的大小，这种传感器常用于检测容器中液位的高度或片状电介质的厚度。

如图 2.5.2 所示为电容液位计原理图，图中电极 1 和电极 2 表示半径分别为 r 和 R 的两个同心圆筒，高度为 h，浸没在液位高为 h_1 的液体内，液面上部高度为 h_2。

以高度为 h_1 的不导电液体(若为导电液体，电极需要绝缘)为电介质的电容量 C_1 为

$$C_1 = \frac{2\pi h_1 \varepsilon_1}{\ln(R/r)} \qquad (2.55)$$

式中：ε_1——不导电液体的介电常数。

以高度为 h_2 的气体为介质的电容量 C_2 为

$$C_2 = \frac{2\pi h_2 \varepsilon_2}{\ln(R/r)} = \frac{2\pi(h - h_1)\varepsilon_2}{\ln(R/r)} \tag{2.56}$$

式中：ε_2——气体的介电常数；

$h = h_1 + h_2$——电容极板的总高度。

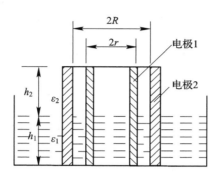

图 2.5.2　电容液位计原理图

电容器总电容量 C 为 C_1 和 C_2 相互并联所得，即

$$C = C_1 + C_2 = \frac{2\pi h \varepsilon_2}{\ln(R/r)} + \frac{2\pi(\varepsilon_1 - \varepsilon_2)}{\ln(R/r)} h_1 = A + B h_1 \tag{2.57}$$

由于式 (2.57) 中 h、R、r 及 ε_1、ε_2 均为常数，即 A 和 B 为线性比例系数，总电容量 C 仅与液位高度 h_1 成正比。这种传感器具有较好的线性度，但灵敏度不高。其灵敏度表达式为

$$K = \frac{\mathrm{d}C}{\mathrm{d}h_1} = \frac{2\pi}{\ln(R/r)}(\varepsilon_1 - \varepsilon_2) \tag{2.58}$$

如图 2.5.3 所示为变介电常数型电容测厚计的原理图，图中 d 为两电极板之间的间距，d_1 为被测电介质的厚度，极间空气介质的厚度为 $d_0 = d - d_1$。此时，总电容量 C 为空气介质电容 C_0 与被测厚电介质电容 C_1 串联所得，即

$$C = \frac{C_0 C_1}{C_0 + C_1} = \frac{\dfrac{\varepsilon_0 S}{d_0} \cdot \dfrac{\varepsilon_1 S}{d_1}}{\dfrac{\varepsilon_0 S}{d_0} + \dfrac{\varepsilon_1 S}{d_1}} = \frac{S}{\dfrac{d_1}{\varepsilon_1} + \dfrac{d_0}{\varepsilon_0}} = \frac{\varepsilon_0 S}{d + \left(\dfrac{1}{\varepsilon_r} - 1\right) d_1} \tag{2.59}$$

式中：S——电容器极板的有效面积；

ε_0——空气的介电常数；

ε_1——被测厚材料的介电常数，$\varepsilon_1 = \varepsilon_0 \varepsilon_r$；

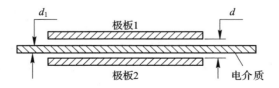

图 2.5.3　电容测厚计

ε_r——被测厚材料的相对介电常数。

由式（2.59）可知，当被测电介质的相对介电常数 ε_r 已知时，图 2.5.3 中测厚计的电容量 C 仅与被测厚度 d_1 有关，故可根据所测电容 C 的大小，确定被测电介质的厚度 d_1。在图 2.5.3 中，若被测电介质的厚度是已知的，由式（2.59）可知，根据所测电容 C 的大小，可确定被测电介质的相对介电常数 ε_r，即为相对介电常数测量仪的测量原理。显然，这两种测量仪器都可以获得较高的灵敏度，而对线性基本没有要求，因为待测变量 ε_r 和 d_1 基本不变或变化甚小。

2.5.4 变极间距离型

如图 2.5.4 所示为变电容极间距离型电容微位移计，图中极板 1 固定不动，极板 2 可以上下平行位移，从而改变两极板间距 d 的大小。

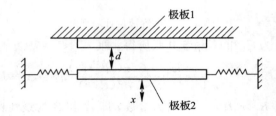

图 2.5.4　电容微位移计

设初始两极板间的距离为 d_0，此时电容量 $C_0 = \dfrac{\varepsilon S}{d_0}$。当极板 2 上下移动 Δx 时，两极板间距离 $d = d_0 - \Delta x$（极板 2 上移时，$\Delta x > 0$；下移时，$\Delta x < 0$），则电容量为

$$C_x = \frac{\varepsilon S}{d} = \frac{\varepsilon S}{d_0 - \Delta x} = \frac{\varepsilon S / d_0}{1 - \dfrac{\Delta x}{d_0}} = C_0 \frac{1 + \dfrac{\Delta x}{d_0}}{1 - \dfrac{\Delta x^2}{d_0^2}} \tag{2.60}$$

式（2.60）表示 C_x 与 Δx 间呈双曲线函数关系，但进行微位移测量时，$\Delta x \ll d_0$（工程中一般取 $\Delta x / d_0 = 0.02 \sim 0.1$），则上式具有近似的线性关系，即

$$C_x \approx C_0 \left(1 + \frac{\Delta x}{d_0}\right) \tag{2.61}$$

2.5.5 差动电容传感器

1. 差动电容传感器分类

单电容传感器虽然结构简单，但其线性度或灵敏度较低，为了提高线性度或灵敏度，实际中常采用差动电容传感器（Differential Capacitance Sensor），如图 2.5.5 所示。

1）变极间距离型

如图 2.5.5(a)所示为变极间距离（d）型差动电容传感器。上下两电极板位置固定，中间

电极板可沿 x 方向上下移动，可改变极间距 d_1 和 d_2，从而改变电容 C_1 和 C_2 的大小。电容 C_1 和 C_2 随中间极板移动，一增一减，构成差动工作方式。

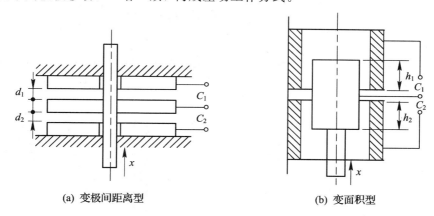

(a) 变极间距离型　　　　　　　(b) 变面积型

图 2.5.5　差动电容传感器

设初态中间极板居中，即 $d_1 = d_2 = d$，此时电容 $C_1 = C_2 = C_0 = \varepsilon S / d$，差动输出 $\Delta C = C_1 - C_2 = 0$。

当中间极板移动量为 Δx 时，差动输出为

$$\Delta C = C_1 - C_2 = \frac{\varepsilon S}{d_1} - \frac{\varepsilon S}{d_2} \xrightarrow{\text{上移}} \frac{\varepsilon S}{d - \Delta x} - \frac{\varepsilon S}{d + \Delta x}$$

$$= \frac{\varepsilon S}{d}\left(\frac{1}{1 - \dfrac{\Delta x}{d}} - \frac{1}{1 + \dfrac{\Delta x}{d}}\right) = C_0 \frac{2\dfrac{\Delta x}{d}}{1 - \left(\dfrac{\Delta x}{d}\right)^2} \approx 2C_0 \frac{\Delta x}{d} \tag{2.62}$$

由式(2.62)可以看出，利用差动输出的加减特性，使得输出量增加了一倍，即灵敏度提高了一倍，同时输出量 ΔC 与移动量 Δx 具有近似的线性关系。

2）变面积型

如图 2.5.5(b)所示为变极间有效面积(S)型差动电容传感器。上下两圆筒电极固定，中间圆筒电极可沿 x 方向移动。当中间圆筒电极上下移动时，上下电容器极板的有效面积 S_1 和 S_2 做反向变化，于是电容 C_1 和 C_2 一增一减，构成差动工作方式。

设初态时中间圆筒电极居中，即 $h_1 = h_2 = h$，$S_1 = S_2 = 2\pi r h = S$，$C_1 = C_2 = C_0 = \varepsilon S / d$，差动输出 $\Delta C = C_1 - C_2 = 0$。

当中间圆筒移动量为 Δx 时，差动输出为

$$\Delta C = C_1 - C_2 = \frac{\varepsilon S_1}{d} - \frac{\varepsilon S_2}{d} = \frac{\varepsilon}{d}(2\pi r h_1 - 2\pi r h_2) \xrightarrow{\text{上移}} \frac{\varepsilon}{d} 2\pi r (h + \Delta x - h + \Delta x)$$

$$= \frac{2\pi r \varepsilon}{d}(2\Delta x) = 2C_0 \frac{\Delta x}{h} \tag{2.63}$$

式(2.63)表明变面积型差动电容传感器具有较高的灵敏度和较好的线性度。

2. 桥式测量电路

电容传感器的输出电容值一般十分微小（几皮法至几十皮法），这样小的电容量不便于

直接测量和显示，因而需要借助一些测量电路，将微小的电容值转换为一定量的电压、电流或频率信号。下面介绍几种主要形式的测量电路。

电容传感器测量电桥有单臂桥、差动桥、紧耦合桥 3 种形式。

1) 单臂桥

如图 2.5.6(a)所示为单臂桥电容传感器桥式测量电路，图中 C_1、C_2、C_3 为固定标准电容，C_x 为传感器电容。

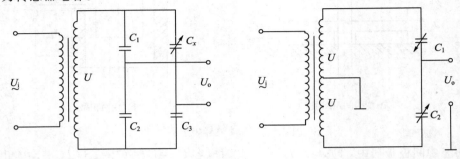

(a) 单臂桥电容传感器桥式测量电路　　　　(b) 差动桥电容传感器桥式测量电路

图 2.5.6　桥电容传感器桥式测量电路

（1）初态时：电桥调整到平衡状态，此时 $C_1 C_3 = C_2 C_x$，$U_o = 0$。

（2）工作时：传感器电容 C_x 发生变化，电桥不平衡，即 C_x 产生 ΔC_x 的变化，则电桥输出 ΔU。电容变化量越大，电桥输出电压越大，输出电压能线性反映电容量的变化。

2) 差动桥

如图 2.5.6(b)所示为差动桥电容传感器桥式测量电路，图中 C_1 和 C_2 为传感器电容，与变压器带中心轴头的副边两线圈构成差动测量电桥。

（1）初态时：两传感器电容 $C_1 = C_2 = C$，此时电桥空载输出为

$$\dot{U}_o = \frac{C_1 - C_2}{C_1 + C_2}\dot{U} = 0$$

即电桥处于平衡状态。

（2）工作时：若 $C_1 = C \pm \Delta C$，则 $C_2 = C \mp \Delta C$，此时电桥空载输出为

$$\dot{U}_o = \frac{(C \pm \Delta C) - (C \mp \Delta C)}{(C \pm \Delta C) + (C \mp \Delta C)}\dot{U} = \pm \frac{\Delta C}{C}\dot{U}$$

即工作时传感器两电容值发生等值反向变化，电桥失去平衡，且电容变化量 ΔC 越大，不平衡电桥输出电压 U_o 也越大，两者亦成线性关系。

3) 紧耦合桥

如图 2.5.7 所示为紧耦合桥电容传感器桥式测量电路，图中 C_1 和 C_2 为差动电容传感器两电容，L_0 为两紧耦合线圈的自感，其互感为 M。

如图 2.5.8 所示为图 2.5.7 的等效电路，其结构形式与如图 2.2.11 所示的差动电感传感器紧耦合测量桥等效电路完全一样，但两者中的传感器阻抗 Z_1 和 Z_2 是不同的。

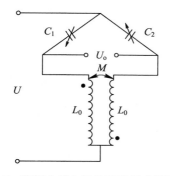 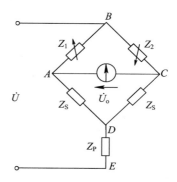

图 2.5.7　紧耦合桥电容传感器桥式测量电路　　图 2.5.8　差动电容传感器紧耦合测量桥等效电路

（1）初态时：两传感器电容 $C_1 = C_2 = C$，即测量电桥平衡，输出电压 $U_o = 0$。

（2）工作时：$C_1 \neq C_2$，即 $Z_1 = Z \pm \Delta Z$，$Z_2 = Z \mp \Delta Z$，此时

$$\dot{U}_o = \pm \frac{2\Delta Z Z_S}{(Z + Z_S)(Z + Z_S + 2Z_P)} \dot{U} \tag{2.64}$$

式（2.64）与式（2.31）、式（2.32）形式相同，且 Z_S 和 Z_P 也相同，仅 Z 和 ΔZ 的实质不同。此时

$$Z_S = j\omega(L_0 - M) = j\omega L_0(1 - K) = j2\omega L_0$$

$$Z_P = j\omega M = j\omega K L_0 = -j\omega L_0$$

$$Z = \frac{1}{j\omega C}, \quad \frac{dZ}{dC} = -\frac{1}{j\omega C^2}, \quad \Delta Z = -\frac{\Delta C}{j\omega C^2}$$

将上式代入式（2.64）可得

$$\dot{U}_o = \mp \frac{\Delta C}{C} \dot{U} \frac{4\omega^2 L_0 C}{2\omega^2 L_0 C - 1} \tag{2.65}$$

（3）测量桥的灵敏度 K_B 为

$$K_B = \frac{U_o}{\frac{\Delta C}{C} U} = \frac{4\omega^2 L_0 C}{2\omega^2 L_0 C - 1} \tag{2.66}$$

当 $\omega^2 L_0 C \gg 1$ 时，有

$$\dot{U}_o \approx \mp 2 \frac{\Delta C}{C} \dot{U}, \quad K_B \approx 2$$

差动电容传感器测量电桥灵敏度曲线如图 2.5.9 所示。

图 2.5.9 中曲线 1 为完全不耦合（$K = 0$）时的情况，此时 $K_B = \dfrac{2\omega^2 L_0 C}{(\omega^2 L_0 C - 1)^2}$，谐振点在 $\omega^2 L_0 C = 1$ 处。即 $\omega^2 L_0 C = 1$ 时，测量桥输出 U_o 急剧增加，灵敏度 $K_B > 100$。而在谐振点的两侧，灵敏度 K_B 急剧下降，且不稳定。

图 2.5.9 中曲线 2 为紧耦合（$0 \leqslant K \leqslant 1$）时的情况，此时谐振点在 $\omega^2 L_0 C = 0.5$ 处。当 $\omega^2 L_0 C = 0 \sim 0.5$ 时，K_B 随 $\omega^2 L_0 C$ 增加而近似线性上升，与不耦合时相同；当 $\omega^2 L_0 C = 0.5 \sim 1$ 时，K_B 随 $\omega^2 L_0 C$ 上升迅速下降；当 $\omega^2 L_0 C > 1$ 时，K_B 趋于 2，且在很宽的频域内保持稳定。因而，对于紧耦合测量电桥，只要适当地选择 L_0、C 和 ω，使得灵敏度 $K_B = 2$，此

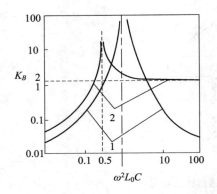

图 2.5.9　差动电容传感器测量电桥灵敏度曲线

时测量电桥输出电压 $U_。=2\dfrac{\Delta C}{C}U$ 为线性输出状态。

2.5.6　差动脉冲调宽电路

如图 2.5.10 所示为差动电容传感器脉冲调宽（Pulse-Width Modulation）电路原理图。图中 U_f 为参考电压；A_1 和 A_2 为电压比较器；C_1 和 C_2 为传感器两差动电容；VD_1 和 VD_2 两个二极管可为电容 C_1 和 C_2 提供快速放电通道；R_1 和 R_2 为 C_1 和 C_2 充电通道电阻，通常取 $R_1=R_2=R$。

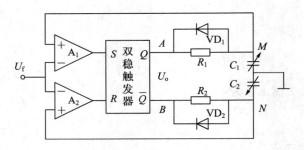

图 2.5.10　差动脉冲调宽电路

1. 初始状态

初态时，设接通电源后 A 为高电位，B 为低电位，即 RS 触发器进入稳态 1（$Q=1$，$\overline{Q}=0$）。此时，C_1 充电，M 点电位上升；C_2 放电，N 点电位下降。当 $U_M \geq U_f$ 时，$U_N < U_f$，比较器 A_1 和 A_2 比较输出，使 $S=1$，$R=0$，RS 触发器清零，即由稳态 1 翻转为稳态 0（$Q=0$，$\overline{Q}=1$），A 为低电位，B 为高电位。随后，C_2 充电，N 点电位上升；C_1 放电，M 点电位下降。当 $U_M \geq U_f$ 时，$U_M < U_f$，比较器输出使 $S=0$，$R=1$，RS 触发器置 1，即由稳态 0 又翻转为稳态 1（$Q=1$，$\overline{Q}=0$），A 为高电位，B 为低电位。此后继续保持这种不断翻转的状态，且当 $C_1=C_2=C$ 时，电容 C_1 和 C_2 的充、放电周期大小相等。如图 2.5.11 所示为电路中各点电压波形图。

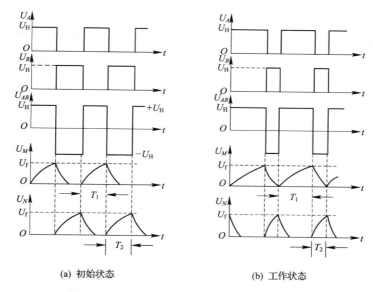

(a) 初始状态　　　　　　　　　　　(b) 工作状态

图 2.5.11　差动脉冲调宽电路各点电压波形图

图 2.5.11 中 T_1 和 T_2 分别为电容 C_1 和 C_2 的充电时间,其大小为

$$T_1 = R_1 C_1 \ln \frac{U_H}{U_H - U_f} \tag{2.67}$$

$$T_2 = R_2 C_2 \ln \frac{U_H}{U_H - U_f} \tag{2.68}$$

由于 $R_1 = R_2 = R$,$C_1 = C_2 = C$,即 $T_1 = T_2$,故初态时脉冲调宽电路差动输出电压的平均值为

$$U_o = U_{AB} = \frac{T_1 - T_2}{T_1 + T_2} U_H = 0 \tag{2.69}$$

式中:U_H——RS 触发器输出的高电位。

此时稳态 1 和稳态 0 输出的高电位 $U_A = U_B$,U_{AB} 正、负脉冲对称,故其平均值为 0。

2. 工作状态

工作状态时,差动电容传感器两传感电容 $C_1 \neq C_2$,即可得 $T_1 \neq T_2$,此时脉冲调宽电路差动输出电压的大小取决于电容 C_1 和 C_2 的变化量,即

$$U_o = U_{AB} = \frac{T_1 - T_2}{T_1 + T_2} U_H = \frac{C_1 - C_2}{C_1 + C_2} U_H = \pm \frac{\Delta C}{C} U_H \tag{2.70}$$

若 $C_1 = C + \Delta C$,$C_2 = C - \Delta C$,即 $C_1 > C_2$,则 $T_1 > T_2$,此时脉冲调宽电路各点电压波形如图 2.5.11(b)所示。此时 $U_A > U_B$,U_{AB} 的正、负脉冲不对称,故其平均值不为 0。

1)变极间距离型

对于变极间距离型差动电容传感器,传感电容的大小与极间距离 d 成反比,即对应于 $C_1 = C + \Delta C$,$C_2 = C - \Delta C$ 时,$d_1 = d - \Delta d$,$d_2 = d + \Delta d$。此时差动输出电压平均值可改写为

$$U_o = \frac{C_1 - C_2}{C_1 + C_2} U_H = \frac{d_2 - d_1}{d_1 + d_2} U_H = \frac{\Delta d}{d} U_H \tag{2.71}$$

2）变面积型

对于变面积型差动电容传感器，传感电容的大小与极板的有效面积 S 成正比，即对应于 $C_1 = C + \Delta C$，$C_2 = C - \Delta C$ 时，$S_1 = S + \Delta S$，$S_2 = S - \Delta S$，此时差动输出电压平均值可改写为

$$U_o = \frac{C_1 - C_2}{C_1 + C_2} U_H = \frac{S_1 - S_2}{S_1 + S_2} U_H = \frac{\Delta S}{S} U_H \tag{2.72}$$

由以上分析可知，无论是变极间距离型还是变面积型差动电容传感器，差动脉冲调宽电路的输出电压与变化量 ΔC（Δd 或 ΔS）之间有着一一对应的线性关系，而与脉冲调宽频率的变化无关，且对输出矩形波纯度要求不高，这对电容传感器测量电路是十分重要的。

2.5.7 电容调频电路

电容调频电路是把传感电容作为调频振荡电路的一部分，当被测信号使电容发生变化时，振荡频率产生相应变化，即

$$f = \frac{1}{2\pi\sqrt{LC}} = \frac{1}{2\pi\sqrt{L(C_1 + C_2 + C_0 + \Delta C)}} \tag{2.73}$$

式中：L——振荡回路的等效电感；

　　　C——振荡回路总电容，$C = C_1 + C_2 + C_0 \pm \Delta C$；

　　　C_1——振荡回路中接入的固定电容；

　　　C_2——引线电缆分布电容；

　　　C_0——传感电容初始值；

　　　ΔC——传感电容的变化量。

1. 工作状态

初态时，$\Delta C = 0$，振荡回路的振荡频率为

$$f = f_0 = \frac{1}{2\pi\sqrt{L(C_1 + C_2 + C_0)}} \tag{2.74}$$

工作状态时，$\Delta C \neq 0$，振荡回路的振荡频率随 ΔC 的增加而下降，此时有

$$f = f_0 \mp \Delta f = \frac{1}{2\pi\sqrt{L(C_1 + C_2 + C_0 \pm \Delta C_0)}} \tag{2.75}$$

因而，振荡器输出的信号是一个受被测信号调制的调频波。

2. 典型测量电路

在实际应用中，常采用如图 2.5.12 所示形式的电容调频测量电路。电容调频振荡器输出频率 f_1 与本机振荡器输出频率 f_s 混频后输出中频信号，即 $\Delta f = f_1 - f_s$。

初始状态时，有

$$\Delta C = 0, \quad C = C_0, \quad f_1 = f_0, \quad \Delta f = f_1 - f_s = f_0 - f_s$$

工作状态时，有

$$\Delta C = \pm \Delta C_0, \quad C = C_0 \pm \Delta C_0, \quad f_1 = f_0 \mp \Delta f_0$$

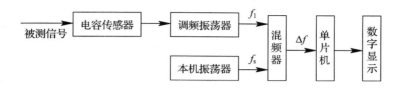

图 2.5.12 电容调频式测量电路框图

$$\Delta f = f_1 - f_s = f_0 \mp \Delta f_0 - f_s$$

由此可见，混频器输出的中频信号是传感电容受被测信号调制的调频波信号。引入混频器可以降低调频振荡器的输出频率，有利于调频信号的处理。同时，两个振荡器的漂移频率经混频后相互抵消，有利于提高测量精度。因而这种测量电路具有较强的抗干扰能力及较高的灵敏度。

2.5.8 运算放大器测量电路

如图 2.5.13 所示为电容传感器运算放大器测量电路。图中 C_0 为固定电容，C_x 为传感器电容，R_1 和 R_2 为平衡电阻，R_w 为调零电位器。由图示电路可建立电压平衡方程组，即

$$\begin{cases} \dot{U}_N = -\dfrac{C_0}{C_x}\dot{U}_i \\[2mm] \dot{U}_N = \dot{U}_i + \dot{U}_R \\[2mm] \dot{U}_R = \dot{U}_{R1} + \dot{U}_{Rw} + \dot{U}_{R2} \\[2mm] \dot{U}_o = \dot{U}_i + \dfrac{1}{2}\dot{U}_R \end{cases} \qquad (2.76)$$

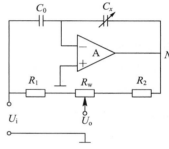

图 2.5.13 运算放大器测量电路

联解式（2.76）可得

$$\dot{U}_o = -\frac{1}{2}\left(\frac{C_0}{C_x} - 1\right)\dot{U}_i \qquad (2.77)$$

当 $C_x = \dfrac{\varepsilon S}{d}$ 时，则

$$\dot{U}_o = -\frac{1}{2}\left(\frac{C_0 d}{\varepsilon S} - 1\right)\dot{U}_i \qquad (2.78)$$

显然这种测量电路最适合于变极间距离型电容传感器，不但电路结构简单，而且可获得很好的线性输出。

虽然实际的运算放大器会引入一定的非线性误差，但当运算放大器的输入阻抗和放大倍数都足够大时，这种误差就会非常小，基本不影响测量精度。

2.5.9 灵敏度的提高

电容传感器的电容量很小，一般为几皮法至几十皮法，任何微小的测量误差都可能使电容传感器灵敏度极大地下降。为了提高灵敏度，电容传感器极间距 d 一般很小（小于

1 mm）。但过小的 d 容易引起电容器极间电击穿，为此可考虑在极板间插入云母片。因为云母的介电常数比空气高约 7 倍，空气的击穿电压为 3 kV/mm，云母的击穿电压不小于 10^3 kV/mm，即厚度为 0.01 mm 的云母片，其击穿电压也高于 10 kV。故可在极间插入云母片，并适当减小极间距离，以提高灵敏度。

在变极间距离型电容传感器中插入云母片后，由式（2.59）可知，此时

$$C = \frac{S}{\dfrac{d_1}{\varepsilon_1} + \dfrac{d_0}{\varepsilon_0}} \tag{2.79}$$

式中：S——电容器极板的有效面积；

d_1、ε_1——云母片的厚度和介电常数；

d_0、ε_0——极板间空气隙的长度和空气的介电常数。

由于式（2.79）中的 d_1/ε_1 项为定值，可使传感器输出特性的线性度得到提高。

2.5.10 电容传感器的应用

电容传感器不但应用领域广、环境适应性好，而且检测的精度和灵敏度高。这些优点不但与组成电容传感器的材料性质和结构尺寸有关，还与电容传感器的正确应用有关。在介绍电容传感器应用实例之前，先对电容传感器在应用中需注意到的几个问题进行分析。

1. 应用中需注意的几个问题

电容传感器作为高精度检测装置，某些微小因素的变化可能引入测量误差，如温度、电场的边缘效应、寄生电容等。

1）温度影响

温度主要影响传感器的结构尺寸，当温度上升时，具有一定温度系数的电容器极板尺寸增大，极板的有效平面面积增大使电容增加，极板的厚度增加导致极间距离减小，亦使电容增加。为了减小电容器极板的有效面积和厚度因温度变化而引起的误差，应尽量选择温度系数小且稳定的金属材料作为电容器的极板，如铁镍合金，并尽量采用差动对称结构，或在测量电路中加以补偿。

温度对电容器极板间某些介质的介电常数也有一定的影响。空气和云母的介电常数基本不受温度影响，而硅油、煤油等液体介质的介电常数是随温度的升高而减小的，这种变化引入的误差只有在测量电路中进行补偿。

温度还可能影响到电容器极板支承架的电绝缘性能。电容传感器的容抗都很高，特别是在激励频率较低的情况下，当极板支承架的绝缘电阻因温度升高而下降较多时，其漏电流的影响将使电容传感器灵敏度下降，为此极板支承架应选择绝缘性能好的材料，如陶瓷、石英等高绝缘电阻、低吸湿性材料。也可以适当增加激励源频率以减小容抗，从而降低支承架漏电流的影响。

2）电场的边缘效应

电容器极板周边极间电场分布不均匀的现象称为边缘效应，该效应会使电容传感器测量精度下降、非线性上升。增加极板面积和减小极间距可减小边缘效应的影响。当检测精

度要求很高时，可考虑加装等位环，如图 2.5.14 所示，即在极板周边外围的同一平面上加装一个同心圆环，使极板周边极间电场分布均匀，以消除边缘效应的影响。

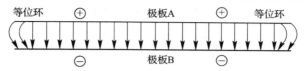

图 2.5.14　电容器极板周边装等位环

3）寄生电容的影响

电容传感器的电容值通常很小，测量电路若处理不当，其寄生电容（Parasitic Capacitors）有可能大于传感器电容，使电容传感器无法工作。消除或减小寄生电容通常采用以下两种基本方法：

（1）减小引线长度。尽量减小电容器极板引出线的长度，且不要平行布线。在可能的情况下，将电容传感器与测量电路集成为一体，这样既可以减小寄生电容，还可使寄生电容量基本不变。

（2）屏蔽电容器。电容器极板可能与周围构件、仪器甚至人体之间产生寄生电容，尤其是裸露的高压侧电极，很容易产生放电现象而引起寄生电容的变化。为了减小这种寄生电容的影响，可对电容器及测量电路采用整体屏蔽法并保持屏蔽体有效接地。

2. 应用举例

前文在叙述电容传感器工作原理时已介绍过电容位移计、电容液位计、电容测厚计等应用实例，下面再列举一些其他实例供读者学习。

1）电容式差压变送器

如图 2.5.15 所示为两室结构的电容式差压变送器（Transmitter）。图中 1 和 2 为测量膜片，它们直接接触被测对象；3 为感压膜片。1 与 3 膜片间为一室，2 与 3 膜片间为另一室，故称两室结构，室中充满温度系数小、稳定性高的硅油密封液。感压膜片 3 采用圆周方向张紧式结构，在外压力 P_H 和 P_L 作用下向一侧挠曲变形，故称感压膜片 3 为可动电极。固定电极 4 和 5 是在绝缘体 6（玻璃或陶瓷）表面上蒸镀一层铝膜而制成的，电极 4 和 5 呈球平面形，与可动电极 3 之间构成差动式电容 C_L 和 C_H。

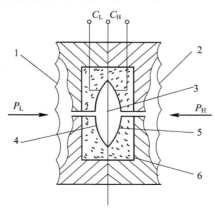

图 2.5.15　电容式差压变送器结构图

设极板间距离为 d_{13} 和 d_{23}。初态时，$P_H = P_L$，可动电极 3 居中，即 $d_{13} = d_{23} = d_0$，差动电容 $C_H = C_L$。

工作时，在压差 $\Delta P = P_H - P_L$ 作用下，动极 3 向左挠曲 Δd，此时 $d_{13} = d_0 - \Delta d$，$d_{23} = d_0 + \Delta d$，由于 Δd 很小，故可认为

$$\Delta d = K(P_H - P_L) = K\Delta P \tag{2.80}$$

式中：K——线性比例系数。

则两差动电容为

$$C_L = \frac{\varepsilon S}{d_0 - \Delta d}, \quad C_H = \frac{\varepsilon S}{d_0 + \Delta d}$$

差动输出为

$$\frac{C_L - C_H}{C_L + C_H} = \frac{\dfrac{\varepsilon S}{d_0 - \Delta d} - \dfrac{\varepsilon S}{d_0 + \Delta d}}{\dfrac{\varepsilon S}{d_0 - \Delta d} + \dfrac{\varepsilon S}{d_0 + \Delta d}} = \frac{\Delta d}{d_0} = \frac{K}{d_0}\Delta P \tag{2.81}$$

即差动电容的变化可反映出压差 ΔP 的变化。

2）电容式测微仪

高灵敏度电容测微仪可用于微位移和振动振幅的非接触式精确测量，其最小检测量可达 $0.01~\mu m$。如图 2.5.16 所示为电容式测微仪原理图，图中 S 为电容测头的端面积，h 为测头与被测件间的距离，即待测距离，测头与被测件表面间形成的电容为 C_x。

待测电容 C_x 接在高增运算放大器的反馈回路中，如图 2.5.13 所示。此时测微仪的输出电压由式（2.78）得

$$\dot{U}_o = -\frac{1}{2}\left(\frac{C_0}{\varepsilon_0 S}h - 1\right)\dot{U}_i \tag{2.82}$$

显然输出电压与待测距离 h 呈线性关系。

为了减小圆柱形测头的边缘效应，一般在测头外侧加装等位环，在等位环外侧加护套，测头电极、等位环、护套三者之间加装绝缘层，如图 2.5.17 所示。在测微时，护套应接地，可作为结构地使用，以减小对地分布参数的影响。

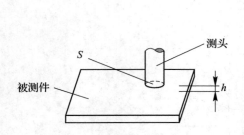

图 2.5.16　电容式测微仪原理图

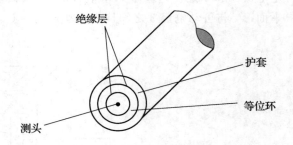

图 2.5.17　电容式测微仪测头示意图

为了提高测微仪的灵敏度，还必须要有足够稳定的固定电容 C_0 和信号源电压 U_i 以及较好的屏蔽措施。

3）电容式偏心度计

利用变极间距离型差动电容传感器原理，可以组成检测电缆芯线的偏心度计，如图

2.5.18所示。

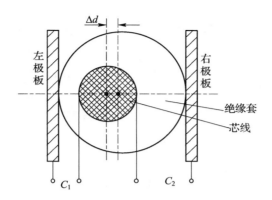

图 2.5.18　电容式电缆芯线偏心度计原理图

设芯线不偏心时，其与左、右两极板的距离为 $d_1=d_2=d_0$。此时，芯线与两极板间的电容为

$$C_1=C_2=C_0=\frac{\varepsilon S}{d_0}$$

设芯线如图 2.5.18 所示左偏时，芯线对左、右两极板的距离变为 $d_1=d_0-\Delta d$，$d_2=d_0+\Delta d$，此时芯线与左、右两极板间的电容为 $C_1=\varepsilon S/d_1$，$C_2=\varepsilon S/d_2$，则两电容之差为

$$\Delta C=C_1-C_2=\frac{\varepsilon S}{d_0-\Delta d}-\frac{\varepsilon S}{d_0+\Delta d}=\frac{\varepsilon S}{d_0}\cdot\frac{2\dfrac{\Delta d}{d_0}}{1-\left(\dfrac{\Delta d}{d_0}\right)^2}\approx 2C_0\frac{\Delta d}{d_0} \tag{2.83}$$

因而可以根据输出差动电容 ΔC 的大小检测出电缆芯线偏心度 Δd 的大小，通常 $\Delta d\ll d_0$，因而 ΔC 与 Δd 有较好的线性关系。

4）电容湿度传感器

电容湿度计是变电容介电常数型传感器，其极间电介质通常包括高分子有机物和陶瓷两类，这里主要介绍高分子电容式湿度传感器。

电容式湿度传感器的电极是很薄的金属微孔蒸发膜，电极间的高分子薄膜很容易通过电极吸附或释放水分子。随着这种水分子吸附或释放，高分子薄膜的介电常数将随空气相对湿度的变化而变化，所以只要测量电容器电容值 C 的大小就可以测得空气的相对湿度。

电容湿度传感器的电容值由下式确定，即

$$C=(\varepsilon_T-\varepsilon_0)\frac{S}{d} \tag{2.84}$$

式中：ε_T——高分子薄膜吸附水分子的复合介电常数；

　　ε_0——真空介电常数；

　　d——高分子薄膜的厚度；

　　S——电极的面积。

由于 ε_0、d、S 都是固定值，高分子薄膜吸附水分子时，复合介电常数 ε_T 将发生相应的变化，电容 C 的大小将随 ε_T 的变化而变化。而高分子薄膜吸附水分子的多少又取决于环境空气中的水汽含量，所以，只要测量电容值 C 的大小就可以测得空气的相对湿度。

如图 2.5.19 所示为电容湿度传感器的测量电路，这是一个 C/U 转换电路，即将电容湿度传感器的电容值转换为电压大小输出。电路中由 IC$_1$ 及外围元件组成的多谐振荡器主要产生触发 IC$_2$ 的脉冲。IC$_2$ 和电容湿度传感器及外围元件组成可调宽的脉冲发生器，其脉冲宽度将取决于湿度传感器电容值的大小。调宽脉冲从 IC$_2$ 的 9 脚输出，经 R_5、C_3 滤波后变成直流电压信号输出，此直流电压正比于空气的相对湿度。

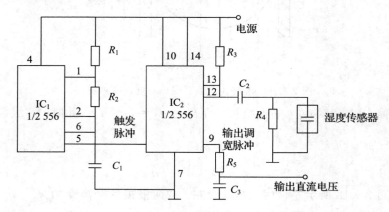

图 2.5.19　电容湿度传感器的测量电路

思考题

(1) 电容传感器测量电路的主要类型有哪几种？

(2) 电容传感器差动脉冲调宽电路有哪些优点？

(3) 为什么常在电容调频测量电路的输出端引入混频器电路？

(4) 影响电容传感器测量精度的主要因素有哪些？

2.6 热电传感器

热电传感器(Pyroelectricity Sensor)是一种将温度变化转换为电量变化的装置,可用于间接测量温度,即利用一些材料或元件的性能参数可随温度变化的特点,通过测量该性能参数,得到被测温度的值。其中热电偶、热敏电阻及半导体 PN 结等在热电测温传感器中的应用最为成熟。

2.6.1 热电偶的工作原理和工作特性

1. 热电偶的工作原理

热电偶(Thermocouple)是将温度变化量转换为热电势大小的热电传感器。该传感器虽然比较古老,但由于其具有测温范围宽(−180~2800℃)、精度高、结构简单,且便于远距离及多点测量等一系列优点,因而在现代测温领域仍获得广泛应用。

1) 热电效应

在两种不同导体组成的闭合回路中,若两连接点的温度不同,闭合回路中就会产生电动势而形成电流,这种现象称为热电效应。热电效应引起的电动势和电流分别称为热电势和热电流。

热电偶是基于热电效应的测温装置。如图 2.6.1 所示,A 和 B 为两种不同物质的导体,T 和 T_0 为两接触点。T 点称为工作端或热端,置于被测温度场中;T_0 点称为自由端或冷端,冷端温度要求恒定。当两接触点 T 和 T_0 的温度不同时,热电偶回路中会产生热电势,可分为接触电势和温差电势。

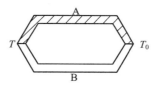

图 2.6.1 热电偶示意图

2) 接触电势

由于组成热电偶的两导体 A 和 B 属于不同的两种物质,因而各自内部自由电子密度不同。根据扩散理论,在接触点处可产生扩散运动,如图 2.6.2 所示。若导体 A 自由电子密度 N_A 大,导体 B 自由电子密度 N_B 小,则扩散结果为:在接触点处导体 A 侧失去电子带正电,导体 B 侧得到电子带负电;于是在接触点处形成电场,该电场阻止电子扩散运动;当电场作用与扩散运动达到平衡时,在接触点处就会产生稳定的接触电势 $E_{AB}=U_A-U_B$(连接处 A 与 B 两侧的电位差)。

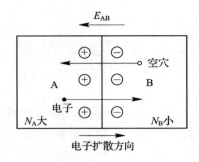

图 2.6.2　电子扩散运动

两接触点处的接触电势分别表示如下：

热端接触电势为

$$E_{AB}(T) = \frac{kT}{q}\ln\frac{N_{AT}}{N_{BT}}$$ （2.85）

式中：k——波尔兹曼常数（1.38×10^{-23} J/K）；

q——电子电荷量（1.602×10^{-19} C）；

T——热端绝对温度（K），绝对温度与摄氏温度的换算关系为 $T(\text{K}) = (273+x)\text{℃}$；

N_{AT}、N_{BT}——导体 A、B 在温度为 $T(\text{K})$ 时的自由电子密度。

冷端接触电势为

$$E_{AB}(T_0) = \frac{kT_0}{q}\ln\frac{N_{AT_0}}{N_{BT_0}}$$ （2.86）

式中：T_0——冷端绝对温度（K）；

N_{AT_0}、N_{BT_0}——导体 A、B 在温度为 $T_0(\text{K})$ 时的自由电子密度。

3）温差电势

由于热端 T 和冷端 T_0 存在着温度差，在同一导体内，高温端的自由电子向低温端扩散，从而形成高温端与低温端的温差电势。两导体 A 和 B 的温差电势分别表示如下：

导体 A 温差电势为

$$E_A(T-T_0) = \int_{T_0}^{T}\sigma_A \mathrm{d}t$$ （2.87）

式中：σ_A——导体 A 的汤姆逊系数，其大小与材料性质和导体两端的平均温度有关。

导体 B 温差电势为

$$E_B(T-T_0) = \int_{T_0}^{T}\sigma_B \mathrm{d}t$$ （2.88）

式中：σ_B——导体 B 的汤姆逊系数。

4）回路总电势

对于由导体 A 和 B 组成的热电偶回路，当接触点温度 $T > T_0$ 时，回路总电势等于接触电势与温差电势的代数和，如图 2.6.3 所示。但由于温差电势通常远远小于接触电势，因而工程计算中可以把接触电势看作为回路总电势。

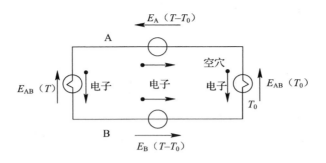

图 2.6.3　热电偶回路电势

热电偶回路总电势为

$$E_{AB}(T，T_0) = [E_{AB}(T) - E_{AB}(T_0)] - [E_A(T - T_0) - E_B(T - T_0)]$$
$$\approx E_{AB}(T) - E_{AB}(T_0) \tag{2.89}$$

显然当热电偶导体 A 和 B 材料一定时，回路总电势为热端和冷端的温度函数。在实际测温中，总是把冷端置于某一恒定温度下，此时冷端接触电势为常量，即 $E_{AB}(T_0) = C$，则

$$E_{AB}(T，T_0) = E_{AB}(T) - C = f(T) \tag{2.90}$$

此时回路总电势仅取决于热端接触电势，即只与热端温度有关，两者之间是单值函数关系，因而可用热电偶测量现场温度。

2. 热电偶的工作特性

由热电效应原理分析可知，无论何种类型的热电偶，产生回路电势的充分必要条件都是：组成热电偶的两个导体 A 和 B 的热电特性不同，两个接触点 T 和 T_0 的温度不同。因而各种类型的热电偶测温时总有一些共同的工作特性，了解这些特性，有利于充分而有效地利用热电偶。

1）基本特性

当组成热电偶的两个导体 A 和 B 性能相同时，无论接触点处温度如何，热电偶回路总电势为零，即

$$E_{AB}(T，T_0) \xrightarrow{A = B} 0 \tag{2.91}$$

当热电偶两个接触点处的温度 T 和 T_0 相等时，尽管组成热电偶的两导体 A 和 B 不同，热电偶回路总电势仍为零，即

$$E_{AB}(T，T_0) \xrightarrow{T = T_0} 0 \tag{2.92}$$

热电偶回路电势仅与导体 A 和 B 的两个接触点处的温度有关，而与导体 A 或 B 中间任意一点温度无关。

2）基本定律

（1）中间导体定律。

用热电偶测温时，若在热电偶回路中接入第三种导体 C，只要第三种导体 C 两端的温度相同，则不影响热电偶回路的总电势，即

$$E_{AB}(T，T_0) = E_{ABC}(T，T_0) \tag{2.93}$$

如图 2.6.4 所示，将热电偶冷端 T_0 打开，接入仪表，只要仪表的两个接入端 T_{01} 和 T_{02} 温度相同，就不会影响原热电偶回路电势的大小。接入的第三种导体 C 称为中间导体。显然这一定律在实现热电偶测温工作中十分有用。

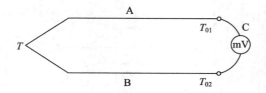

图 2.6.4　中间导体定律

（2）标准电极定律。

导体 A 和 B 组成热电偶的回路电势 $E_{AB}(T, T_0)$ 等于导体 A、C 和 C、B 组成的热电偶回路电势 $E_{AC}(T, T_0)$ 与 $E_{CB}(T, T_0)$ 的代数和，即

$$E_{AB}(T, T_0) = E_{AC}(T, T_0) + E_{CB}(T, T_0) \tag{2.94}$$

如图 2.6.5 所示，导体 C 被称为标准电极，通常用纯铂（Pt）作标准电极。因为铂的熔点高，易提纯，且在高温时的物理、化学性能都比较稳定。

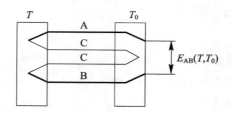

图 2.6.5　标准电极定律

例如，若已知铜（Cu）、康铜（KCu）各自与铂组成的两个热电偶回路的电势分别为

$$E_{Cu-Pt}(100℃, 0℃) = +0.75 \text{ mV}$$

$$E_{KCu-Pt}(100℃, 0℃) = -3.5 \text{ mV}$$

按标准电极定律可求出铜与康铜组成的热电偶回路电势为

$$E_{Cu-KCu}(100℃, 0℃) = E_{Cu-Pt}(100℃, 0℃) - E_{KCu-Pt}(100℃, 0℃)$$

$$= 0.75 - (-3.5) = 4.25(\text{mV})$$

（3）中间温度定律。

如图 2.6.6 所示，热电偶在接触点温度为 T、T_0 时的回路电势等于该热电偶在接触点温度为 T、T_n 和 T_n、$T_0(T > T_n > T_0)$ 时回路电势的代数和，即

$$E_{AB}(T, T_0) = E_{AB}(T, T_n) + E_{AB}(T_n, T_0) \tag{2.95}$$

若 $T_0 = 0$，则有

$$E_{AB}(T, 0) = E_{AB}(T, T_n) + E_{AB}(T_n, 0) \tag{2.96}$$

中间温度定律是热电偶分度表应用的理论基础。热电偶分度表是参考温度 $T_0 = 0℃$ 时的热电偶回路电势 $E_{AB}(T, 0)$ 与被测温度 T 的数值对照表。即若已知被测温度 T，就可以

从分度表中找到回路电势 $E_{AB}(T,0)$；反之，若已知 $E_{AB}(T,0)$，亦可从分度表中找到被测温度 T。

图 2.6.6 中间温度定律

2.6.2 热电偶冷端温度误差及补偿

当使用热电偶测温时，式（2.90）成立的条件是热电偶冷端温度（Temperature of the Cold-Unction）必须恒定，否则会引入冷端温度误差。也就是说在实际测温中，若冷端的温度不恒定，必须采取相应的补偿措施。由于热电偶通常用来测量两点温差或多点平均温度，各热电偶冷端的温度应采取统一的方法处理。由于各类热电偶分度表都是在热电偶冷端温度 $T_0 = 0℃$ 时得出的，因此，当使用热电偶测温时，若能使冷端温度保持为 $0℃$，则只要测出回路电势，即可通过分度表查出相应的热端温度；若冷端温度不为 $0℃$，则必须在测温时采取修正或补偿措施。常用的修正或补偿方法有如下几种：

1. 冰浴法

将热电偶冷端置于冰水中，使冷端保持恒定的 $0℃$，即可使冷端温度误差完全消失。该方法效果最好，但一般只有在实验室测温时才有可能实现。

2. 冷端温度修正法

当冷端温度不为 $0℃$，但能保持在某一恒定的温度 T_n 时，可采取相应的修正，即将冷端温度校正到 $0℃$，以便使用标准的分度表。

1）热电势修正

由中间温度定律 $E_{AB}(T,0)=E_{AB}(T,T_n)+E_{AB}(T_n,0)$ 可知，$E_{AB}(T,T_n)$ 为热电偶实测电势，$E_{AB}(T_n,0)$ 可由分度表查出，故可求出修正到冷端温度为 $0℃$ 时的热电偶回路电势为 $E_{AB}(T,0)$，然后可查分度表求得被测温度 T 的大小。

例如，镍铬-镍硅热电偶测温时，已知冷端温度为 $T_n = 35℃$，测得热电偶回路电势 $E_{AB}(T,T_n)=33.34$ mV。若从分度表中查得 $E_{AB}(35℃,0)=1.41$ mV，则可算出 $E_{AB}(T,0)=E_{AB}(T,T_n)+E_{AB}(T_n,0)=33.34+1.41=34.75$(mV)，由分度表查得34.75 mV 时热端 T 的温度为 $836℃$，即此时实测温度应为 $836℃$。

2）温度修正

设工作端测量温度为 T_1，冷端温度为 T_0，现场实际温度为 T，则

$$T = T_1 + kT_0 \tag{2.97}$$

式中：k——热电偶温度修正系数，其值由热电偶种类和被测的温度范围决定，如表 2.6.1 所示。

例如，若上例中镍铬-镍硅热电偶现场工作端 T_1 测量温度为 $801℃$，冷端温度 $T_0 = 35℃$，由表 2.6.1 可知，镍铬-镍硅热电偶工作端 T_1 在 $800 \sim 900℃$ 时修正系数 $k=1.00$，则由式（2.97）可得现场实际温度 $T = T_1 + kT_0 = 801 + 1 \times 35 = 836℃$。

表 2.6.1 热电偶温度修正系数

工作端温度 $T_1/℃$	热电偶类别				
	铜-康铜	镍铬-考铜	铁-康铜	镍铬-镍硅	铂铑₁₀-铂
0	1.00	1.00	1.00	1.00	1.00
20	1.00	1.00	1.00	1.00	1.00
100	0.86	0.90	1.00	1.00	0.82
200	0.77	0.83	0.99	1.00	0.72
300	0.70	0.81	0.99	0.98	0.69
400	0.68	0.83	0.98	0.98	0.66
500	0.65	0.79	1.02	1.00	0.63
600	0.65	0.78	1.00	0.96	0.62
700	—	0.80	0.91	1.00	0.60
800	—	0.80	0.82	1.00	0.59
900	—	—	0.84	1.00	0.56
1000	—	—	—	1.07	0.55
1100	—	—	—	1.11	0.53
1200	—	—	—	—	0.53
1300	—	—	—	—	0.52
1400	—	—	—	—	0.52
1500	—	—	—	—	0.53
1600	—	—	—	—	0.53

3. 延伸导线法

当热电偶冷端温度易受热端温度影响而在较大范围变化时，直接采用上述冷端温度修正法是比较困难的。此时应先用补偿导线将热电偶冷端延伸到远离被测温度现场，使新的冷端处在比较稳定的温度环境中，然后再采用上述的冷端温度修正法进行补偿，如图2.6.7所示。所采用的延伸导线 A′、B′ 在一定的温度范围内(0～100℃)具有与热电偶导体 A、B 相同或相近的热电特性。对于廉价的热电偶，可直接采用相同的导体延长热电极；对于贵金属热电偶，应采用较便宜且热电特性相近的导体延长热电极。采用延伸导线法时，要求延伸导线与热电偶两连接点 T_0 温度必须相同，且不可超过规定的温度范围；延伸后新的冷端温度不为 0℃ 时，还必须进行冷端温度修正。所采用的延伸导线与原热电偶导体都具有规范化的要求，常见的热电偶延伸导线如表 2.6.2 所示。

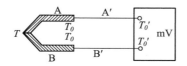

图 2.6.7　延伸导线法

表 2.6.2　常用热电偶延伸导线

热电偶名称	延伸导线				$T = 100℃$ $T_0 = 0℃$ 标准热电势/mV
	正极		负极		
	材料	颜色	材料	颜色	
钨铼$_5$-钨铼$_{26}$	铜	红	铜镍	蓝	1.337 ± 0.045
铂铑$_{10}$-铂	铜	红	铜镍	绿	0.643 ± 0.023
镍铬-镍硅	铜	红	康铜	蓝	4.10 ± 0.15
镍铬-考铜	镍铬	红	考铜	黄	6.95 ± 0.30
铜-康铜	铜	红	康铜	蓝	4.26 ± 0.15

4. 电桥补偿法

电桥法补偿是利用不平衡电桥产生的电势来补偿热电偶因冷端温度变化而引起的热电势。如图 2.6.8 所示，桥臂电阻 R_1、R_2、R_3 的阻值恒定，不受温度影响；R_4 为铜电阻，其阻值随温度升高而增大，测量时将 R_4 置于与冷端 T_0 相同的温度场中；E 为供桥直流稳压电源；R_w 为限流电阻。

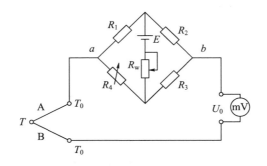

图 2.6.8　电桥补偿示意图

电桥平衡点设置为 $T_0 = 20℃$，即当 $T_0 = 20℃$ 时电桥平衡；而当 $T_0 \neq 20℃$ 时，电桥将产生不平衡输出电压 ΔU_{AB}。此时热电偶亦因冷端温度不为 20℃ 而产生偏移电势 $\Delta E_{AB}(T_0)$，此时回路总电势为

$$U_0 = E_{AB}(T) - [E_{AB}(T_0) + \Delta E_{AB}(T_0)] + \Delta U_{AB} \tag{2.98}$$

式中：$E_{AB}(T)$——热电偶热端接触电势；

$E_{AB}(T_0)$——热电偶冷端 $T_0=20℃$ 时的冷端接触电势，即 $E_{AB}(T_0)=E_{AB}(20℃)$。

调节铜电阻 R_4，使得 $\Delta U_{AB}=\Delta E_{AB}(T_0)$，则式(2.98)变为

$$U_0=E_{AB}(T)-E_{AB}(20℃) \tag{2.99}$$

显然，无论热电偶冷端 T_0 温度如何变化，由于电桥的补偿作用，回路电势 U_0 都只与热端温度有关，因而可以有效地检测温度。

在使用电桥补偿时，由于电桥平衡点设置为20℃，因而要求把各指示表机械零位亦调整到20℃处。常用的补偿器多为标准电桥补偿器，不同型号的补偿器应与不同类型的热电偶配用。

上述介绍的冷端温度修正法是用硬件来实现的，通称"硬件修正法"。在智能测温系统中，冷端温度修正可以用软件来完成，称为"软件修正法"。目前已有少数不需要冷端补偿的热电偶，例如冷端温度在300℃以下的镍钴-镍铝热电偶，50℃以下的镍铁-镍铜热电偶及铂铑$_{30}$-铂铑$_6$热电偶，其冷端电势均非常小，只要实际的冷端温度在上述范围之内，使用这些热电偶可以不考虑冷端误差。

2.6.3　热电偶测温电路

热电偶可用于测定某一点的温度，也可用于测量某两点的温度差，还可测量多点温度(Measurement Multipoint Temperature)平均值，各种方法的测温原理电路简介如下。

1. 测量某一点温度

测量某一点温度是热电偶的最基本功能，其原理电路如图2.6.9所示。图中 T 为工作端；A′、B′为延伸导线，与导体 A、B 具有相近的热电特性；C 为铜接头，保证两连接点温度相等；T_0' 为新的冷端，要求等温且恒定。

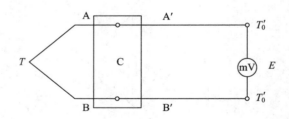

图 2.6.9　热电偶测量某一点的温度

2. 测量两点温度差

如图2.6.10所示为测量两点温度差的原理电路。图中两热电偶型号相同，延伸导线相同，两热电偶反相串联，此时测温回路总电势等于两热电偶的电势之差，即

$$\Delta E=E_{AB}(T_1)-E_{AB}(T_2) \tag{2.100}$$

要求热电偶新的冷端 T_0' 等温且恒定，或测试仪表本身带有补偿装置，或可软件修正。

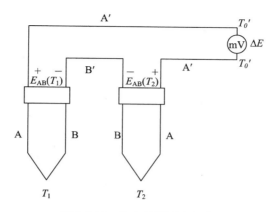

图 2.6.10　热电偶测两点温差

3. 测量多点温度的平均值

测量多点温度的平均值有两种基本形式的电路接法，如图 2.6.11 所示。

如图 2.6.11(a)所示为采用多个热电偶串联测量多点温度平均值的方法，此时仪表指示多个热电偶电势之和，即

$$E_S = E_1 + E_2 + E_3 + \cdots + E_N \tag{2.101}$$

式中：N——热电偶个数，热电偶的平均值 $E_D = E_S / N$。

设置有除法电路的仪表，可由表头直接读出平均值。在选用串联接法时，要求各串联热电偶在测温范围内都具有线性工作特性，使回路热电势与被测温度呈线性关系。

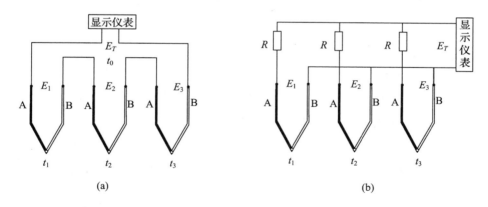

(a)　　　　　　　　　　　　　(b)

图 2.6.11　热电偶测多点温度的平均值

如图 2.6.11(b)所示为采用多个热电偶并联测量多点温度平均值的方法，此时仪表指示值即为多个热电偶热电势的平均值，即

$$E_D = (E_1 + E_2 + E_3 + \cdots + E_N)/N \tag{2.102}$$

在采用并联接法时，延伸线上应接入较大的限流电阻，且各热电偶应在线性范围之内工作。并联接法的缺点是由于仪表指示的平均值较小，若某一热电偶无输出（开路），操作者难以发现，导致读出值产生误差。

2.6.4 热电偶的选择

热电偶的结构类型多种多样，根据其特性及应用环境的不同，在选择热电偶测温时，应从温度变化范围、测量精度要求、安装及维护方便、价格高低等几个方面综合考虑。常用热电偶的特性及应用环境如表 2.6.3 所示。

表 2.6.3 常用热电偶工作特性及适应温度

名称（代号）	分度号	适应温度/℃	工 作 特 性
铂铑$_{10}$-铂 （WRLB）	LB-3, S	0～1600	热电特性稳定，抗氧化，测温精度高、范围大，宜制成标准热电偶
铂铑$_{30}$-铂铑$_6$ （WRLL）	LL-2, B	0～1800	比铂铑$_{10}$-铂热电偶具有更稳定的热电特性、精度及更大的测温范围，热电势更小，可作标准热电偶，冷端温度在 50℃ 以下时可不必考虑冷端误差
镍铬-镍硅（铝） （WREU）	EU-2, K	-50～1300	热电势大，热电特性接近于线性，有较强的抗氧化性和抗腐蚀性，复制性好，价格便宜，工业应用广泛，测量精度和稳定性稍差
镍铬-康铜 （WREA）	E	-200～900	热电势大，热电特性为线性，价格便宜，适于在还原性和中性气体中使用，测温范围小
铜-康铜	CK	-270～400	热电势大，价格低，高温下铜极易氧化

为了适应各种特殊场合的测温需求，目前已研制出多种特殊性能的热电偶，现举例如下：

1. 钨铼系热电偶

钨铼系材料是目前较好的超高温材料，测温范围可达 0～3000℃。例如钨铼$_5$-钨铼$_{20}$热电偶，一般测温范围为 300～2400℃ 时，精度可达 $\pm 1\%$，且热电势大，适用于高温测量；但尚无合适的延伸导线，测温时应采用 0℃ 恒温法或软件法实现冷端补偿。

2. 镍铬-金铁热电偶

这类热电偶低温性能极好，在绝对温度 1～300 K 范围内，热电势大且稳定，适用于超低温测量。还有铜-金铁热电偶，也是低温热电偶。

3. 薄膜热电偶

薄膜热电偶是由两种不同的金属材料蒸镀到绝缘薄片上而形成的膜片式热电偶，薄膜厚度一般为 0.01～0.1 mm，平面尺寸也很小，因而测温灵敏度高、反应快（毫秒级），适用于温度变化快的场合。

4. 非金属电极热电偶

非金属电极热电偶是用石墨和难以熔化的化合物制成的热电极，常用于测量 2000℃ 以上的高温，其工作稳定性好，热电势大，价格便宜，具有取代贵重金属高温热电偶的开发价值。但这种热电偶复制性差，机械强度小、脆性大，使用场合受到很大限制。

2.6.5　热电阻

热电阻温度传感器是利用金属或半导体材料的电阻对温度敏感的特性制成的温度传感器，常用于－200～500℃范围温度的测量。在低温区域，热电偶产生的热电势小，冷端温度补偿误差大，热电偶测量精度较低。采用热电阻温度传感器可以获得很高的测量精度，且不存在冷端补偿问题，因而在工业领域被广泛应用。

用金属材料制成的温度敏感器件称为金属热电阻，纯金属热电阻器件的主要特性如下：

（1）电阻温度系数大且稳定，电阻值与温度之间具有良好的线性关系。

（2）电阻率高，热容量小，热惯性小，反应速度快。

（3）在测温范围内，材料的物理、化学性能稳定。

（4）工艺性好，易复制，价格低。

目前用于制作热电阻的纯金属材料主要有铂、铜、铟、锰等。将这些材料制成电阻丝，然后绕在云母、石英、陶瓷或塑料等高绝缘骨架上；经固定、外加保护套管，以提高热电阻器件的机械强度，并保护其不易被水分或腐蚀性气体影响。最常用的热电阻有铂热电阻和铜热电阻。

1. 铂热电阻

铂金属的工艺性好，易于提纯，可以制成极细的铂丝或极薄的铂箔，在高温下物理、化学性能都很稳定，适合在－200～650℃范围内使用，是目前制作热电阻的最好材料。但铂是一种贵重金属，价格高，一般用于制作标准测温器件。

铂电阻的阻值与温度之间的关系接近于线性，温度越高电阻越大。在 0～650℃范围，电阻温度特性可用下式表示：

$$R_T = R_0(1 + AT + BT^2) \tag{2.103}$$

在－200～0℃范围内，电阻温度特性可用下式表示：

$$R_T = R_0[1 + AT + BT^2 + C(T-100)T^3] \tag{2.104}$$

式中：R_T、R_0——温度分别为 T 和 0℃时铂的电阻值；

　　　A、B、C——实验常数，与铂丝的纯度有关。

铂丝的纯度通常用电阻比 $W(100)$ 表示，即

$$W(100) = \frac{R_{100}}{R_0} \tag{2.105}$$

式中：R_{100}——温度为 100℃时铂的电阻值。

$W(100)$ 越大，表示铂丝纯度越高，铂的电阻值越大。不同纯度下铂的阻值 R_0 和实验常数 A、B、C 是不同的，相应的电阻值 R_T 也不同，使用时应查询铂电阻分度及特性表。目前工艺水平已达到 $W(100) = 1.3930$，其纯度为 99.999%。国际实用温标规定，作为标准测温器件，铂丝纯度不得小于 1.3925；对于工业上常用的测温器件，$W(100) = 1.387 \sim 1.390$。我国工业用标准铂丝纯度要求 $W(100) \geqslant 1.391$，此时 $A = 3.96847 \times 10^{-3}/℃$，$B = -5.847 \times 10^{-7}/℃^2$，$C = -4.22 \times 10^{-12}/℃^4$。目前我国规定工业用铂热电阻 R_0 分为 10 Ω

和 100 Ω 两种，分度号分别为 Pt10、Pt100。实际使用时，只要测得铂热电阻 R_T 的大小，即可在相应的铂电阻分度表中找到 R_T 对应的被测温度值。

2. 铜热电阻

相对于铂金属，铜是一种价格便宜、纯度可提高的热电阻材料，在 $-50\sim150℃$ 范围内不但灵敏度高，而且线性关系好，故在此温度范围内采用铜热电阻比采用铂热电阻好。其缺点是在较高的温度下铜易氧化，因而只能用于低温及无腐蚀性的介质中。铜的电阻率较小，热电阻体积较大。

铜热电阻的阻值与温度之间的函数关系为

$$R_T = R_0(1+\alpha T) \tag{2.106}$$

式中：R_T、R_0——温度分别为 T 和 $0℃$ 时铜的电阻值；

α——电阻温度系数，$\alpha = (4.25\sim4.78)\times10^{-3}/℃$。

目前我国工业上使用的标准化铜热电阻 R_0 有 50 Ω 和 100 Ω 两种，其分度号分别为 Cu50 和 Cu100，铜丝纯度的电阻比 $W(100)\geqslant1.425$。

铂和铜在超低温下电阻温度特性不够稳定，不宜进行超低温测量，此时可考虑选用铟、锰等金属热电阻。铟热电阻在 $-269\sim258℃$ 温度范围内，锰热电阻在 $-271\sim210℃$ 温度范围内，都具有较稳定的电阻温度特性，且具有较高的灵敏度。

3. 测温电路

热电阻测温电路最常用的是电桥电路，在桥路中接入热电阻的方法有三线法和四线法两种。

如图 2.6.12 所示为三线法原理图，图中 G 为检流计，R_1、R_2、R_3 为固定电阻，R_a 为调零电位器，热电阻 R_T 通过电阻为 r_1、r_2 和 r_3 的 3 根导线与电桥连接。温度变化时，只要 r_1 和 r_2 阻值稳定，就不会影响电桥的工作状态。电桥调零时，依靠桥臂电阻 $R_4=(R_a+R_T)$ 调节，电桥调零时参考温度应为 $0℃$。三线法的主要缺点是调零电阻 R_a 直接与滑点的接触电阻串联，测温时会导致电桥零点不稳定。

如图 2.6.13 所示为四线法原理图，图中调零电位器 R_a 的滑动触点与检流计相连，此时电位器滑动触点的接触电阻仅与检流计串联，接触电阻不稳定的状态不会破坏电桥的平衡及正常工作状态。这种接法亦可以消除热电阻与测量仪之间连线电阻的影响，同时可以消除测量电路中寄生参数引起的测量误差。

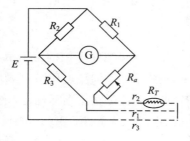

图 2.6.12　热电阻测温电桥三线连接法

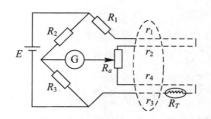

图 2.6.13　热电阻测温电桥四线连接法

2.6.6　半导体热敏电阻

用半导体材料制成的温度敏感器件称为半导体热敏电阻（Thermistor），半导体热敏电阻包括正温度系数（PTC）、负温度系数（NTC）和临界温度系数（CTR）三类。PTC（Positive Temperature Coefficient）热敏电阻主要采用钛酸钡（$BaTiO_3$）系列材料，当温度超过某一数值时，其阻值朝正向快速变化。PTC 热敏电阻主要用于电器设备的过热保护，发热源的定温控制，或作限流元件使用。CTR（Critical Temperature Resistor）热敏电阻采用氧化钒（VO_2）系列材料，在某个温度值上电阻值急剧变化，因而 CTR 主要用作温控开关。

人们常说的热敏电阻一般是指 NTC（Negative Temperature Coefficient）热敏电阻，它是由氧化铜、氧化铝、氧化镍等金属氧化物按一定比例混合研磨、成型、煅烧而成的，改变这些混合物的配比成分，即可改变 NTC 的温度范围、温度系数及阻值。NTC 热敏电阻具有很高的负电阻温度系数，特别适用于$-100 \sim 300\,℃$温度范围使用，既可做温度测量，亦可作为电子控制系统中的温控器件。下面介绍 NTC 热敏电阻的工作特性。

1. 温度特性

NTC 热敏电阻的导电性能取决于其内部载流子（电子和空穴）密度和迁移率。当温度升高时，大量外层电子在热激发下变为载流子，使载流子的密度增加，活动能力大大加强，从而导致其阻值急剧下降。

NTC 热敏电阻的阻值与温度之间近似指数关系，可由下式表示：

$$R_T = R_0 e^{B\left(\frac{1}{T} - \frac{1}{T_0}\right)} \tag{2.107}$$

式中：R_T、R_0——温度为 T、T_0时的电阻值；

　　　B——热敏电阻材料常数（K），随温度升高而增大；

　　　T——被测温度（K）；

　　　T_0——参考温度（K）。

为了使用方便，制造时一般取 $T_0 = 25\,℃$，$T = 100\,℃$，即 $T_0 = 298$ K，$T = 373$ K 为热敏电阻材料常数 B 的取值，则有

$$B = \frac{\ln(R_T/R_0)}{(1/T - 1/T_0)} = \frac{\ln(R_{100}/R_{25})}{\dfrac{1}{373} - \dfrac{1}{298}} = 1482 \ln\left(\frac{R_{25}}{R_{100}}\right) \tag{2.108}$$

式中：R_{100}、R_{25}——$T = 100\,℃$和 $T_0 = 25\,℃$时的电阻值。

热敏电阻在其本身温度变化 $1\,℃$时电阻值的相对变化量称为热敏电阻的温度系数，可由下式表示：

$$\alpha = \frac{1}{R_T}\frac{dR_T}{dT} = -\frac{B}{T^2} \tag{2.109}$$

式中，α 和 B 是热敏电阻的两个重要温度参数，用于表示热敏电阻的灵敏度。由式（2.109）可知，α 随温度 T 的降低而迅速增大，即热敏电阻的阻值对温度变化灵敏度高，约为金属热电阻的 10 倍。

2. 伏安特性

伏安特性也是半导体热敏电阻的重要特性之一，它表示在稳态情况下，通过热敏电阻的电流 I 与热敏电阻两端之间电压 U 的关系，如图 2.6.14 所示。

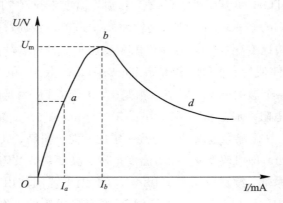

图 2.6.14　NTC 热敏电阻伏安特性

当流过热敏电阻的电流很小时，NTC 具有与 PTC 相同的伏安特性，服从欧姆定律，如图 2.6.14 中 Oa 段为一条直线。随着电流的增加，热敏电阻耗散功率增加，其自身温度逐渐超过环境温度，其电阻开始下降，此时端电压的上升幅度随电流的增加变缓，如图 2.6.14 中 ab 段。当电流上升到一定值 I_b 时，端电压达到最大值 U_m。此后电流继续上升，热敏电阻自身温度急剧增加，其电阻减小的速度超过电流增加的速度。此时，热敏电阻的端电压随电流的增加而下降，如图 2.6.14 中 bd 段，即出现负阻区。当电流超过某一允许值时，热敏电阻将因过热而烧坏。

3. 热敏电阻主要参数

（1）标称电阻值 $R_{25}(\Omega)$，即 25℃时的热敏电阻值。其大小由热敏电阻的材料和几何尺寸决定。

（2）电阻温度系数 $a(\%/℃)$，即热敏电阻温度变化 1℃时，其电阻值的变化率。

（3）耗散系数 $H(W/℃)$，即热敏电阻温度变化 1℃时，热敏电阻所耗散的功率。其大小与热敏电阻的材料性能、结构及周围介质有关。

（4）热容量 $C(J/℃)$，即热敏电阻温度变化 1℃时所吸收或释放的热量。

（5）时间常数 $\tau(s)$，即热敏电阻加热或冷却的响应速度，以热容量与耗散系数之比来表示：

$$\tau = \frac{C}{H} \tag{2.110}$$

热敏电阻的优点是电阻温度系数大，因而灵敏度高；热容量小，因而响应速度快。

（6）最高工作温度 $T_m(K)$，热敏电阻在规定的技术条件下，长期连续工作所允许的最高温度。

（7）额定功率 $P_H(W)$，热敏电阻在规定的技术条件下，长期连续工作所允许的耗散功率。在此条件下热敏电阻自身的温度不应超过最高工作温度。

4. 热敏电阻的应用

利用热敏电阻的阻值对温度变化灵敏度高的特性，可将热敏电阻广泛应用于温度测量及温度控制电路。

如图 2.6.15 所示为热敏电阻温度测量的原理电路。测温时，通过热敏电阻的电流要小，以减小电流对热敏电阻产生的附加影响。同时考虑到热敏电阻的阻值与温度之间的非线性特性，采取并联补偿电阻的方法进行线性化处理。

图 2.6.15 中并联补偿电阻只要选得合适，可使温度在一定的范围内与并联等效电阻呈线性关系 $R = R_T /\!/ r_c$，如图 2.6.16 所示。利用热敏电阻对温度变化的高灵敏度特性，可制成半导体点温计，以测量微小物体或物体某一局部的温度。

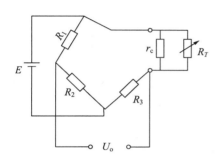

图 2.6.15　热敏电阻测温电路

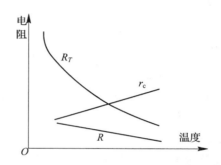

图 2.6.16　电阻-温度关系曲线

如图 2.6.17 所示为用热敏电阻实现温度自动控制的电加热器电路。测温时，由于温度变化引起热敏电阻 R_T 阻值的变化，从而导致差分电路中晶体管 V_1 集电极电位、二极管 VD_2 分流、电容 C 充电电流发生变化。当电容 C 电压充电达到单结晶体管 V_3 的峰点时，电压充电所需的时间发生了改变，其输出脉冲产生相移，致使晶闸管 V_4 导通角改变，从而控制加热丝的电流，达到温度自动控制的目的。

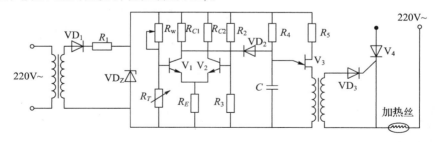

图 2.6.17　热敏电阻温度自动控制电路

2.6.7　温敏二极管及其应用

半导体温敏器件可分为电阻型和 PN 结型两大类。上节介绍的半导体热敏电阻属于电阻型温敏器件，其工作原理是根据半导体的体电阻可随温度的变化而发生变化。本节主要介绍 PN 结型温敏器件，它是根据半导体 PN 结的正向电压与温度之间具有良好的线性关系，实现温度检测的元件。下面对温敏二极管及其应用进行简要介绍。

1. 工作原理

由 PN 结理论，可求得 PN 结电压、电流及温度的函数关系为

$$U = \frac{kT}{q} \ln \frac{I}{I_S} = U_g - \frac{kT}{q} \ln \frac{BT^r}{I} \qquad (2.111)$$

式中：U——PN 结正向电压；

I——PN 结正向电流；

I_S——PN 结反向饱和电流；

q——电子电荷量；

k——波尔兹曼常数；

T——绝对温度；

U_g——温度为 0 K 时材料的禁带宽度；

B——与温度无关的实验常数；

T^r——与温度有关的函数项，r 是与热激发所引起的电子迁移率有关的系数。

由上式可知，当正向电流 I 一定时，PN 结正向电压 U 与被测温度 T 之间呈一定的线性关系；且随着温度的升高，正向电压将下降，温度系数为负值，这就是温敏二极管测温的基本原理。

对于不同正向工作电流下的温敏二极管，其 $U-T$ 关系不同。如图 2.6.18 所示为国产 2DWM1 型硅温敏二极管在 $I = 100~\mu A$ 的 $U-T$ 特性曲线。由图可知，在 $-50 \sim 150 ℃$ 测温范围内，$U-T$ 间具有良好的线性关系。

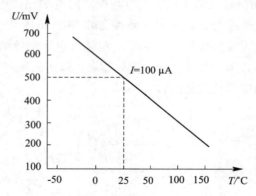

图 2.6.18　2DWM1 型硅温敏二极管 $U-T$ 特性

2. 典型电路的应用

温敏二极管一般用于温度调节或控制电路，如图 2.6.19 所示为一个典型的应用电路。

图中 VD_T 是锗温敏二极管，调节 R_{w1} 可使流过 VD_T 的电流保持在 $50~\mu A$ 左右。比较器采用集成运放 $\mu A741$，其输入电压 U_S 为参考电压，调节 R_{w2} 可确定 U_S 的大小。输入电压 U_X 随温敏二极管的温度变化而变化，当温度升高时，VD_T 阻值减小，U_X 上升，U_P 下降。当温度升高到一定值时，U_P 下降使 V_2、V_3 截止，加热器断电，温度开始下降。当温度下降到一定值时，VD_T 阻值增大、U_X 下降、U_P 上升使 V_2、V_3 导通，加热器通电加热，温度又开始

上升，从而实现对温度的控制作用。

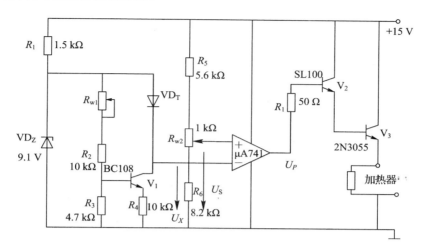

图 2.6.19 温敏二极管（VD$_T$）的应用

温敏二极管工作时存在着自热特性，即流过温敏二极管上的正向电流 I 可使温敏二极管 PN 结温度升高。当自热结温超过环境被测温度时，将引起温控误差甚至失控，因而对温敏二极管的正向电流必须加以限制。在低温测控时，一般正向电流不应超过 50 μA。对于硅和砷化镓温敏二极管，虽然其禁带宽度较大，材料热激发载流子浓度低，但正向电流也不应超过 300 μA，否则自热效应也将引起测量误差。

2.6.8 温敏晶体管及其应用

作为温敏器件，二极管是利用 PN 结在恒定的正向电流下，其正向电压与温度之间的近似线性关系。实际上温敏二极管电压-温度特性曲线的线性度是很差的，原因是正向电流中除了 PN 结的扩散电流外，还应包括漂移电流及空间电荷区的复合电流，而在上述分析中只考虑了扩散电流。

在晶体管发射结正向偏置条件下，虽然发射极电流也包括上述 3 种成分，但只有扩散电流可到达集电极形成集电极电流，而另两个电流成分则作为基极电流产生了漏损，对集电极电流无影响，使得发射结电压与集电极电流之间有较好的线性关系，并能表现出更好的电压-温度特性。

1. 工作原理

根据晶体管发射结的有关理论，可以求得 n－p－n 管发射结偏压 U_{be} 与集电极电流 I_c、温度 T 三者之间的关系为

$$U_{be} = U_g - \frac{kT}{q}\ln\frac{BT^r}{I_c} \qquad (2.112)$$

与式（2.111）相比，式（2.112）中的集电极电流 I_c 是与温度基本无关的多数载流子扩散运动形成的电流，因而当 I_c 恒定时，式（2.112）中 U_{be} 与 T 呈单调单值变化。且 U_{be} 随 T 的升高而近似呈线性下降趋势，其下降幅度约为 2.2 mV/℃。

2. 典型应用

温敏晶体管具有成本低、性能好、使用方便等优点，因而比温敏二极管应用范围广，可用于测量某一点的温度、两点的温差，或用于过程监视、场合控制。如图 2.6.20 所示为晶体管数字温度计原理框图。

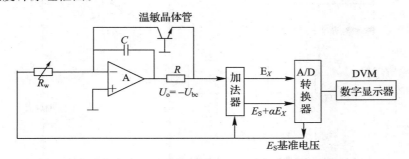

图 2.6.20　晶体管数字温度计原理框图

图 2.6.20 中温敏晶体管作为感温元件连接在运算放大器的反馈回路中，这种接法使得晶体管发射结正偏，集电结近乎零偏，因为其集电极连接虚地，而基极接地。零偏的集电结使得集电结反向饱和电流、集电结空间电荷区的复合电流趋于零，因而此时的集电极电流完全由扩散电流组成，即集电极电流 I_c 的大小仅取决于集电极电阻 R_w 和基准电压 E_s，而与温度无关，从而保证温敏晶体管处于恒流工作状态，使晶体管发射结偏压 U_{be} 与被测温度 T 之间有较好的单值线性关系。图中的负反馈电容 C 可用于防止寄生振荡。运放输出 U_o 经线性转换后为 E_X，并与基准电压 E_s 叠加形成 $E_s + \alpha E_X$。这样处理的目的是进一步减小 U_o 的非线性误差，然后经 A/D 转换后经数字显示器输出。此温度计在 $-50 \sim 150\,℃$ 测温范围内，误差小于 $0.1\,℃$。

2.6.9　集成温度传感器

集成温度传感器是以晶体管作为感温器件，单个的晶体管基极-发射极电压在恒定的集电极电流条件下，可以认为与温度呈单值线性关系，但仍然存在非线性偏差，温度范围越大，引起的非线性误差越大。为了进一步减小这种非线性误差，集成温度传感器采用对管差分电路，使得在任何温度下，两对管基极-发射极电压之差 ΔU_{be} 与温度保持理想的线性关系。

1. 工作原理

如图 2.6.21 所示为对管差分电路的原理图，图中 V_1 和 V_2 是结构、性能完全相同的晶体管，分别在不同集电极电流 I_{c1} 和 I_{c2} 下工作。

由图 2.6.21 的电路可知，$U_{be2} + \Delta U_{be} - U_{be1} = 0$，即可求得两管基极-发射极电压之差为

$$\Delta U_{be} = U_{be1} - U_{be2}$$

$$= U_g - \frac{kT}{q}\ln\frac{BT^r}{I_{c1}} - U_g + \frac{kT}{q}\ln\frac{BT^r}{I_{c2}}$$

$$= \frac{kT}{q}\ln\frac{I_{c1}}{I_{c2}} \tag{2.113}$$

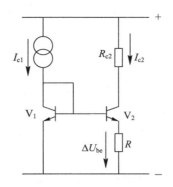

图 2.6.21　对管差分电路

由于两管结构相同，因而其集电极面积相等，即可得两管集电极电流之比等于两管集电极电流密度之比，于是式(2.113)可改写为

$$\Delta U_{be} = \frac{kT}{q} \ln \frac{J_{c1}}{J_{c2}} \tag{2.114}$$

式中：J_{c1}、J_{c2}——V_1 和 V_2 管集电极电流密度。

只要保持两管的集电极电流密度之比不变，即可使 ΔU_{be} 正比于绝对温度 T。这种与确定的温度成比例(Proportional to Absolute Temperature)的对管差分电路常称为 PTAT 核心电路。

2. 典型电路应用

集成温度传感器按输出信号不同可分为电压型集成温度传感器和电流型集成温度传感器。电压输出型集成温度传感器的温度系数约为 10 mV/℃，典型产品有 LX5600、LM3911、AN6701 等四端电压输出器件和 LM135/LM235/LM335 等三端电压输出器件。

四端电压输出型集成温度传感器内部电路由温度检测、温度补偿和运算放大器 3 部分组成，对外有 4 个引脚，如图 2.6.22 所示。测温时，U_{CC} 可接正电源，亦可接负电源，电阻端经外接调节电阻接地。

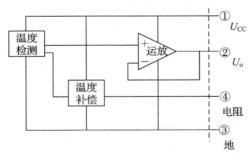

图 2.6.22　四端电压输出结构图

如图 2.6.23 所示为日本松下公司的 AN6701S 型集成温度传感器的两种应用电路，图 2.6.23(a)为摄氏体温计，图 2.6.23(b)为温度控制器。

AN6701S 在 $-10\sim80$℃测温范围内灵敏度高、线性度好，且精度高、热响应速度快，故可广泛应用于体温计、空气温度调节器、电热毯温度控制器等场合。AN6701S 工作电源

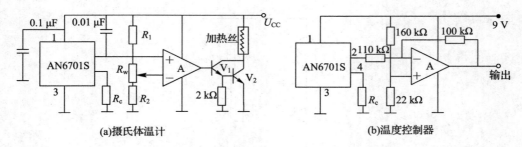

图 2.6.23　AN6701S 型集成温度传感器应用电路

电压为 $5 \sim 15$ V，改变调节电阻 R_c 可改变测温范围和灵敏度；R_c 值在 $3 \sim 30$ kΩ 范围内，灵敏度为 $109 \sim 110$ mV/℃；输出电压在 25℃ 以下为 5 V，非线性误差小于 0.5%，使用起来十分方便。

　　三端电压输出型是 PN 结反向运用状态的感温器件，可作为两端工作的齐纳二极管，其击穿电压正比于绝对温度。如图 2.6.24 所示为以 LM135 为例的基本测温电路。LM135 测温范围为 $-55 \sim 150$℃，在齐纳击穿电压 U_Z 范围内，灵敏度约为 10 mV/℃，非线性误差小于 1%，工作电流 I 在 $0.4 \sim 5$ mA 范围时，不引起测量误差。

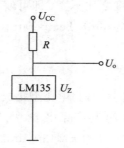

图 2.6.24　LM135 基本测温电路

　　电流输出型集成温度传感器是继电压输出型之后的新型传感器。与电压输出型相比，电流输出型集成温度传感器抗外部干扰能力强，具有更高的灵敏度和更小的非线性误差。美国 AD 公司的 AD590 是典型的电流输出型集成温度传感器，其标定温度系数为 1 μA/℃。测温范围为 $-55 \sim 155$℃，电源工作电压为 $5 \sim 30$ V。AD590 具有恒流特性，将其与一个恒值电阻串联即可实现温度的检测，如图 2.6.25 所示。

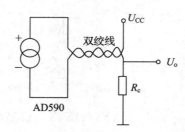

图 2.7.17　AD590 基本测温电路

　　AD590 相当于一个恒流源，其输出电流不受引线电阻、接触电阻和噪声干扰，引线采用绝缘性能好的双绞线，即使长达 100 m 的远距离测温仍可实现精准测量。在串联电阻 R_c 上产生的输出电压 U_o 正比于被测绝对温度，其灵敏度为 1 mV/℃。AD590 具有热惯性小、反应快、体积小、价格低、标准方便等一系列优点，因而具有广泛的应用前景。

思考题

（1）简述热电效应及热电偶测温原理。

（2）简述热电偶测温工作的基本定律。

（3）简述热电偶冷端温度补偿方法。

（4）在选用热电偶测温时，一般应考虑哪几个方面的因素？

2.7 压电传感器

2.7.1 压电传感器概述

压电传感器(Piezoelectric Sensor)是一种典型的有源传感器,它以某些电介质的压电效应为基础,在外力作用下,电介质表面产生电荷,从而实现外力与电荷量间的转换,达到非电量的电测目的。

当沿着一定方向对某些电介质施力而使其变形时,在介质内部将产生极化现象。在介质的两个表面则会产生数量相等、符号相反的电荷,形成电场。当撤除外力后,又重新回到不带电的状态;当外力方向改变时,电场的极性也随之改变,这种现象称为压电效应。同理,在电介质极化方向施加电场时,这些电介质会产生变形,这种现象被称为逆压电效应或电致伸缩效应。

具有压电效应的电介质很多,但大多数因压电效应微小而没有实用价值。目前具有良好压电效应的电介质包括石英晶体和压电陶瓷。

2.7.2 石英晶体的压电效应

1. 石英晶体切片

石英晶体(Quartz Crystal)即二氧化硅(SiO_2),天然的石英晶体理想外形是一个正六面棱体,如图 2.7.1(a)所示。

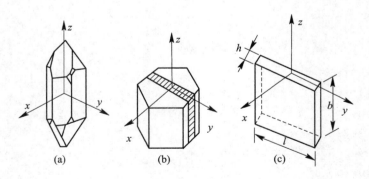

(a)　　　　　　(b)　　　　　　(c)

图 2.7.1　石英晶体切片

在晶体学中,为了方便分析,用互相垂直的 x、y、z 轴来描述石英晶体的正六面棱体结构。其中,纵向轴 z 称为光轴,贯穿正六面棱体的两个棱顶;x 轴称为电轴,经过正六面棱柱的棱线且与光轴正交;y 轴称为机械轴,同时垂直于 x 轴和 z 轴。

石英晶体用作压电元件时,应对其正六面棱体进行切片处理。石英晶体在 xyz 直角坐标中,沿不同方位进行切片,可得到不同的几何切型。不同切型晶片的压电常数、弹性系数、介电常数、温度特性等都不尽相同。石英晶体沿 $z-y$ 平面切片如图 2.7.1(c) 所示，此时电轴 x 垂直于切片平面。

2. 切片内离子分布

石英晶体是由 3 个硅原子和 6 个氧原子组成的共价键单元晶体。在共价键结构中，每个硅原子失去电子变成带 4 个正电荷的硅离子，每个氧原子得到电子变成带 2 个负电荷的氧离子，氧离子成对出现，3 个硅离子和 3 对氧离子在 $x-y$ 平面上的投影正好是六边形的 6 个顶角，如图 2.7.2 所示。

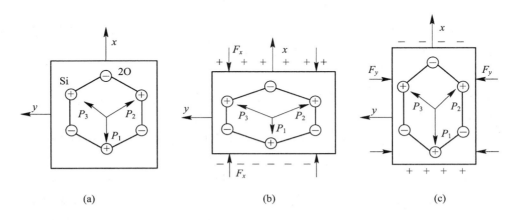

图 2.7.2　石英晶体切片内离子分布

当石英晶体未受外力作用时，单元晶体中的 3 个硅离子和 3 对氧离子正好连成正六边形，如图 2.7.2(a) 所示。晶体内正、负电荷的电偶极矩（其大小为 $P=qL$，q 为电荷量，L 为正、负电荷之间的距离，其方向为由负电荷指向正电荷）P_1、P_2、P_3 大小相等且互成 120° 夹角，即晶体内正、负电荷中心重合，电偶极矩矢量和 $P_1+P_2+P_3=0$，此时晶体表面不产生电荷，晶体对外呈电中性。

当石英晶体受 x 轴向压力 F_x 作用时，如图 2.7.2(b) 所示，晶体受压力而变形（但正六边形边长保持不变），晶体内正、负离子的相对位置发生变化，电偶极矩 P_1 减小，P_2 和 P_3 增大，电偶极矩矢量和在 x 轴向分量 $(P_1+P_2+P_3)_x>0$，因而在垂直于 x 轴正向的晶体表面上出现正电荷，其相对面上出现等量负电荷。此时电偶极矩矢量在 y 轴和 z 轴的分量 $(P_1+P_2+P_3)_y=0$，$(P_1+P_2+P_3)_z=0$，因而在垂直于 y 轴和 z 轴的晶体表面上不出现电荷。

当石英晶体受 y 轴向压力 F_y 作用时，如图 2.7.2(c) 所示，晶体受压力亦变形，晶体内正、负离子的相对位置发生变化，此时电偶极矩 P_1 增大，P_2 和 P_3 减小，电偶极矩矢量在 x 轴向分量 $(P_1+P_2+P_3)_x<0$，因而在垂直于 x 轴正向的晶体表面上出现负电荷，其相对面上出现等量正电荷。而电偶极矩矢量在 y 轴和 z 轴的分量仍为 0，不会在垂直于 y 轴和 z 轴的晶体表面上出现电荷。

当石英晶体受 z 轴向力作用时，因 z 轴向力与切片内离子平面 $x-y$ 垂直，故不会引起离子在 $x-y$ 平面上的位移，此时电偶极矩的矢量和仍保持为 0，晶体表面不会出现电荷。

3. 压电效应

1）纵向压电效应

石英晶体在 x 轴向力作用下产生表面电荷的现象称为纵向压电效应。在石英晶体线性弹性范围内，x 轴向力使晶片产生形变，并引起极化现象，极化强度与作用力成正比，极化方向取决于作用力的正向，极化后在晶体表面所产生的电荷极性如图 2.7.3（a）所示。

纵向压电效应所产生的电荷量大小由下式确定：

$$q_{xx} = \frac{d_{xx}F_x S_1}{S_2} = d_{xx}F_x \tag{2.115}$$

式中：d_{xx}——纵向压电系数，第 1 个脚标 x 表示电荷平面的法线方向，第 2 个脚标 x 表示
作用力的方向，其大小为 $d_{xx} = 2.31 \times 10^{-12}$ C/N；

$\quad\quad S_1$——被极化的面积；

$\quad\quad S_2$——受均匀分布力的面积，$S_1 = S_2 = Lb$。

2）横向压电效应

石英晶体在 y 轴向力作用下产生表面电荷的现象称为横向压电效应。横向压电效应所产生的电荷极性如图 2.7.3（b）所示。

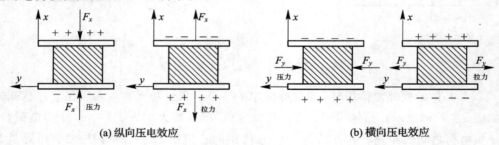

(a) 纵向压电效应   (b) 横向压电效应

图 2.7.3　石英晶体压电效应

横向压电效应所产生的电荷量大小由下式确定：

$$q_{xy} = \frac{d_{xy}F_y S_1}{S_2} = \frac{d_{xy}F_y L}{h} \tag{2.116}$$

式中：L——切片 y 轴方向长度；

$\quad\quad h$——切片 x 轴方向厚度；

$\quad\quad d_{xy}$——横向压电系数，第 1 个脚标 x 表示电荷平面的法线方向，第 2 个脚标 y 表示
作用力的方向，其大小为 $d_{xy} = -d_{xx}$，它体现了石英晶体晶格的对称性；

$\quad\quad S_1$——被极化的面积，$S_1 = Lb$；

$\quad\quad S_2$——受均匀分布力的面积，$S_2 = bh$。

2.8 红外线传感器集成电路

红外线传感器集成电路具有以下几方面特点：

（1）采用 CMOS 数模混合工艺制造，功耗极小。

（2）具有独立的高输入阻抗运算放大器，可与多种传感器匹配。

（3）双向鉴幅器可有效抑制干扰信号。

（4）内设延迟定时和封锁定时器，结构新颖，性能稳定，调节范围宽。

（5）内置参考电源。

（6）工作电压范围宽（$U_{DD}=3\sim5$ V）。

2.8.1 BISS0001 集成电路应用

BISS0001 红外传感信号处理集成电路的同类产品有 SS0001，可以直接替换使用。

1. 功能简介

BISS0001 采用 16 脚 DIP 和 SOIC 封装，管引脚排列如图 2.8.1 所示，各引脚功能如表 2.8.1 所示。

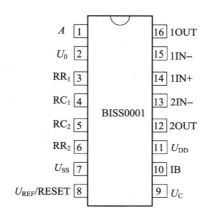

图 2.8.1　BISS0001 集成电路引脚排列

表 2.8.1　BISS0001 集成电路各引脚功能

引脚序号	符　号	功　能　说　明
1	A	可重复触发和不可重复触发控制端，当 $A=1$ 时，允许重复触发；当 $A=0$ 时，不可重复触发
2	U_0	控制信号输出端，由 U_S 的跳变沿触发，U_0 从低电平跳变到高电平为有效触发，在输出延迟时间 T_x 之外和无 U_S 上跳变时，U_0 为低电压状态

引脚序号	符　号	功　能　说　明
3、4	RR$_1$、RC$_1$	输出延迟时间 T_X 的调节端，$T_X \approx 49152 R_1 C_1$
5、6	RC$_2$、RR$_2$	触发封锁时间 T_i 的调节端，$T_i \approx 24 R_2 C_2$
7	U_{SS}	电源负端，一般接 0 V
8	U_{REF}/RESET	参考电压及复位输入端，一般接 U_{DD}，接"0"时可使定时器复位
9	U_C	触发禁止端，当 $U_C < U_R$ 时，禁止触发；当 $U_C > U_R$ 时，允许触发，$U_R \approx 0.2 U_{DD}$
10	IB	运算放大器偏置电流设置端，经由 1 MΩ 左右的 R_B 接 U_{SS} 端
11	U_{DD}	电源正端，$U_{DD} = 3 \sim 5$ V
12	2OUT	第二级运算放大器输出端
13	2IN−	第二级运算放大器反相输入端
14	1IN+	第一级运算放大器同相输入端
15	1IN−	第一级运算放大器反相输入端
16	1OUT	第一级运算放大器输出端

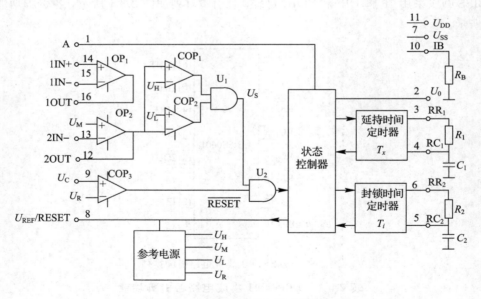

图 2.8.2　BISS0001 内电路功能框图

2. 电路分析

　　根据实际需要，利用运算放大器 OP$_1$ 组成信号预处理电路，将传感信号放大后，耦合给运算放大器 OP$_2$，则进行第二级放大的同时，将直流电平抬高为 U_M（$U_M \approx (1/2) U_{DD}$）后，送入双向鉴幅器（由比较器 COP$_1$ 和 COP$_2$ 组成），检出有效触发信号 U_S。由于双向鉴幅器的门坎电平 $U_H \approx 0.9 U_{DD}$，$U_L \approx 0.3 U_{DD}$，当 $U_{DD} = 5$ V 时，可有效地抑制 ±1 V 的噪声干扰，并可提高系统的可靠性。COP_2 为条件比较器，当输入控制电平 $U_C < U_R (\approx 0.2 U_{DD})$ 时，COP_2 输出为低电平，封住了与门 U_2，禁止触发信号 U_S 向下级传递；而当 $U_C > U_R$ 时，COP_2 输出为高电平，打开与门 U_2，此时若产生触发信号的上跳沿则可启动延迟时间定时器，同时 U_0 端输出为高电平，进入延迟周期 $T_x (\approx 49152 R_1 C_1)$。当 A 端接 "0" 电平时，在 T_x 时间内任何 U_S 的变化都被忽略，直至 T_x 时间结束，即所谓不可重复触发工作方式。其各点波形如图 2.8.3 所示。当 T_x 时间结束时，U_0 下跳回低电平，并同时启动封锁时间定时器而进入封锁周期 $T_i (\approx 24 R_2 C_2)$，在 T_i 周期内，任何 U_S 的变化都不能使 U_0 为有效状态。这一功能的设置可有效抑制负载切换过程中产生的各种干扰。

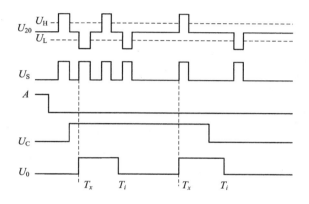

图 2.8.3　不可重复触发工作方式下各点波形

　　下面再以如图 2.8.4 所示的可重复触发工作方式下各点的波形来说明 BISS0001 在该状态下的工作过程。在 $U_C = 0$、$A = 0$ 期间，U_S 不能触发 U_0 到有效状态。在 $U_C = 1$、$A = 1$ 时，U_S 可触发 U_0 到有效状态，并在 T_x 周期内一直保持有效状态。在 T_x 时间内，只要 U_S 产生上跳变，则 U_0 将从 U_S 上跳变时刻算起继续延长一个 T_x 周期；若 U_S 保持为 1 状态，则 U_0 一直保持有效状态；若 U_S 保持 0 状态，则在 T_x 周期结束后 U_0 恢复为无效状态，并且在封锁时间 T_i 内，任何 U_S 的变化都不能触发 U_0 到有效状态。

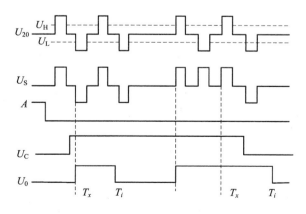

图 2.8.4　可重复触发工作方式下各点波形

3. 电参数

BISS0001 集成电路的主要电参数如表 2.8.2 所示，极限参数见表 2.8.3。

表 2.8.2 BISS0001 集成电路主要电参数

参数名称	符号	条件		参数值		单位
				最小值	最大值	
工作电压范围	U_{DD}			3	5	V
工作电流	I_{DD}	输出空载	$U_{DD}=3$ V		50	μA
			$U_{DD}=5$ V		100	mV
输入失调电压	U_{OS}	$U_{DD}=5$ V			50	nA
输入失调电流	I_{OS}	$U_{DD}=5$ V			50	dB
开环电压增益	A_{VO}	$U_{DD}=5$ V, $R_L=1.5$ MΩ		60		dB
共模抑制比	CMRR	$U_{DD}=5$ V, $R_L=1.5$ MΩ		60		V
运放输出高电平	U_{YH}	$U_{DD}=5$ V		4.25		V
运放输出低电平	U_{YL}	$R_L=500$ kΩ 接 $1/2U_{DD}$			0.75	V
U_C端输入高电平	U_{RH}	$U_{RF}=U_{DD}=5$ V		1.1		V
U_C端输入低电平	U_{RL}				0.9	V
U_0端输入高电平	U_{OH}	$U_{DD}=5$ V, $I_{OH}=0.5$ mA		4		V
U_0端输入低电平	U_{OL}	$U_{DD}=5$ V, $I_{OH}=0.1$ mA			0.4	V
A 端输入高电平	U_{AH}	$U_{DD}=5$ V		3.5		V
A 端输入低电平	U_{AL}	$U_{DD}=5$ V			1.5	V

表 2.8.3 BISS0001 集成电路极限参数

参数名称	极限值	单位
电源电压	$-0.5\sim6$	V
输入电压范围	$-0.5\sim6(U_{DD}=6$ V$)$	V
各引出端最大电流	$\pm10(U_{DD}=5$ V$)$	mA
工作温度	$-10\sim+70$	℃
贮存温度	$-65\sim+150$	℃

4. 应用电路

BISS0001 配以热释电红外传感器和少量外接元件即可组成一个被动式红外开关，其电路如图 2.8.5 所示。热释电红外传感器 PRI 输出信号由 BISS0001 中的 OP_1 前置放大后，由 C_3 耦合给 OP_2 进行第二级放大。再经电压比较器 COP_1 和 COP_2 构成的双向鉴幅器，检出有效触发信号并启动延迟时间定时器。输出信号经三极管 V_1 驱动继电器接通负载。R_3 为光敏电阻器，用来检测环境照度。当作为照明控制时，若环境较明亮，R_3的阻值较低，使 9 脚输出为低电平而封锁触发信号，节省照明用电。若应用于其他场合时，可用遮光物将其罩住而不受环境影响。SW_1是工作方式选择开关，当 SW_1拨向 1 端时，红外开关处于可重复触发工作方式；当 SW_1拨向 2 端时，则处于不可重复触发工作方式。此电路适用于企业、宾馆、商场、库房及家庭的过道、走廊等区域，亦可用于安全区域的自动灯光、照明和报警系统。

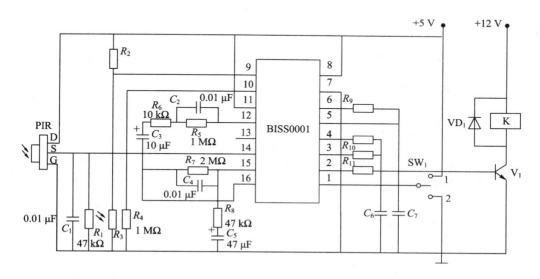

图 2.8.5   BISS0001 应用电路

2.8.2   HT－7605 集成电路应用

HT－7605 单片热释电红外控制集成电路集成度高、检测灵敏、功耗低(等待状态电流仅 20 μA)。HT－7605 是一个系列电路，包括 E、F、G、H、S、L 等几种型号，它们之间的区别如表 2.8.4 所示。

表 2.8.4   HT－7605 系列集成电路

型　号	驱动器件	延迟时间/s	有无 OP_3
HT－7505E	继电器	4～128	无
HT－7605F	继电器	48～1536	无
HT－7605G	可控硅	4～128	无
HT－7605H	可控硅	48～1536	无
HT－7605S	继电器/可控硅	4～128	有
HT－7605L	继电器/可控硅	48～1536	有

HT‐7605 系列集成电路内含 3 个(或 2 个)增益可调的运算放大器、一个窗口式比较电路和信号延迟电路、计时电路、可控硅过零触发电路、输出控制电路、驱动电路、稳压电路、振荡电路及其他电路,其内电路功能框图如图 2.8.6 所示。HT‐7605 系列集成电路采用双列直插式封装结构,各型号的管引脚排列如图 2.8.7 所示。各引脚功能如表 2.8.5 所示。

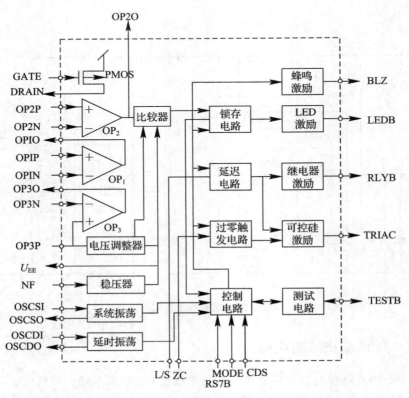

图 2.8.6　HT‐7605 内电路功能框图

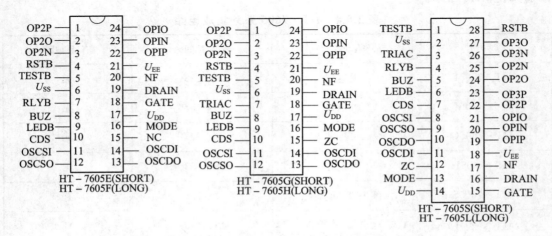

图 2.8.7　HT‐7605 集成电路引脚排列

表 2.8.5　HT－7605 系列集成电路各引出脚功能

引脚名称	引出脚序号		功能说明
	S、L 型	E、F、G、H 型	
TESTB	1	5	低电平有效
U_{SS}	2	6	电源负端
TRIAC	3	7(G、H)	可控硅驱动端
RLYB	4	7(E、F)	继电器驱动端，低电平有效
BUZ	5	8	压电蜂鸣器驱动端
LEDB	6	9	LED 驱动端，低电平有效
CDS	7	10	光控输入端，高电平时可控硅/继电器输出无效
OSCS1	8	11	系统振荡输入端，典型振荡频率 16 kHz
OSCSO	9	12	系统振荡输出端
OSCDO	10	13	延迟振荡输出端，振荡频率由外接电阻决定
OSCDI	11	14	延迟振荡输入端
ZC	12	15(G、H)	过零触发输入端
MODE	13	16	"ON"或"PRP－AUTO"选择端，脉冲上升沿触发有效
U_{DD}	14	17	电源正端
GATE	15	18	PMOS 管的栅极
DRAIN	16	19	PMOS 管的漏极
NF	17	20	电压调整器的负反馈输入端
U_{EE}	18	21	电压调整器的输出端，设置输出电压
OP1P	19	22	OP_1 的同相输入端
OP1N	20	23	OP_1 的反相输入端
OP1O	21	24	OP_1 的输出端
OP2P	22	1	OP_2 的同相输入端
OP3P	23	—	OP_3 的同相输入端，连在比较器的中点上
OP2O	24	2	OP_2 的输出端
OP2N	25	3	OP_2 的反相输入端
OP3N	26	—	OP_3 的反相输入端
OP3O	27	—	OP_3 的输出端
RESB	28	4	复位输入端，内部有上拉电阻，低电平有效

1. 电路分析

HT-7605 系列集成电路的工作原理为：接通电源后，为了建立稳定的工作状态及足够的安全时间（让开机者能从容离开警戒区），芯片上包含一个专门的开机延迟电路，延迟时间在芯片封装前可以选择，分为 24 s、40 s、56 s 和 72 s，如用户不提出特别要求，出厂时芯片延迟时间设置为 40 s。在开机延迟阶段，继电器和发光二极管输出被完全截止，但此时可控硅能输出额定功率的 30%。延迟结束，BUZ 输出一组脉冲，双向可控硅关闭，系统进入红外信号检测状态。这时，如有人进入警戒区，红外热释电控头 PRI 会输出一个微弱的低频信号，经 OP_1、OP_2 等运算放大器放大后，送到内部窗口比较器进行比较，如高于窗口电平，即形成触发脉冲进入锁存电路并通过一系列的延迟、整形、放大后，控制继电器、可控硅以达到报警、自控等目的。

HT-7605 系列集成电路的主要电参数包括：工作电压范围 $U_{DD}=4.5\sim12$ V，典型值为 9 V，极限值为 13 V；芯片工作温度为 $-25\sim+75℃$；系统振荡电路的工作频率可在 $12.8\sim19.2$ kHz 之间选择，典型值为 16 kHz。

2. 应用电路分析

干电池供电电路如图 2.8.8 所示，交流电供电电路如图 2.8.9 所示。

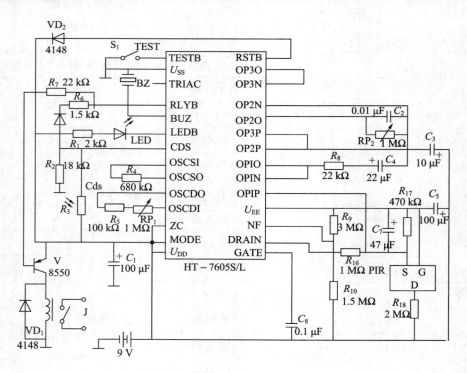

图 2.8.8　HT-7605 应用电路

图 2.8.8 的电路由于采用干电池供电，所以不能使用可控硅驱动电路。图中 PIR 为热释电红外传感器。电阻 R_4 为系统振荡电路外接电阻器，其阻值决定了系统振荡频率，当 R_4 为 680 kΩ 时，系统振荡频率为 16 kHz。

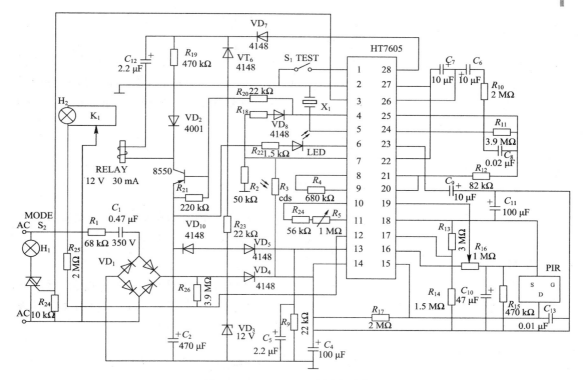

图 2.8.9　HT－7605 应用电路之二

HT－7605 检测到有效脉冲输入时，可控硅、继电器驱动电路将会输出一个有效控制电平，这个控制电平由延迟振荡电路的频率决定，可通过设在 OSCDI、OSCDO 端的外接电位器 RP1 进行调节。但调节范围受芯片型号限制，在 HT－7605 系列中，后缀为 E、G、S 芯片的延迟时间为 4～128 s，后缀为 F、H、L 的延迟时间为 48～1536 s。图中 RP_2 可用于调节芯片内运算放大器增益，可调节电路控制灵敏度。

图 2.8.8 中 R_3 为光敏电阻器，与 R_2 及芯片的 CDS 端组成光控电路。白天 R_3 受光照射阻值变小，使芯片 CDS 端电平高于 $2/3U_{DD}$，继电器、可控硅驱动电路关闭停止工作。只有当 CDS 端输入电平低于 $1/3U_{DD}$ 时，即天黑后 R_3 阻值变大才能使这两个驱动电路工作。调整 R_2 阻值，可以选择光控灵敏度，使电路自动识别昼夜。

HT－7605 系列芯片共有 4 种输出端，这里简单介绍如下：

（1）LED 指示驱动电路，输出端为 LEDB，内部是 NMOS 的漏极开路结构，低电平有效。它的吸纳电流典型值为 8 mA（最小值为 5 mA）。LEDB 的作用是指示有效脉冲的输入，当窗口比较器输出有效检测电平后，将导通 1 s，在其余时间则关闭（高电平）。用户也可将这个端口扩充为控制口。

（2）蜂鸣器驱动电路输出端为 BUZ，属于 CMOS 结构。它能在开机延迟阶段直接驱动蜂鸣器，发出一组 2 kHz 的信号。

（3）继电器驱动电路输出端为 RLYB，属于 CMOS 结构，低电平有效。低电平输出长度受延迟振荡电路及 MODE 控制，它的典型吸纳电流为 10 mA。特别提示：若要驱动工作电流大于 10 mA 的继电器，则应加接 8050 型 PNP 中功率三极管驱动，确保可靠工作。HT－7605G、H 芯片无此驱动电路，如图 2.8.9 所示。

（4）可控硅驱动电路输出端为 TRIAC，属于 CMOS 结构。当 HT－7605 采用交流供电时，使用可控硅作为输出控制单元，具有线路简单，使用方便等特点。该芯片还专门设计了过零触发电路，ZC 端就是专门用来检测交流电频率和产生过零触发脉冲，并以此来同步 TRIAC 端的输出。HT－7605E、F 型芯片无此驱动电路。

2.8.3　HT－7610 集成电路应用

1. 概述

HT－7610 热释电红外传感器专用控制集成电路具有外围电路简单、工作稳定可靠的优点，目前已广泛应用于自动门、自动灯光控制及防盗报警器等领域。

2. 功能简介

HT－7610 属于典型的 CMOS 电路，采用 16 脚双列直插式封装，引脚排列如图 2.8.10 所示，内电路功能框图如图 2.8.11 所示，各引脚功能如表 2.8.6 所示。HT－7610 系列包含 HT－7610A 及 HT－7610B 两种型号，区别仅是输出驱动方式不同。

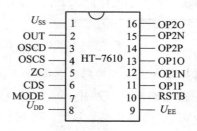

图 2.8.10　HT－7610 集成电路引脚排列

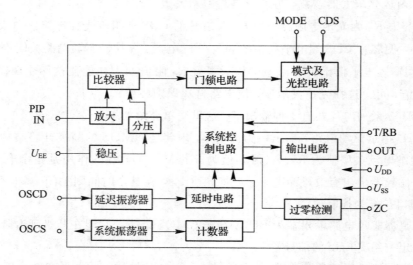

图 2.8.11　HT－7610 内电路功能框图

表 2.8.6　HT－7610 集成电路各引脚功能

引脚序号	符　号	功　能　说　明
1	U_{SS}	电源负端
2	OUT	输出控制端，A 型输出高电平通过三极管驱动继电器，B 型输出低电平驱动可控硅，输出电平长度受延迟振荡器控制
3	OSCD	延迟振荡器输入端
4	OSCS	延迟振荡器输出端
5	ZC	交流信号过零检测端
6	CDS	光控输入端，外接光敏电阻，该脚低电平时，输出关闭
7	MODE	模型选择端，接 U_{DD} 输出始终为开状态；接 U_{SS} 输出始终为半状态；开路为自动状态，此时输出脚保持关状态，直到 PIR 有效输入脉冲到达
8	U_{DD}	电源正端
9	U_{EE}	内部电路稳压端
10	RSTB	复位端，内部拉为高电平，低电平复位
11	OP1P	内部第一级运算放大器同相输入端
12	OP1N	内部第一级运算放大器反相输入端
13	OP1O	内部第一级运算放大器输出端
14	OP2P	内部第二级运算放大器同相输入端
15	OP2N	内部第二级运算放大器反相输入端
16	OP2O	内部第二级运算放大器输出端

HT－7610 系列集成电路的主要电参数包括：工作电压范围 $U_{DD}=5\sim12$ V；静态工作电流（无负载状态）小于 350 μA；内部运算放大器开路增益为 80 dB；芯片工作温度为 $-25\sim75$℃。

3. 应用电路分析

HT－7610B 集成电路的典型应用电路如图 2.8.12 所示，该电路是一个红外控制自动照明灯电路。图中 R_7 与 C_6 决定了 HT－7610 系统振荡器的振荡频率（16 kHz）。延迟振荡器则通过 RP_1 与 C_7 来调节其振荡频率。S 为工作模式开关，当 S 接 U_{DD} 时，电路始终是开启的；当 S 接 U_{SS} 时，电路始终处于关闭状态；当 S 浮空时为自动方式，此时输出端保持关闭状态，直到接到传感器 PIR 有效输入触发信号。RP_2 可用于调节芯片内运算放大器的增益，可用于调节电路的控制灵敏度。光敏电阻器 R_{cds} 确保电路自动识别昼夜，白天电路封死停止工作，天黑后电路自动进入守候状态。PIR 红外探测头可检测到人体移动引起的红外线热能变化并将其转变为电信号，当变化达到设定值时，HT-7610B 就能将灯 H 点亮，点亮时间由延迟振荡器的振荡周期决定。如果用该电路制作自动水龙头但不需要光控功能，只要取消光敏电阻器 R_{cds} 即可。

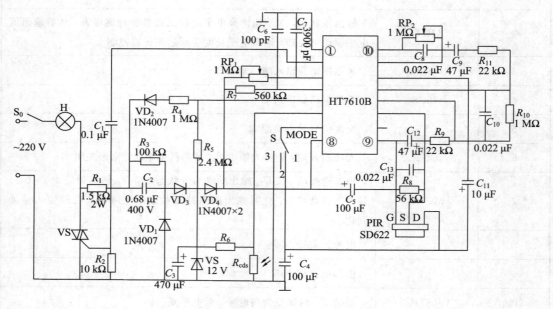

图 2.8.12　HT-7610 应用电路

HT-7610A 采用继电器控制方式，可通过外接三极管 V 驱动继电器 K，电路如图 2.8.13 所示。

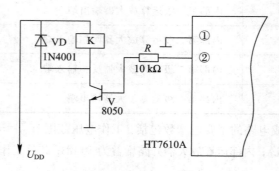

图 2.8.13　继电器控制方式

2.8.4　KC778B 集成电路应用

1. 概述

KC778B 是单片低功耗专业级红外传感器专用集成电路，该电路的突出特点是：

（1）灵敏度高，有极高的信噪比，增益达到 68 dB。

（2）高频干扰噪声抑制力强，大于 30 V/M，由 1 MHz 到 1000 MHz 时不需屏蔽。

（3）芯片抗静电保护高达 1000 V（人体模拟）。

（4）特殊传感信号放大的鉴别方式，使影响性能的关键元件均集中在芯片中，批量生产的产品一致性好，性能稳定。

（5）以直流电平方式调节传感灵敏度，使温度补偿更容易。

（6）自带电源稳定电压调节器。

（7）有光控（DAY SENS）及调节（DAY ADJ）功能、输出电平延迟及调节功能、三种工作方式选择功能等完整单元；有重新开机自动封锁传感信号 25 s 的功能；有手动控制状态（TOGGLE）功能，单按键可实现手动报警或手动消警。

（8）输出电流高达 300 mA，可直接驱动可控硅、光电耦合器、继电器、无线发射机等负载；静态功耗低，$I_{DD} = 300$ mA（当 $U_{DD} = 5$ V 时）；使用电源电压范围宽，$U_{DD} = 4 \sim 15$ V。

（9）高低温工作性能良好，工作温度范围为 $-25 \sim 100\,^\circ\!C$。

2. 功能简介

KC778B 采用 20 脚标准双列直插式或扁平封装，其引脚排列示意如图 2.8.14 所示，各引脚功能见表 2.8.7。

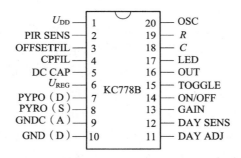

图 2.8.14　KC778B 集成电路引脚排列

表 2.8.7　KC778B 集成电路各引脚功能

引脚序号	符　号	功　能　说　明
1	U_{DD}	电源正端
2	PIR SENS	灵敏度调节端，调节 PIR 传感灵敏度
3	OFFSETFIL	偏移滤波端，PIR 动作偏移滤波
4	CPFIL	PIR 转模式滤波端
5	DC CAP	直流电容端，PIR 增益稳定滤波
6	U_{REG}	电源电压调节输出
7	PYRO(D)	接传感器 PIR 漏极
8	PYRO(S)	PIR 传感器源极信号输入
9	GNDC(A)	模拟电路电源地端
10	GND(D)	数字电路电源地端

引脚序号	符 号	功 能 说 明
11	DAY ADJ	光控电压调节端
12	DAY SENS	光敏电阻输入端
13	GAIN	增益选择，悬空为 68 dB，接地为 62 dB
14	ON/OFF	三态选择端，接高电平为 ON；接低电平为 OFF；悬空为 AUTO
15	TOGGLE	手动两态转换端，ON/OFF 变换
16	OUT	驱动输出端
17	LED	LED 驱动输出端
18	C	延迟振荡输入，外接延迟电容器
19	R	延迟振荡输出，外接延迟电阻器
20	OSC	系统时钟频率输入

3. 电路分析

KC778B 集成电路内部包含了多级高增益直流放大器、信号比较器、模式控制转换器、手动控制转换器、光敏控制器、延迟振荡器、电源稳定器等单元。其工作过程是：从 7 脚向热释电红外传感器 PIR 提供稳定的 2.5 V 直流电压，PIR 输出的微弱信号经芯片内直流放大器放大，由比较器鉴别后输出。调节芯片 2 脚上的电位器，使 2 脚电平在 0～2.5 V 间变化，即改变比较器的翻转阈门电平，从而调节传感灵敏度。模式控制转换器即第 14 脚可将电路输出置成常开(ON)、常闭(OFF)和自动(AUTO)。手动控制转换器即第 15 脚可通过一只按钮改变电路的当前状态。光敏控制器可使电路在一定光照条件下由传感器动作，而在足够亮时封锁输出，以达到夜间才工作的目的。延迟振荡器使输出电平展宽为数秒到数分钟，延迟时间由 18、19 脚的外接电容 C、电阻 R 的数值决定，可由下式估算：

$$T = 5678 \times (R + 40000) \times C$$

KC778B 集成电路的极限参数为：电源电压 $U_{DD} = 15$ V；引脚电压为 $U_{DD} + 0.5$ V；PIR 增益为 68 dB；增益选择上拉电流为 5 μA；三态选择端电流为 10 μA；两态选择上拉电流为 5 μA；PIR 源极参考电压为 2.7 V；输出端阻抗为 35 Ω。

4. 应用电路分析

KC778B 集成电路的典型应用电路如图 2.8.15 所示。KC778B 电源电压由电容降压、二极管半波整流及三极管电子滤波供给。RP1 为传感器 PIR 灵敏度调节电位器，RP1 调到最上端(即集成块 KC778B 的 2 脚接地)时为灵敏度最高，往下调灵敏度逐渐减小。RP2 用来调节延迟振荡频率，以调节输出电平展宽时间。SB 为手动控制按钮，在报警系统中十分重要，此按钮应安装在值班人员方便使用的地方，平时可用作紧急报警或测试按钮，也可用于值警人员赶到后关闭警报。

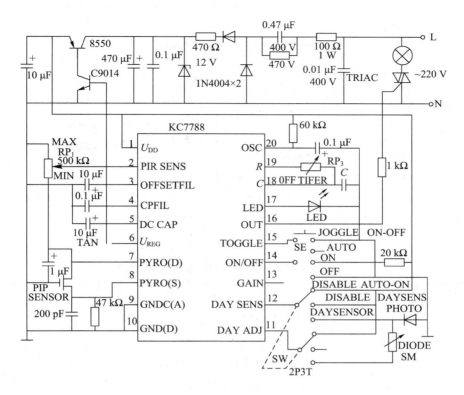

图 2.8.15　KC778B 应用电路

2.8.5　SR5553 集成电路应用

SR5553 是目前应用较为广泛的通用型红外传感器专用集成电路，它与 PRI 热释电红外传感器配套使用，可以很方便地组成保安报警器、自动灯、自动门、自动风扇、自动门铃及展览会自动解说系统等。SR5553 引脚排列如图 2.8.16 所示，内电路功能框图如图 2.8.17 所示，各引脚功能见表 2.8.8。

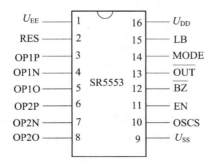

图 2.8.16　SR5553 集成电路引脚排列

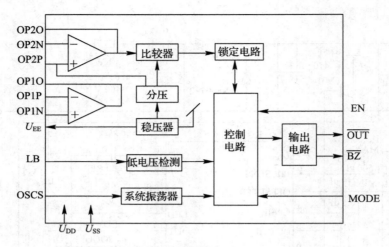

图 2.8.17　SR5553 内电路功能框图

表 2.8.8　SR5553 集成电路各引脚功能

引脚序号	符　号	功　能　说　明
1	U_{EE}	内部稳压器输出
2	RES	复位端
3	OP1P	第一级运算放大器同相输入端
4	OP1N	第一级运算放大器反相输入端
5	OP1O	第一级运算放大器输出端
6	OP2P	第二级运算放大器同相输入端
7	OP2N	第二级运算放大器反相输入端
8	OP2O	第二级运算放大器输出端
9	U_{SS}	电源负端
10	OSCS	系统振荡器外接阻容端
11	EN	用于是否允许输出，接 U_{DD} 允许输出，接 U_{SS} 禁止输出
12	$\overline{BZ}$	蜂鸣驱动输出，可驱动蜂鸣器或发光二极管
13	$\overline{OUT}$	报警输出端
14	MODE	工作方式选择端
15	LB	电源低电压检测输入端
16	U_{DD}	电源正端

SR5553 集成电路的使用电源电压范围为 $U_{DD}=5\sim12$ V，静态耗电极小，仅为 $30\ \mu A$。

SR5553 集成电路的典型应用电路如图 2.8.18 所示。电路通电 40 s 后，热释电红外传感器 PIR 进入稳态，电路便可正常工作。当有人进入禁区后，PIR 将检测到的人体红外信号转换成微弱的电信号，送入 SR5553 中，经放大、锁定等处理后，输出控制与触发信号等，触发蜂鸣器、LED 或其他执行机构动作。

在电路未进入稳态（开机 40s 之内）之前，SR5553 的 $\overline{BZ}$ 端产生不均等的间歇输出，触发

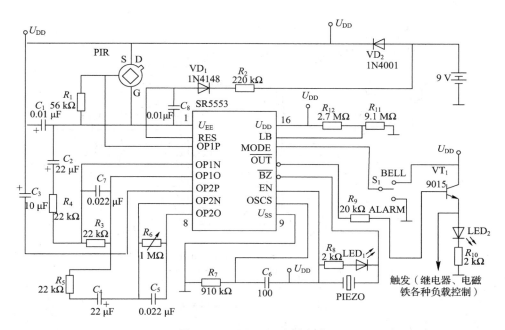

图 2.8.18　SR5553 应用电路

蜂鸣器。当供电电源低于 $[(R_7+R_8)/R_7]\times1.5(\mathrm{V})$ 时，$\overline{\mathrm{BZ}}$ 端输出可 4 次触发蜂鸣器。芯片第 14 脚为工作方式选择端 MODE，当该脚接高电平 U_{DD} 时，为门铃方式；接低电平 U_{SS} 时为报警器方式。两者的区别在于蜂鸣器音响输出的时间长短不同，门铃方式为 4 s，报警器方式为 32 s。芯片输出端第 13 脚 $\overline{\mathrm{OUT}}$ 输出低电平信号，需外接三极管 VT_1（9015 或 8550 等 PNP 管）放大后才能驱动继电器等负载工作。

2.8.6　WT8075 典型应用电路

WT8075 系列集成电路的典型应用电路如图 2.8.19 所示。图中 PIR 可采用 P2288 - 10 双极型热释电红外传感器，光敏电阻 R_{cds} 要求亮阻为 200 kΩ 左右，暗阻为 1 MΩ 左右。

PIR 通电后需要一个预热时间，在这段时间内整个系统不起作用。WT8075N18P1 的 QTEST 端为低电平时，预热时间为 30 s；QTEST 端为高电平时，预热时间为 30 s 或 16 s。探测头 PIR 测到人体移动的红外线热能变化后，将其转为电信号并送入集成块的 2 脚进行放大处理。在白天，因光敏电阻器 R_{cds} 受光照射呈低电阻，集成块的 CDS 端为低电平，电路不工作。当天黑时，光敏电阻器阻值变大，CDS 端为高电平，集成块即进入工作状态（可通过调节串联在光敏电阻器上的电位器来调整光控灵敏度）。若不需要光控，只要将集成块的 CDS 端与 U_{DD} 端相连，电路就会一直处于工作状态。集成块对 PIR 传送的信号进行放大处理时，如果 PIR 送入信号的周期大于 WT8075N18P1 设定的基准时间，则认为有效，否则认为无效，这样可以准确鉴别生物体和非生物体的运动，防止误报警。该基准时间可通过调整 TB 端的外接电阻电容值进行改变，该操作实际是改变整个系统的灵敏度，电阻电容乘积越小，基准时间越小，灵敏度就越高。集成块对信号放大处理后，通过 OUT₂ 端输出高电平，以推动适当负载。输出高电平的宽度（即输出时间）由 TCI 端外接的电阻电

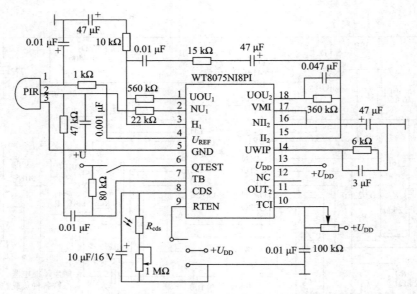

图 2.8.19　WT8075 应用电路

容数值控制，电阻电容的乘积越大，输出时间越长。

2.8.7　ZH9576 红外传感器专用集成电路

1. 概述

ZH9576 是一种通用型红外传感器专用集成电路，内含红外发射驱动与红外线接收检测电路，发射出的红外线信号被物体阻挡反射回来，由接收电路接收再经放大处理，从而使输出电路驱动信号控制执行机构动作。该集成电路目前已被广泛应用于高级宾馆或居室洗手间的自动水龙头、皂液供给器、烘手机及香水喷雾器等自动化控制装置上。

2. 功能简介

ZH9576 集成电路的主要性能包括：

（1）内含红外发射驱动电路和红外接收放大电路。

（2）发射的红外线调制频率约为 32 kHz。

（3）可通过两个引脚（10 与 11 脚）接两位开关控制各种形式的输出时间及输出次数。

（4）振荡频率可通过外接电阻来改变，当电阻为 680 kΩ 时，振荡频率为 32 kHz。

（5）接收灵敏度可由接收管串联的电容量大小确定，当电容从 $0.01 \sim 0.1$ μF 间选择时，接收距离可从 $5 \sim 25$ cm 之间变化。

（6）输出可在启动延迟后自动截止，启动、截止时间可由 P_0、P_1 端选择预置，最长延迟时间不超过 60 s。

（7）使用电源电压范围宽，$U_{DD} = 2 \sim 5$ V；耗电省，静态耗电仅 1 μA。

ZH9576 集成电路采用 20 脚双列直插式封装，其管引脚排列如图 2.8.20 所示，内电路功能框图如图 2.8.21 所示，各引脚功能见表 2.8.9。

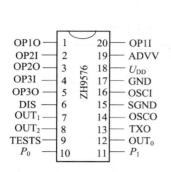

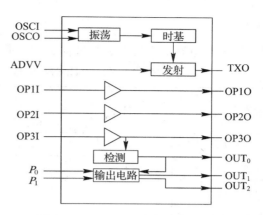

图 2.8.20　ZH9576 引脚排列图　　　　　图 2.8.21　ZH9576 内电路功能框图

表 2.8.9　ZH9576 集成电路各引脚功能

引脚序号	名称	功能说明
1	OP1O	第一级运算放大器输出端
2	OP2I	第二级运算放大器输入端
3	OP2O	第二级运算放大器输出端
4	OP3I	第三级运算放大器输入端
5	OP3O	第三级运算放大器输出端
6	DIS	发射信号选择，接地＝4 次/s，开路＝2 次/s
7	OUT_1	输出驱动
8	OUT_2	输出驱动
9	TESTS	测试用
10	P_0	任意选择输出形式
11	P_1	任意选择输出形式
12	OUT_0	输出驱动
13	TXO	发射信号输出端
14	OSCO	振荡输出，外接电阻值与频率成反比
15	SGND	接红外光接收管负端
16	OSCI	振荡输入，外接振荡电阻，32 kHz 时约为 680 kΩ
17	GND	电源地端
18	U_{DD}	电源正端
19	ADVV	内部模拟电路正电源端
20	OP1I	第一级运算放大器输入端

3. 电参数

ZH9576 集成电路的主要电参数如表 2.8.10 所示。

表 2.8.10   ZH9576 集成电路主要电参数

参数名称	符号	参数值			单位
		最小值	典型值	最大值	
工作电压	U_{DD}	2.0	3.0	5.0	V
工作电流	I_{DD}		5.0		mA
静态电流	I_{st}		1		μA
发射输出电流	$I_{发射}$		3		mA
OUT$_{1,2}$输出电流	$I_{输出1.2}$		各 5		mA
OUT$_0$输出电流	$I_{输出0}$		5		mA

4. 应用电路

ZH9576 集成电路的典型应用电路如图 2.8.22 所示。集成块 10、11 脚上的开关 P_0、P_1 可选择各种输出状态，其通断与 OUT$_0$、OUT$_1$、OUT$_2$ 输出状态的关系见表 2.8.11。

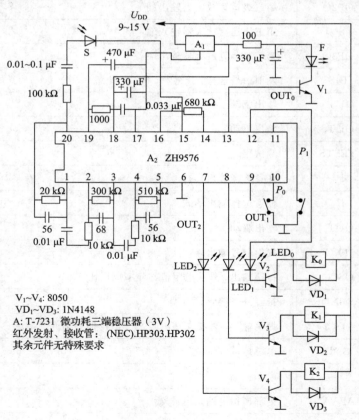

图 2.8.22   ZH9576 应用电路

表 2.8.11　P_0、P_1 与输出时间对照表

选择开关 接地/断开		无物体靠近 OUT			物体靠近 OUT			物体停留 OUT			物体离开 OUT		
P_0	P_1	0	1	2	0	1	2	0	1	2	0	1	2
断开	断开	0	1	1	1	1	0 0.5 s 后转为 1	1	1	1	0	0 0.5 s 后转为 1	1
接地	接地	0	0	0	1	4 s 后 1，2 s 后又转为 0	6 s 后变为 1	1	0	1 60 s 后转为 0	0	1 8 s 后转为 0	0
断开	接地	0	0	0	1	4 s 后 1，1 s 后 0	4 s 后 1，1 s 后 0	1	0	0	0	1 6 s 后为 0	0
接地	断开	0	0	0	1	4 s 后 1，2 s 后又转为 0	1 s 后升为 1	1	0	0	0	1 8 s 后转为 0	0

说明：

(1) 表中输出端 OUT_0、OUT_1、OUT_2 都是以高电平为 1，低电平为 0。

(2) 在物体靠近后的各个阶段内，若当某个输出端正处在延迟期间时，物体离开（例如本来 6 s 才结束，物体只停留 4 s 就离开），延迟输出端仍执行延迟指令（即再输出 2 s 才停止），但未工作（不输出）的两个输出端却可按物体靠近的指令动作。

(3) 红外发射和接收管的安装应在同一条直线上，相距 5 cm 以内，两管轴线可视反射物的远近和设备体积取平行或 45°角以内，但一般不应影响反射接收距离。如果有自激现象，可在管外套上黑色胶管加以屏蔽，这样做还能改善方向性，提高灵敏度。

2.8.8　光电传感器专用集成电路

1. ULN3330 光电传感器专用集成电路

ULN3330 是美国摩托罗拉公司生产的集成光电传感器，它是一种新颖的光电开关，将光敏二极管、低电平放大器、电平探测器、输出功率驱动器和稳压电路五部分都集成在一块 1 mm×1.8 mm 的硅片上，形成一种具有驱动能力的光敏功率元件。该元件可用于一切使用光敏器件的场合，使光敏器件的应用变得更简单、可靠。

2. 功能简介

ULN3330 的内电路功能框图如图 2.8.23 所示。光敏二极管的光敏区域为 1.1 mm×1.1 mm，峰值波长 880 nm。当它受到光照时，会产生微安数量级的光电流。低电平放大器是一种低噪声小电流放大器，可对微安级的光电流进行放大、电平位移，最后输出可供电平探测器进行鉴别的电平。电平探测器由施密特电路构成，具有约 20% 的"滞后"特性。输出功率驱动器是 NPN 中功率晶体管，最大可通过 100 mA 的电流，可以直接驱动各种负载。稳压电路确保电路在 4～5 V 范围内稳定地工作。

ULN3330 集成电路有三种封装形式，即：ULN3330D 采用带玻璃窗的圆形金属封装，ULN3330T 采用半透明塑料封装，ULN3330Y 采用半椭圆透明塑料封装，图 2.8.24(a)、 （b）、（c）分别为其外形底视图。

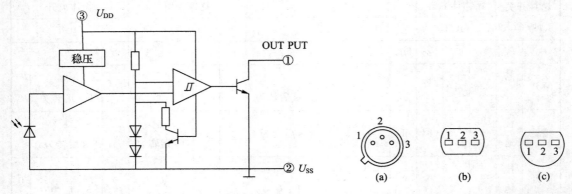

图 2.8.23　ULN3330 内电路功能框图　　　图 2.8.24　ULN3330 外形底视图

　　ULN3330 连接电路与负载后，不需要其他元件就能工作。当元件顶部受到大于 50 lx 的光照明时，即可输出高电平，负载上没有电流；反之，当光照不足 45 lx 时，器件输出低电平，负载上有电流通过。

3. 电参数

ULN3330 集成电路的主要电参数如表 2.8.12 所示。

表 2.8.12　ULN3330 集成电路的主要电参数

参数名称	符号	测试条件	参数值			单位
			最小值	典型值	最大值	
电源电压	U_{DD}		4.0	6.0	15	V
电源电流	I_{DD}			4.0	8.0	mA
光临界阈值	E_{ON}	输出接通（ON）	45	53	61	1x
	E_{OFF}	输出断开（OFF）		63		1x
滞后	ΔE	$(E_{OFF}-E_{ON})/E_{OFF}$	16	18	20	％
"ON"态输出电压	U_{OUT}	$I_{OUT}=15$ mA		300	500	mA
		$I_{OUT}=25$ mA		500	800	mA
"OFF"态输出电流	I_{OUT}	$U_{OUT}=15$ V			1.0	μA
输出下降时间	t_f	90％～10％		200	500	ns
输出上升时间	t_r	10％～90％		200	500	ns

　　注：① 1 lx＝0.093 lm/ft²，$\lambda＝880$ nm；

　　　　② 测试条件：$T_A＝+25℃$，$U_{DD}＝6.0$ V。

4. 应用电路举例

ULN3330 集成电路的应用电路如图 2.8.25 所示。

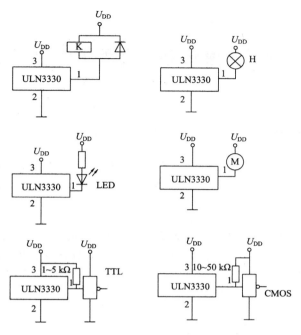

图 2.8.25 ULN3330 应用电路

2.8.9 TC3330 光电传感器专用集成电路

TC3330 是国产单片集成光电开关集成电路，其特性与使用方法均与国外产品 ULN3330 完全相同，可与 ULN3330 替换使用。但 TC3330 只有带玻璃窗的圆形金属封装（与 ULN3330D 相同）一种形式。

2.9 温度传感器专用集成电路

2.9.1 LM135 温度传感器专用集成电路

LM135 是电压型温度集成传感器，其特点是输出电压与环境绝对温度成正比，可以直接制成绝对温度仪。

1. 功能简介

LM135 属于系列集成电路，它们的测量温度范围及测量精度分别如表 2.9.1、表 2.9.2 所示。

表 2.9.1 LM135 系列集成电路测量温度范围

型 号	连续工作	间歇工作
LM135、LM135A	$-55\sim+150℃$	$-150\sim+200℃$
LM235、LM235A	$-40\sim+125℃$	$-125\sim+150℃$
LM335、LM335A	$-40\sim+100℃$	$-100\sim+125℃$

表 2.9.2 LM135 系列集成电路测量精度

型 号	用 25℃校正的温度误差/%
LM135A、LM235A	$0.3\sim1$
LM135、LM235	$0.5\sim1.5$
LM335A	$0.5\sim1$
LM335	$1\sim2$

LM135 系列集成电路工作电流为 $400\ \mu A\sim5\ mA$；灵敏度为 $10\ mV/K$；动态内阻小于 $1\ \Omega$。该系列集成电路只有三个引脚，即调整端"ADJ"、电源正端"＋"、电源负端"－"。这三种引脚有两种封装形式：TO-46 密封装和 TO-92 塑料封装。图 2.9.1 是其电路符号与 TO-92 封装的管引脚排列图。

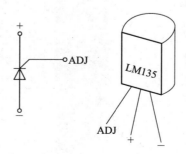

图 2.9.1 LM135 系列集成电路电路符号和引脚排列

在使用 LM135 系列集成电路时，为了保证精度，需要进行校正工作。方法是在"＋"、"－"两端接一只 10 kΩ 的电位器，滑动端接在集成块的调整端"ADJ"上，在某一温度点进行校正即可，如图 2.9.2 所示。例如，在 0℃ 时校正，则调整电位器，使输出为 2.73 V 即可，该电路即为绝对温度测量电路。

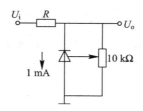

图 2.9.2　LM135 的校正电路

2. 典型应用电路

LM135 系列集成电路的典型应用电路如图 2.9.3 所示，该电路为一个摄氏温度计电路。使用一个运算放大器使输出为 2.73 V，则整个电路输出为 10 mV/℃。

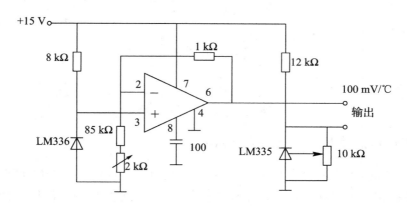

图 2.9.3　LM135 应用电路

2.9.2　LM35 温度传感器专用集成电路

LM35 是一种新型温度传感器集成电路，其特点是输出电压与环境摄氏温度成正比，并且无需校正，使用更为方便。

1. 功能简介

LM35 系列集成电路内部已通过校正，输出与摄氏温度成正比。灵敏度为 10.0 mA/℃；精度可达 0.5℃；工作电压范围极宽，从 4～30 V 均可正常工作；耗电极省，一般小于 60 μA；在静止温度中自热效应低（0.08℃）；输出阻抗低，在 1 mA 负载时为 0.1 Ω。

LM35 系列集成电路也只有三个引出端，即：电源正端 ＋U_s、电源负端 GND、输出端 U_{OUT}。封装形式与 LM135 系列集成电路相同，其 TO－92 塑封外形如图 2.9.4 所示。

LM35 系列集成电路的测温范围与测量精度如表 2.9.3 所示。

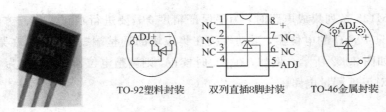

TO-92塑料封装　　双列直插8脚封装　　TO-46金属封装

图 2.9.4　LM35 系列集成电路外形、封装和引脚排列

表 2.9.3　LM35 系列集成电路测温范围与测量精度

型　号	测温范围/℃	型　号	精度（典型值）
LM35、LM35A	−55～+150	LM35A、LM35CA	±0.4℃
LM35C、LM35CA	−40～+100	LM35	±0.8℃
LM35D	0～+100	LM35C、LM35D	±0.8℃

2. 典型应用电路

LM35 系列集成电路的应用电路十分简单，不需要任何外接元件就可以构成一个摄氏温度计，具体电路如图 2.9.5 所示。

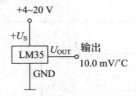

图 2.9.5　LM35 应用电路

2.9.3　SL134M 温度传感器专用集成电路

SL134M 是恒流源型系列集成温度传感器，目前有 SL134M、SL234M 和 SL334M 三种型号，该产品适用于以地为参考点的华氏温度计、基本二端恒流源、温度系数为零的恒流源及其他工业控制场合。

1. 功能简介

SL134M 系列集成电路采用塑料封装和金属壳封装两种形式，其电路符号与外形如图 2.9.6 所示。

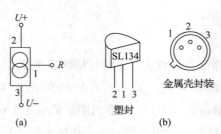

图 2.9.6　SL134M 集成电路电路符号与封装形式

SL134M 系列集成电路的极限参数与热电参数分别如表 2.9.4、表 2.9.5 所示。

表 2.9.4　SL134M 系列集成电路极限参数($T_A = 25℃$)(注①)

参数名称	符号	规范值			单位
		SM134M	SM234M	SM334M	
测试电流	I_{SETmax}	10			mA
耗散功率	P_D	200			mW
$R \sim U$—正向电压	U_{R-}	5			V
$U+ \sim U$—正向电压	$U_\pm$	40			V
工作温度范围	T_{opr}	$-55 \sim +125$	$-25 \sim +100$	$0 \sim +70$	℃
导线温度(焊 10 s)	t_1	300			℃
有效旁路电容	C	15			pF

表 2.9.5　SL134M 系列集成电路的热电参数($T_A = 25℃$)

参数名称	符号	测试条件		规范值			单位
				SL134M	SL234M	SL334M	
测试电流 误差(注②)	I_O / I_{SET}	$U_\pm = 2.5$ V, $50\ \mu A \leqslant I_{SET} \leqslant 5$ mA		$\leqslant 5$	$\leqslant 8$	$\leqslant 8$	%
测试电流与工作 电压的平均变化		1.5 V$<U_\pm \leqslant 5$ V	50 μA	$\leqslant 0.42$			%/V
			100 μA	$\leqslant 0.26$	$\leqslant 0.48$		
			1 mA	$\leqslant 0.15$	$\leqslant 0.20$	$\leqslant 0.31$	
			5 mA	$\leqslant 0.08$	$\leqslant 0.15$	$\leqslant 0.23$	
		5 V$<U_\pm \leqslant 30$ V	50 μA	$\leqslant 0.15$			
			100 μA	$\leqslant 0.10$	$\leqslant 0.15$		
			1 mA	$\leqslant 0.06$	$\leqslant 0.10$	$\leqslant 0.20$	
			5 mA	$\leqslant 0.03$	$\leqslant 0.05$	$\leqslant 0.10$	
最小工作电压	$U_{\pm min}$	50 μA	0.1 mA	0.8			V
		0.1 mA $\leqslant I_{SET} \leqslant$	1 mA	0.9			
		1 mA	5 mA	1.0			
U_+ 与 U_- 端 电流关系	I_{V+}/I_{V-}			$14 \sim 23$	$14 \sim 23$	$14 \sim 26$	
测试电流与 温度关系(注③)	$I_{V+}/\Delta T$	50 $\mu A < I_{SET} \leqslant 1$ mA		$0.96T \sim 1.04T$			$\mu A/K$

注：① 为了使测试期间结温不发生变化，除非另行规定，每项测试均应在 25℃ 及脉冲条件下进行。

② 校正电流(流进 U_+ 脚的电流)由公式：$I_{SET} = (227\ \mu A/k \div R_{SET}) \times T$ 决定。在 $T = 25℃$ 时，$I_{SET} = 67.7$ mV$/R_{SET}$，校正电流误差被表示为其校正电流偏离的百分率，I_{SET} 在 $T = 25℃$ 时以 0.336%/℃ 幅度增大。

③ I_{SET} 与绝对温度(K)成正比，任何温度下 I_{SET} 都可用公式 $I_{SET} = I_0 \times (T/T_0)$ 计算得到，式中 I_0 是在 T_0(K)时测得的 I_{SET}。

　　SL134M 系列集成电路的恒流特性曲线（I_{SET}-$U_{\pm}$ 曲线）与温度特性曲线（I_0-T 曲线）分别如图 2.9.7 与图 2.9.8 所示。

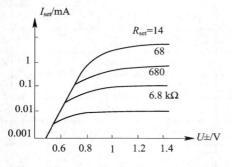

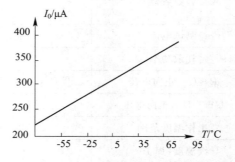

图 2.9.7　SL134M 系列集成电路恒流特性曲线　　图 2.9.8　SL134M 系列集成电路温度特性曲线

2. SL134M 系列集成电路的应用电路

　　SL134M 系列集成电路的典型应用电路如图 2.9.9、图 2.9.10 所示。图 2.9.9 为华氏温度计，图中 $R_1 = 8.25$ kΩ$\pm 1\%$，$R_2 = 100$ Ω$\pm 1\%$，$R_3 = U_{REF}/583$ μA，$U_{REF} \geqslant 2$ V。输出 $U_0 = $ mV/F，测试范围 10 F$\leqslant T \leqslant$ 250 F。图 2.9.10 是一个摄氏温度计，图中 $R_L = 10$ kΩ，$R_{SET} = 230$ Ω，输出 $U_0 = 10$ mV/℃。

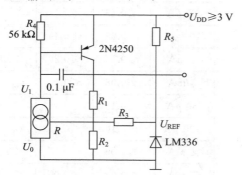

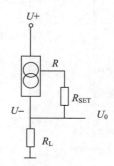

图 2.9.9　SL134 制作的华氏温度计　　　　图 2.9.10　SL134M 制作的摄氏温度计

2.9.4　SL590 温度传感器专用集成电路

　　SL590 是仿 AD590 电路的两端集成温度传感器，属于电流型温度传感器，具有良好的互换性和线性（SL590 在整个使用温度范围内误差在± 0.5℃以内）。同时，还具有消除电源波动的特性，即使电源电压从 5 V 变化到 15 V，电流也只在 1 μA 以下略微变化，即只有 1℃以下的变化，因而可以广泛地应用在高精度温度计和温度计量等方面。SL590 与 AD590 可以直接互换使用。

1. 功能简介

　　SL590 属于系列产品，目前有 SL590J、SL590K 和 SL590L 三种型号，均采用金属管壳 3 脚封装，外形如图 2.9.11 所示。各引出脚功能为：1 脚为电源正端 U_+；2 脚为电流输出端 U_-；3 脚为金属管外壳，一般不使用。

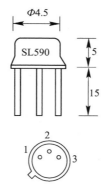

图 2.9.11　SL590 集成电路外形图

SL590 系列集成电路的电流电压特性曲线如图 2.9.12 所示，主要电特性如表 2.9.6 所示。

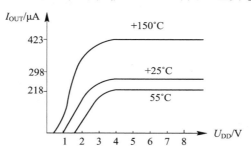

图 2.9.12　SL590 的电流电压特性曲线

表 2.9.6　SL590 系列集成电路的主要电特性

参 数 名 称		规 范 值			单 位
		SL590J	SL590K	SL590L	
最高正向电压		+44	+44	+44	V
最高反向电压		−20	−20	−20	V
工作温度范围		−55～+150	−55～+155	−55～+155	℃
贮存温度		−65～+175	−65～+175	−65～+175	℃
工作电压范围		+4～+30	+4～+30	+4～+30	V
额定输出电流（25℃）		298.2	298.2	298.2	μA
额定温度系数		1	1	1	μA/℃
绝对误差（−55～+150℃）	无外部校正	±9.0	±3.8	±2.4	℃（max）
	在 25℃时校正	±2.0	±1.0	±1.0	℃（max）
校正误差（在 25℃时）		±5.0	±2.0	±1.0	℃（max）
非线性（−55～+150℃）		±2.0	±0.5	±0.5	℃（max）

2. 应用电路

SL590 系列集成电路的典型应用电路如图 2.9.13 所示，该电路是一个最基本的绝对温度电子温度计电路。

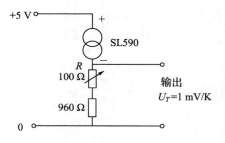

图 2.9.13　SL590 应用电路

第 ③ 章

电路仿真与分析简介

3.1 Multisim 10 简介

Multisim 10 是由美国国家仪器公司(National Instrument，NI)于 2007 年推出的电路仿真与分析软件，它可以实现电路原理图的建立、仿真、分析、设计、仿真仪器测试、单片机制作等高级应用，其界面直观形象、操作十分方便、简单易学。Multisim 可以设计、测试多种电子电路，包括模拟电子线路、数字电路、射频电路及微控制器电路等。设计者可以利用 Multisim 10 的虚拟仪器观察不同情况下电路的工作状态，利用不同的仿真方式对电路进行多种分析，可以利用软件存储仿真数据，列出仿真电路与器件清单等与电路相关的数据。

3.1.1 Multisim 10 的特点

Multisim 10 主要具有以下特点：

(1) 操作界面直观形象。Multisim 10 向用户提供了交互式的工作界面，整个界面类似于电子实验平台，所有用到的元器件和虚拟仪器都可以直接放置在工作界面中，点击鼠标即可轻松完成电路连线。虚拟仪器面板与实际仪器面板非常相似，虚拟仪器操作方法也与实际仪器操作方法类似，虚拟仪器测量的波形、数据和在实际仪器上看到的几乎一样。

(2) 多样化的元件库。Multisim 10 提供了多种实际元件和虚拟元件，包括基本的无源元件、半导体器件、CMOS 器件、IC 单元、模/数转换、单片机等元器件。其中，实际元件型号、参数不可修改，具有封装，有利于制作 PCB 板；虚拟元件参数可以修改，无封装，不能制作 PCB 板。用户也可以根据需要自行创建元件模型。

(3) 丰富的虚拟仪器仪表。Multisim 10 提供多种虚拟仪器仪表，可用于测试电路性能参数及显示仿真波形。例如，数字万用表、示波器、函数信号发生器、瓦特表、字信号发生器、逻辑分析仪等。同时，Multisim10 提供了 Agilent 和 Tektronix 公司的仿真仪器，这些仪器面板与真实仪器相同。

(4) 提供 3D 虚拟面包板环境。Multisim 10 提供 NI ELVIS Breadboard View 功能，允许用户在 3D 面包板环境中制作相关电路并进行实验。用户在进行实物连接之前，可以利用虚拟面包板进行元件连接和虚拟实验，具有很强的真实感，实验效果与实际效果相似。

3.1.2 软件界面

利用 Multisim 10 进行电路设计和仿真操作都是在软件界面的电路工作窗口中实现的。Multisim 10 基本界面如图 3.1.1 所示，包括菜单栏、工具栏、电路工作区、设计工具箱(Design Toolbox)、电子表格视窗、状态栏等。

界面的元器件工具栏中拥有庞大的器件库，共有 18 个分类，调用其中一个元件符号实质上就是调用了元件的数学模型。

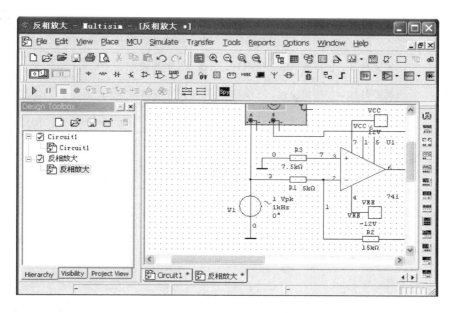

图 3.1.1　Multisim 10 界面

元件工具栏如图 3.1.2 所示，具体内容如表 3.1.1 所示。

图 3.1.2　元件工具栏

表 3.1.1　实际元器件工具栏

符　号	功　　能
┴	电源库，包括交直流电压源、电流源，模、数接地端
ᴧᴧᴧ	基本元件库，包括电容、电感、电阻、开关、变压器等基本元件
♦|	二极管库，包括二极管、稳压管、晶闸管等
ⱪ	三极管库，包括 NPN、PNP、达林顿、场效应管等
⊅	模拟集成元件库，包括运算放大器、比较器等
⅋	TTL 元件库
⅏	CMOS 元件库
⌸	其他数字元件库，包括 DSP、FPGA、CPLD 等
0̸	模数混合集成电路，包括模数、数模转换，555 定时器等

续表

符　号	功　能
📇	指示元件库，包括数码管、指示灯、电流表、电压表等
🔋	电源器件库，包括保险丝、三端稳压器、PWM控制器等
MISC	其他元件库，包括滤波、振荡器、光电耦合等
💻	外围设备元件库，包括LCD、键盘等
Ψ	射频元件库，包括高频电容、电感、传输线等
🔌	机电类元件库
🎛	微控制器元件库，包括805x、PIC、RAM、ROM
🖧	放置模块电路
⌐	总线

选择具体元件要通过元件选择对话框进行操作，下面以二极管库为例介绍元件选择对话框的使用。

单击元件工具栏的"Diodes"图标，弹出元件选择对话框，如图3.1.3所示，该对话框的各项含义如下。

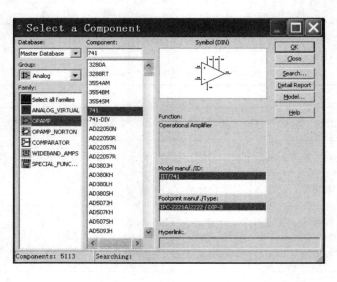

图3.1.3　元件选择对话框

Database：选择元件所属的数据库，包括主数据库（Master Database）、用户自行向厂商索取的元件库（Corporate Database）、用户自建元件库（User Database），其中主数据库是默认的数据库。

Group：选择元器件分类，共有17种，具体类型与表3.1.1的元件工具栏类型基本一致。

Family：在每种元件库中选择不同的元件系列，蓝色显示为虚拟元件库，灰色显示为实际元件库。

　　Component：显示 Family 元件系列中包含的所有元件。

　　Symbol：显示所选元件的符号，图 3.1.3 中显示的是 741 集成运算放大器的符号。

　　Function：描述所选元件的功能。

　　Model manuf./ID：所选元器件制造厂商/编号，741 的编号为 IIT/741。

　　Footprint manuf./Type：元器件封装厂商/模式，741 的封装模式为 IPC - 2221A/2222/DIP - 8。

　　OK：单击"OK"键可以在工作界面放置所选元件。

　　Close：单击"Close"则关闭元件选择对话框。

　　Search：搜索元器件，若需查找元件编号，可以通过"Search"按钮直接查找元件。

3.1.3　电路建立

利用 Multisim 10 建立电路主要包括界面设置和创建电路图两步操作。

1. 界面设置

运行 Multisim 10 后，为了方便使用软件，用户可以创建符合自己习惯的电路窗口。界面设置内容主要包括工具栏设置、电路颜色、背景颜色、界面尺寸大小、连线粗细、元件符号标准等。界面一般可通过菜单"Options"中的"Global Preferences"和"Sheet Properties"两项进行设置。

1) Global Preferences

选择"Option"→"Global Preferences"→"Parts"，即可弹出"Preferences"对话框，其中包含"Paths"选项卡、"Save"选项卡、"Parts"选项卡及"General"选项卡，本节主要介绍"Parts"选项卡。

"Parts"选项卡如图 3.1.4 所示，该选项卡主要用于设置元件放置模式、元件符号标准等。

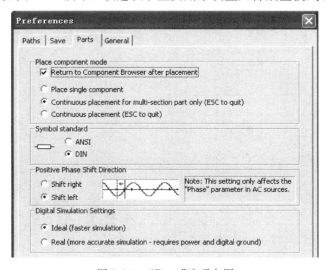

图 3.1.4　"Parts"选项卡图

Place component mode：元件放置模式，这里选择"Return to Component Browser after placement"。"Place single component"表示一次只放置一个元件；"Continuous placement for multi-section part only(ESC to quit)"表示连续放置集成元件中的单元，直到按 Esc 键取消；"Continuous placement(ESC to quit)"表示连续放置相同的元件，直到按 Esc 键取消。

Symbol standard：元件符号模式，"ANSI"为美国标准，"DIN"为欧洲标准。以电阻为例，选用不同的标准，电阻会显示不同的符号，如图 3.1.5 所示。

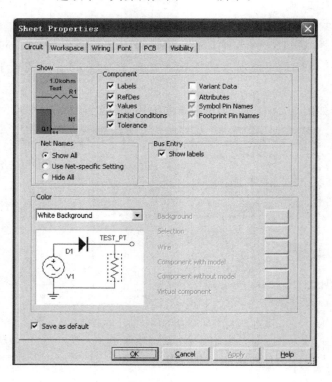

图 3.1.5　电阻美国标准、欧洲标准符号图

Positive Phase Shift Direction：图形显示方式。"Shift right"表示图像曲线右移；"Shift left"表示图像曲线左移。该设置仅对交流信号有效。

Digital Simulation Settings：数字电路仿真设置。"Ideal"表示按照理想器件模型仿真，仿真速度快；"Real"表示按照实际器件模型仿真，电路必须连接电源和地，仿真数据精确，但是仿真速度较慢。

2）Sheet Properties

选择"Options"→"Sheet Properties"（或者在工作界面上单击鼠标右键选择"Properties"→"Workspace"），弹出"Sheet Properties"设置对话框，该对话框共有 6 个选项卡，本节主要介绍"Circuit"选项卡，其界面如图 3.1.6 所示。

图 3.1.6　"Circuit"选项卡

"Circuit"选项卡主要用于设置电路元件的标号、节点、电路图背景及颜色等，其中：

Component：设置元件标号等信息。"Labels"表示显示元件标号；"RefDes"表示显示元件序号；"Values"表示显示元件参数；"Initial Conditions"表示显示元器件初始条件；"Tolerance"表示显示元件公差；"Variant Data"表示显示变量；"Attributes"表示显示元件属性；"Symbol Pin Names"表示显示符号引脚；"Footprint Pin Names"表示显示引脚封装名称。

Net Names：设置电路节点。"Show All"表示显示全部的网络名称；"Use Net-specific Setting"表示显示特殊设置节点名称；"Hide All"表示全部隐藏。

Color：设置背景及电路颜色，通过下拉菜单进行设置。分为自定义、黑底色、白底色、白底色黑色线条、黑底色白色线条等选项。一般采用白底色彩色线条。

2. 创建电路图

创建电路图操作主要包括放置元件、电路布局、修改元件属性、电路连线、添加标题等操作。

1）放置元件

在 Multisim 10 中放置元器件方法包括：通过元件工具栏放置；通过"Place"→"Component"命令放置；通过在工作界面空白处单击右键，在弹出的快捷菜单中选择"Place Component"命令放置；通过快捷键 Ctrl＋W 放置。不论使用哪种方法，都会弹出元件选择对话框，然后选择合适的元件。以集成运算放大器 741 为例介绍如何放置电路元器件。

使用快捷键 Ctrl＋W 打开元件选择对话框，在元件选择对话框的"Group"中选择"Analog"，在"Family"中选择"OPAMP"，在"Component"中查找型号为 741 的集成运算放大器，在"Symbol"中可显示 741 集成运算放大器的符号图，如图 3.1.7 所示。

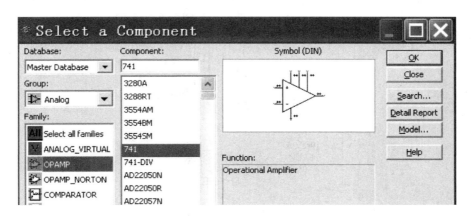

图 3.1.7　选择集成运算放大器 741

点击元件选择对话框的"OK"按钮，元件会随鼠标的移动而移动，选择合适的位置单击鼠标左键即可将集成运算放大器放置在该位置。

按照上述方法可以将其他元件放置在工作界面中，其他元件信息如表 3.1.2 所示。

表 3.1.2　元件列表

元件名称	Group	Family	Component
电阻	Basic	RESISTOR	1k
交流信号源	Sources	SIGNAL_VOLTAGE_SOURCES	AC_VOLTAGE
直流电源	Sources	POWER_SOURCES	DC_POWER
地	Sources	POWER_SOURCES	GROUND

2）电路布局

放置电路元器件后，为了使电路整齐美观，需要对电路进行布局，布局主要包括移动、旋转、翻转、删除等操作。

（1）移动：使用鼠标左键单击元件并按住左键不放，移动鼠标即可移动元器件。

（2）旋转：使用鼠标左键单击元件即可选中元件，使用快捷键 Ctrl＋R 实现顺时针旋转，使用快捷键 Ctrl＋Shift＋R 实现逆时针旋转。或者可以选择"Edit"→"Orientation"命令实现旋转。还可以选中元件后单击鼠标右键，选择"90 Clockwise"（顺时针）、"90 Counter CW"（逆时针）命令。

（3）翻转：使用鼠标左键单击元件即可选中元件，使用快捷键 Alt＋X 实现水平翻转，使用快捷键 Alt＋Y 实现垂直翻转。或者可以选择"Edit"→"Orientation"命令实现翻转。还可以选中元件后单击鼠标右键，选择"Flip Horizontal"（水平翻转）、"Flip Vertical"（垂直翻转）命令。

（4）删除：使用鼠标左键单击选中元件，按下 Delete 键即可；或使用鼠标右键单击元件，在弹出的快捷键中选择 Delete 即可。

布局后的集成运算放大电路如图 3.1.8 所示。

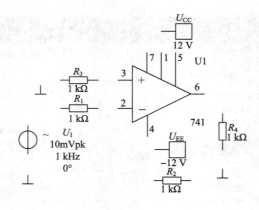

图 3.1.8　布局后的电路

3）修改元件属性

放置好元件后，可根据要求对元件属性进行修改，如修改元件标签、设置元件信息显示、设置元件参数等。

以电阻为例介绍如何修改元件属性。双击电阻元器件（或使用鼠标右键单击元件，在弹出的快捷菜单中选择"Properties")可弹出元件属性设置对话框，共有 7 个选项卡可供设置，本节主要介绍"Label"和"Value"选项卡。

（1）"Label"选项卡。

"Label"选项卡用于设置元器件的标识（Label）和编号（RefDes）。图 3.1.9 为电阻的"Label"选项卡，编号由系统自动按器件类型和放置顺序分配，可以按照需要进行修改，如负载一般为"RL"。必须保证编号的唯一性，地元器件没有编号。

（2）Value 选项卡。

图 3.1.10 为电阻的"Value"选项卡，其中：

Resistance(R)：用于选择电阻阻值。

Tolerance：设置电阻的精度。

Additional SPICE Simulation Parameters：设置 SPICE 仿真参数，一般保持默认即可。

 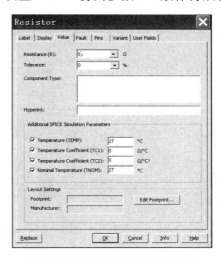

图 3.1.9　电阻的"Label"选项卡　　　　图 3.1.10　电阻的"Value"选项卡

按照上述方法还可以对其他元件的属性进行设置，设置完成后电路如图 3.1.11 所示。

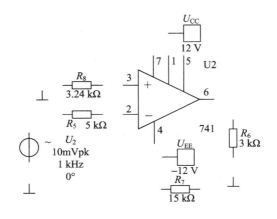

图 3.1.11　修改元件属性后的电路图

4）电路连线

电路元件布局完成后，需要为元件之间连线，Multisim 10 提供了自动连线和手动连线两种连线方式。在自动连线模式下，用户选择需要连线的两个引脚后，系统会自动在两个引脚之间连线，在连线过程中会自动避开元件。在手动连线模式下，用户可以控制连线路径。一般多采用手动连线方式，使电路图整齐美观。

连线只能从器件引脚或电路节点开始。将鼠标移动到器件引脚上，鼠标会变成十字形，单击鼠标左键一次即可从该管脚引出连线。将鼠标移动到另外一个管脚，单击鼠标左键即可完成连线。

若要对连线进行修改，先选中连线，将鼠标移动到连线上，鼠标会变成上下双箭头，按住鼠标左键移动即可拖动连线。若要为连线添加节点，可以采用快捷键 Ctrl+J。连线后的电路图如图 3.1.12 所示。

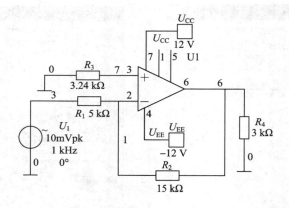

图 3.1.12　连线完成后的电路图

5）添加标题

为方便地识别电路，用户可以为电路添加标题框，在标题框中输入电路信息即可。

选择"Place"→"Title Block"命令，在弹出的对话框中选择标题模板，将标题框放置在电路图中。双击标题框，在弹出的标题框中填入相应信息，单击"OK"即可，电路标题框如图 3.1.13 所示。

南京理工大学紫金学院 NANJING UNIVERSITY OT SCIENCE & TECHNOLOGY ZIJIN COLLEGE		
单元：相反放大	知识点：反相比例运算电路	
设计者：xiaoshen	图号：0001	
复查者：xiaozhu	单位：电子工程与光电技术系	

图 3.1.13　电路标题框

3.2　常用虚拟仪器的使用

3.2.1　数字万用表

万用表是一种常用仪器，可以测量交流电流、交流电压、直流电流、直流电压、电阻，其图形和面板如图 3.2.1 所示。使用时将图标上的"＋""－"两端连接在所要测量的节点上，使用方法和实际万用表一样。测量电阻和电压时，将万用表与所测元件并联；测量电流时，将万用表和所测元件串联。

XMM1

图 3.2.1　Multimeter 数字万用表图形和面板

1. 被测信号类型

万用表可以测量直流信号和交流信号。选择面板按钮 ，表示所测量的信号为交流量；选择面板按钮 ，表示所测量的信号为直流量。测量电流时，数字万用表的内阻很小，约为 1 nΩ。

2. 万用表功能

万用表面板共有 4 个功能键，各按键的功能如下：

选择按钮"A"，可测量电路中某一支路电流，若再选择 ，则表示测量交流电流，结果为有效值；若选择按钮 ，则表示测量的信号为直流电流。

选择按钮"V"，可测量电路中任意两个节点之间的电压。测电压时，数字万用表的内阻很高，可达 1 GΩ。

选择按钮"Ω"，可测量电路中两个节点之间的电阻。

选择按钮"dB"，可测量电路中两个节点之间电压降的分贝值，此时万用表应与两个节点并联。

3. 应用举例

可利用万用表测量电路中负载电阻 R_L 上的交流电压，测量电路与测量结果如图 3.2.2 所示。

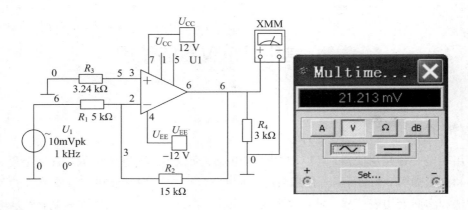

图 3.2.2　万用表测量电压

3.2.2　函数信号发生器

函数信号发生器(Function Generator)可以产生与现实中完全一样的正弦波、三角波和方波,而且波形、频率、幅值、占空比、直流偏置电压均可调节。

1. 连接方式

函数信号发生器连接符号如图 3.2.3 所示,中间的接线柱连接信号的参考点,一般为地,"＋"符号接线柱提供正信号波形,"－"符号接线柱提供负信号波形。

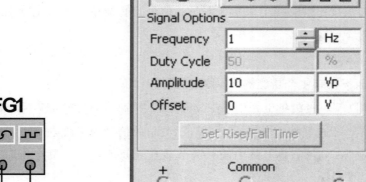

图 3.2.3　函数信号发生器连接符号　　　　图 3.2.4　函数信号发生器面板

2. 功能选择

函数信号发生器面板如图 3.2.4 所示,"Waveforms"区可用于设置产生的信号形式,包括正弦波、三角波和方波。

Frequency:设置信号频率,范围为 1 pHz～999 THz。

Duty Cycle：设置三角波和方波的占空比，范围为 1%～99%，对正弦波无效。

Amplitude：设置信号的幅度。

Offset：设置偏置电压，默认为"0"，表示输出电压没有叠加直流成分。

3. 应用举例

利用函数发生器产生频率为 1 kHz、幅值为 1 V、占空比为 50%、偏置电压为 1 V 的方波信号，其电路及示波器波形如图 3.2.5 所示。

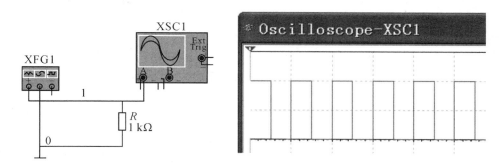

图 3.2.5　函数信号发生器产生正弦波信号

3.2.3　双通道示波器

示波器是一种常用仪器，Multisim 10 可提供双通道示波器面板，其操作方法与实际示波器基本相同。该示波器可以观察两路信号波形，测量信号的幅值、周期。示波器的图标如图 3.2.6 所示，共有 4 个端口：A 通道输入、B 通道输入、外部触发 T 和接地端 G。

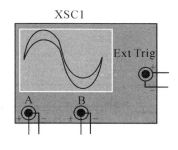

图 3.2.6　示波器的图标

双击示波器图标可打开示波器面板，各设置区域含义如下：

（1）Timebase：设置 x 轴方向的时间基线以及扫描时间。

Scale：设置 x 轴方向每一个刻度表示的时间。改变"Scale"的值可以调节波形的疏密，当信号波形过于密集时，可以适当减小"Scale"的值，如图 3.2.7 所示。

X position：x 轴方向时间基线的起始位置，修改该值可以使时间基线左右移动。

Y/X：该项表示在 y 轴方向显示信号电压，x 轴方向显示时间基线，并按照设定的时间进行扫描。当要显示随时间变化而变化的信号波形时，可采用这种方式，如正弦波、三角波、方波。

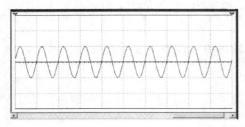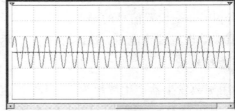

图 3.2.7　修改"Scale"值前后示波器的波形

B/A：表示将 A 通道信号作为 x 轴扫描信号，B 通道信号施加在 y 轴上。

A/B：和 B/A 设置恰好相反。

ADD：表示 x 轴按设定时间进行扫描，y 轴方向显示 A、B 通道输入信号之和。

（2）Channel A：设置 y 轴方向 A 通道输入信号的标度。

Scale：设置 A 通道信号在 y 轴方向每一刻度代表的电压值，通过调节"Scale"的大小可以调整波形的形状。如果信号很弱，可以减小"Scale"的值；反之可增加"Scale"的值。将"Channel A"的"Scale"减小，则波形高度明显增加，如图 3.2.8 所示。

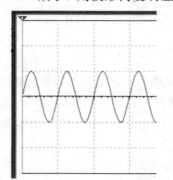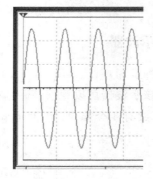

图 3.2.8　示波器波形高度增加

Y Position：表示时间基线在显示屏中的位置。该值为正，表示时间基线在 x 轴上方；该值为负，表示时间基线在 x 轴下方。即调整"Y Position"的值可以使波形上下移动。将"Y Position"改为 1，则波形上移，如图 3.2.9 所示。

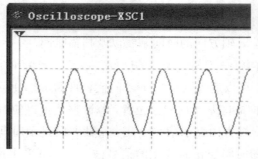

图 3.2.9　示波器波形上移

AC：表示示波器仅显示测试信号中的交流分量。

0：表示输入端对地短路。

DC：表示示波器显示测试信号中的交、直流信号之和。

（3）Channel B：与 Channel A 区类似。

使用时，虚拟示波器和实际示波器的连接方式略有不同。当测试某一点电压波形时，只要将 A、B 通道中的任意一个与被测点连接即可，测量出的信号是该点与地之间的电压波形，示波器接地端可以不进行连接。

（4）显示区。

利用示波器可以读取波形的参数，包括频率和幅度。在示波器面板上有两条可以左右移动的读数指针，指针上方有"1"和"2"的标志，利用鼠标可以任意移动指针。在屏幕下方有一个测试数据显示区，如图 3.2.10 所示。"T1"行表示 1 号指针测得的 3 个数据："Time"表示时间轴读数；"Channel_A"表示 1 号指针和 A 通道波形交点的电压值；"Channel_B"表示 1 号指针和 B 通道波形交点的电压值。"T2"行表示 2 号指针测得的 3 个参数。"T2－T1"表示 1 号指针测得的 3 个参数和 2 号指针测得的 3 个参数的差值。通常根据这些参数可以得出信号的周期、脉冲宽度、上升时间、下降时间、幅度等。图 3.2.10 中信号的周期为 1 ms，幅度为 5 mV。

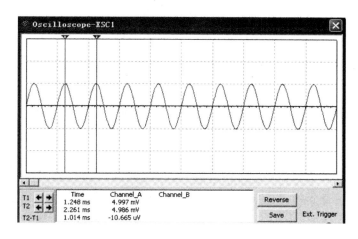

图 3.2.10　示波器指针读数

为了清楚观察，还可以设置波形颜色。只需将连接示波器 A、B 通道的连线设置成所需颜色即可。面板中"Reverse"可以改变显示屏的背景颜色。

3.2.4　波特图仪

波特图仪（Bode Plotter）又称频率特性仪，主要用于测量滤波电路的频率特性，包括测量电路的幅频特性和相频特性。使用波特图仪测量电路的幅频特性和相频特性时，电路输入端必须有信号源，信号源的类型不会影响测量结果。

1. 图标

单击仪表工具栏上的波特图仪图标，放置在窗口中，如图 3.2.11 所示。使用时，波特图仪的图标有四个接线端，左边"IN"为输入端，"＋"端接输入电压的正端，"－"端为接地端；"OUT"为输出端，"＋"端接输出电压的正端，"－"为接地端。双击图标打开面板如图 3.2.11 所示，面板设置和参数如下所述。

图 3.2.11　波特图仪图标和面板

2. 模式选择

Magnitude：显示被测电路的幅频特性曲线。

Phase：显示被测的相频特性曲线。

3. 坐标轴设置

（1）"Horizontal"区可用于设置波特图仪显示的 x 轴频率特性。

Log：表示横坐标用 log 表示，即 $\log f$，当要测试的信号频率变化范围比较宽时采用该模式。

Lin：表示横坐标用线性坐标（f）表示。

F：即 Final，可用于设置频率变化的最大值。

I：即 Initial，可用于设置频率变化的初始值。

若要清晰地观察某一段信号的频率特性，可将频率范围设置得窄一些。注意：初始频率 I 必须小于截止频率。

（2）"Vertical"区可用于设置 y 轴的刻度类型。

测量幅频特性时，单击"Log"按钮，y 轴刻度为 $20\ \lg|A_u|$，单位为 dB，其中 $A_u = u_o/u_i$，当 $|A_u|$ 较大时选择该按钮。单击"Lin"按钮，y 轴刻度为线性刻度 $|A_u|$，当 $|A_u|$ 较小时采用该选项。

测量相频特性时，纵轴坐标表示相位，单位为度，刻度为线性。

（3）"Controls"区可用于设置基本硬件参数。

Reverse：改变显示屏的背景色。

Set：设置扫描分辨率，数值越大读数精度越高，但运行时间会变长，默认值为 100。

4. 显示窗口

读数指针：利用鼠标拖动读数指针，指针和窗口中的曲线相交于一点，可以从显示屏下方窗口中读出该点的频率和对应的幅值或相位。如图 3.2.12 所示，频率为 1 MHz，对应的幅值为 -2.961 dB。

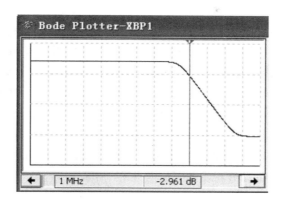

图 3.2.12　波特图仪指针读数

3.3 常用电路分析方法

利用 Multisim 10 完成电路设计后，需要测量电路的相关参数以确定电路是否达到设计要求。利用虚拟仪器可以测量电路的特征参数，但是在确定电路全面特性方面，虚拟仪器具有一定的局限性。例如，需要了解"电路元件参数变化对电路性能指标的影响"、"温度变化对电路的影响"时，利用虚拟仪器测量将十分繁琐，此时 Multisim 10 的仿真分析方法将发挥重要作用。Multisim 10 的分析方法包括直流工作点分析、交流分析、瞬态分析、傅里叶分析、噪声分析、噪声系数分析、失真分析、直流扫描分析、参数扫描分析、灵敏度分析、温度扫描分析、极点零点分析、传递函数分析、最坏情况分析等。选择"Simulate"→"Analysis"选项，可弹出仿真分析菜单，如图 3.3.1 所示。

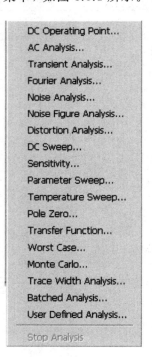

图 3.3.1　仿真分析菜单

利用 Multisim 10 对电路进行分析，具体包括以下 4 个步骤：

（1）创建要分析的电路图，对电路进行规则检查，确定电路连接无误。

（2）基本仿真参数设置。可设置仿真步长、时间、初始条件等，选择"Simulate"→"Interactive Simulation Settings"选项，打开基本仿真参数设置窗口，如图 3.3.2 所示。

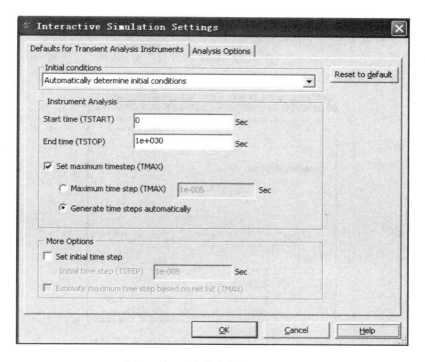

图 3.3.2　基本仿真参数设置窗口

（3）通过"Simulate"→"Analysis"选项，选择仿真分析的类型，对所用仿真分析的选项卡进行合理设置。

（4）仿真完成后分析结果会以图表形式进行显示。

本节将以 3.1 节建立的反相比例运算电路为例介绍各类仿真分析方法，反相比例运算电路如图 3.3.3 所示。

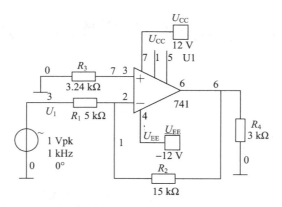

图 3.3.3　反相比例运算电路

3.3.1　直流工作点分析

直流工作点分析（DC Operating Point Analysis）也称静态分析，主要用于确定电路的静态工作点。直流工作点分析只适用于放大电路的静态工作点，由于电路针对静态工作点时才能不失真地放大微小信号，因此直流工作点分析是为后续分析作准备的。

点击菜单栏中的"Simulate"，在下拉菜单中选择"Analysis"，选择该命令下的"DC Operating Point Analysis"命令，弹出参数设置对话框，如图 3.3.4 所示。

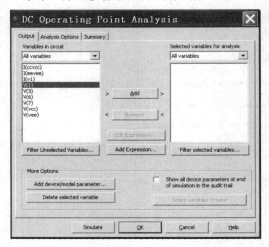

图 3.3.4 "DC Operating Point Analysis"对话框

"Output"选项卡用于选定要分析的变量。其中"Variables in circuit"栏列出了电路中存在的各种电量以供选择；"Selected variables for analysis"栏显示需要分析的电量；在"More Options"栏中单击"Add device/model parameter"按钮，可以增加所需的参量。

在"Output"选项卡中，从左侧备选栏中选择要分析的电路节点和变量添加到右边的分析栏内。这里测量反相比例电路反相端、输出端以及输出端的直流电位，将节点1、节点7及节点6添加到分析栏中，如图 3.3.5 所示，单击"Simulate"按钮即可完成对直流工作点的分析，仿真结果如图 3.3.6 所示。

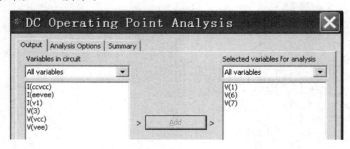

图 3.3.5 增加输出变量

DC Operating Point		
	DC Operating Point	
1	V(6)	4.48053 m
2	V(1)	848.02538 u
3	V(7)	-182.75671 u

图 3.3.6 静态分析结果

3.3.2　瞬态分析

瞬态分析(Transient Analysis)属于非线性时域分析方法，用于分析电路的时域响应，分析结果为指定变量和时间的函数关系。因此，在瞬态分析时要指定分析的时间范围，选择合理的时间步长，系统会计算选择节点在每个时间点的电压。

选择"Simulate"→"Analysis"→"Transient Analysis"命令，会弹出瞬态分析参数设置对话框，如图 3.3.7 所示，"Analysis Parameters"选项卡的参数设置如下。

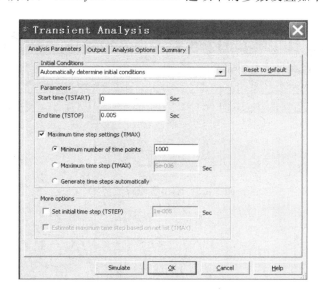

图 3.3.7　瞬态分析参数设置界面

1. "Intial Conditons"区

"Intial Conditons"用于设置瞬态分析的初始条件，共有 4 个选项："Set to Zero"(初始条件为零)、"User – Defined"(用户自定义初始条件)、"Calculate DC Operating Point"(直流工作点为初始条件)、"Automatically determine intial conditions"(系统自动设定初始条件)。这里选择"Automatically determine initial conditions"。

2. "Parameters"区

Start time：用于设置分析起始时间。

End time：用于设置分析结束时间。

Maximum time step settings(TMAX)：用于设置最大时间步长。共有 3 个选项："Minimum number of time points"(起始和结束时间内最小时间点数)、"Maximum time step(TMAX)"(起始和结束时间内最大时间步长)、"Generate time steps automatically"(自动设置时间步长)。

在"Parameters"中起始时间为 0 s，终止时间为 0.005 s，由于输入信号频率为 1 kHz，故可以分析 5 个周期内电路的工作情况。

"Maximum time step settings(TMAX)"中选择"Minimum number of time points"，设

置最少点数为"1000"，这样图形显示就会比较精确。

3. "More options"区

"More options"中"Set initial time step(TSTEP)"用于设置起始时间步长。

同理，在"Output"选项卡中选定要分析的节点，分析图 3.3.3 所示的反相比例电路的输入、输出信号的电压波形。这里选择节点 3、节点 6 为瞬态分析的节点，如图 3.3.8 所示。单击仿真按钮，结果如图 3.3.9 所示，由图可知，输入信号的电压峰值为 1 V，输出信号的电压峰值为 3 V，而且输入、输出信号的极性相反。

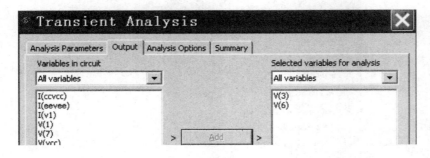

图 3.3.8　输出参量设置界面

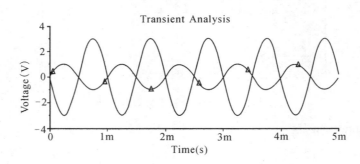

图 3.3.9　瞬态分析结果

3.3.3　交流分析

交流分析(AC Analysis)用于确定电路的幅频特性和相频特性，无论用户为电路输入何种信号，系统都默认输入信号为正弦波。交流分析中，系统将直流电源置零，电容和电感采用交流模型，非线性器件采用小信号模型。

选择"AC Analysis"命令后，弹出交流分析参数设置对话框，如图 3.3.10 所示。

"Frequency Parameters"选项卡的各项参数分析如下：

Start frequency(FSTART)：用于设置分析扫描的起始频率。

Stop frequency(FSTOP)：用于设置分析扫描的终止频率。

Sweep type：用于选择频率扫描方式，共有三个选项，即"Decade"(10 倍频扫描)、"Octave"(2^8 倍频扫描)、"Linear"(线性扫描)。

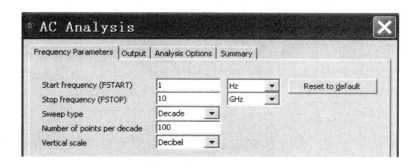

图 3.3.10　交流分析参数设置界面

Number of points per decade：用于设置取样点数。点数越多，仿真越精确，但是仿真速度越慢。

Vertical scale：用于设置纵坐标刻度，共有 4 种选项，即"Decibel"（分贝）、"Octave"（倍数）、"Linear"（线性）、"Logarithmic"（对数）。

在"Output"选项卡中选择要进行交流分析的节点，对于图 3.3.3 所示的反相比例电路，选择节点 6 为交流分析的节点。设置完成后单击"Simulate"按钮，反相比例电路的交流分析结果如图 3.3.11 所示，上图为幅频特性曲线，下图为相频特性曲线。

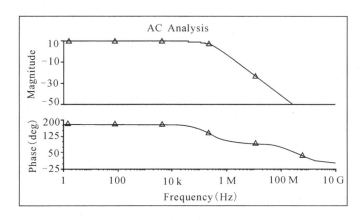

图 3.3.11　交流分析结果

3.3.4　参数扫描分析

参数扫描分析（Parameter Sweep）是指在指定范围内改变元件参数，对电路选定节点进行直流工作点分析、瞬态分析、交流特性分析等。该分析相当于对电路进行多次不同参数的仿真分析，对于电路性能的优化有重要的作用。

参数扫描分析共有 3 种扫描方式：直流工作点分析、瞬态分析、交流频率分析。在分析时用户要设置参数变化的初始值、结束值、增量和扫描方式。

利用"Parameter Sweep"分析反相比例电路中 R_2 的大小对电路放大倍数的影响。选择"Parameter Sweep"命令，弹出参数扫描分析参数设置对话框，如图 3.3.12 所示。"Analysis

Parameters"选项卡各项内容简述如下。

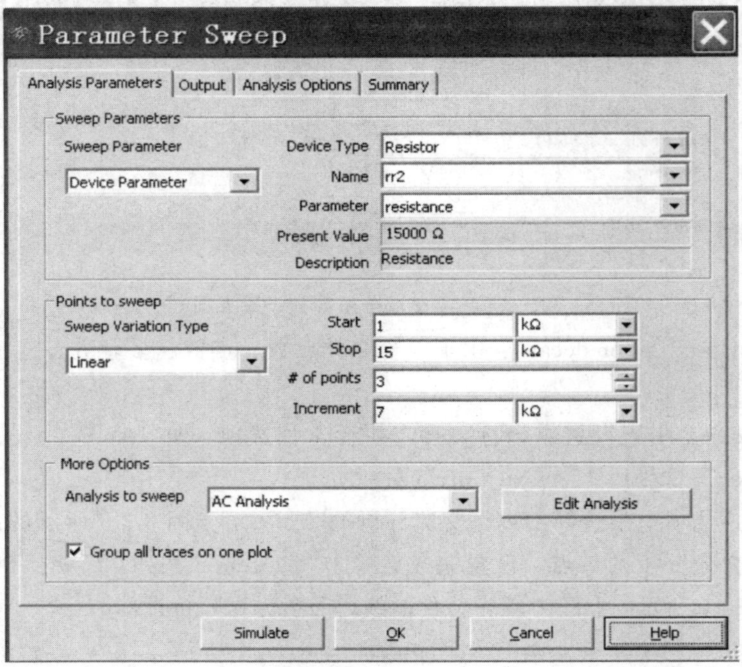

图 3.3.12 参数扫描分析参数设置界面

1. "Sweep Parameters"区

Sweep Parameter：用于选择参数类型，包含两项内容，即"Device Parameter"（元器件参数）和"Model Parameter"（模型参数）。

Device Type：选择元器件种类，共有 6 种类型，即"BJT"（晶体管）、"Capacitor"（电容）、"Diode"（二极管）、"Resistor"（电阻）、"Vsource"（电压源）和"Isource"（电流源）。

Name：选择电路中所包含的元器件名称。

Parameter：选择元器件参数，不同的元器件有不同的参数，而且参数不止一个。

Present Value：显示所选择元器件的参数值。

2. "Points to sweep"区

Sweep Variation Type：选择扫描方式，共有 4 种方式，即"Decade"（10 倍频）、"Linear"（线性）、"Octave"（2^8 倍频扫描）和"List"（列表）。

Start：设置扫描初始值。

Stop：设置扫描结束值。

♯ of points：设置扫描点数。

Increment：设置扫描间隔。该数值由扫描点数决定，选定扫描点数后，扫描间隔由软件自动确定。

3. "More Options"区

Analysis to sweep：设置扫描类型，共有 4 个选项，即"DC Operating"（直流）、"AC

Analysis"（交流）、"Transient Analysis"（瞬态）和"Nested Sweep"（嵌套）。

Group all traces on one plot：将所有分析结果显示在同一窗口中。

Edit Analysis：设置"AC Analysis"、"Transient Analysis"、"Nested Sweep"的分析参数。

在"Output"选项卡中添加要分析的节点，这里添加节点 6，如图 3.3.13 所示。单击"Simulate"按钮即可进行仿真。

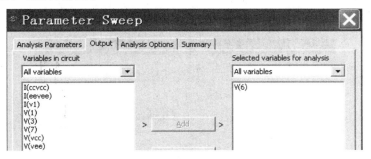

图 3.3.13　输出参量设置窗口

这里分析图 3.3.3 中的反馈电阻 R_2 的变化对电路的影响。电阻变化范围为 $1 \sim 15 \ \mathrm{k\Omega}$，设置 3 组参数。"DC Operating"仿真结果如图 3.3.14 所示，"AC Analysis"仿真结果如图 3.3.15所示，"Transient Analysis"仿真结果如图 3.3.16 所示。

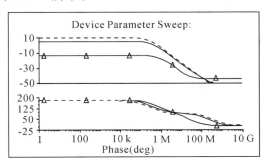

Device Parameter Sweep:	
1　V(6), rr2 resistance=1000	1.09021 m
2　V(6), rr2 resistance=8000	2.78539 m
3　V(6), rr2 resistance=15000	4.48053 m

图 3.3.14　"DC Operating"仿真结果　　　　图 3.3.15　"AC Analysis"仿真结果

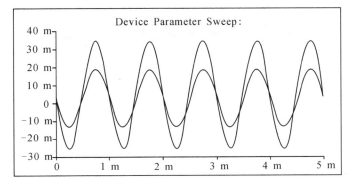

图 3.3.16　"Transient Analysis"仿真结果

3.3.5 传递函数分析

传递函数分析(Transfer Function)用于分析电路输入和输出信号之间的关系,包括电压放大倍数、电流放大倍数、输入阻抗、输出阻抗、互阻放大倍数等。在传递函数分析中,输出变量可以是电路中的节点电压,但输入源必须是独立源。

选择"Simulate"→"Analysis"→"Transfer Function"选项,打开传递函数分析参数设置对话框,如图3.3.17所示,各项功能简述如下:

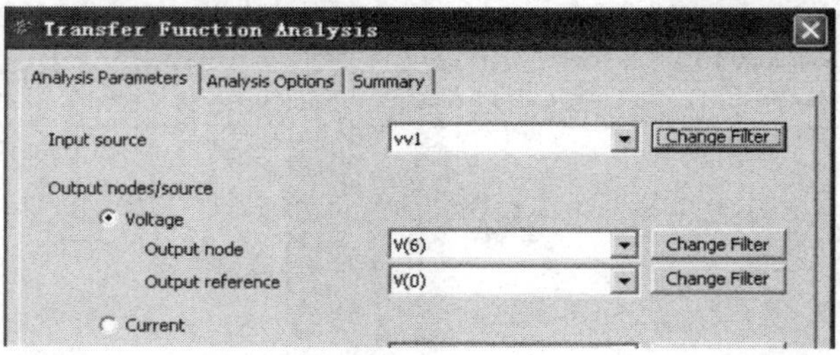

图 3.3.17   传递函数分析参数设置对话框

Input source:用于设置输入信号源,这里选择电压源 vv1。

Change Filter:用于添加电路内部子模块或者节点。

Output nodes/source:选择分析的输出变量,可以是"Voltage"(电压量),也可以是"Current"(电流量)。

Output node:选择输出节点。

Output reference:选择参考节点,一般为地。

结合图 3.3.3 所示电路进行设置,"Input source"中选择输入信号源,"v"表示电压源,"vv1"为输入信号源的名称。由于要分析电压增益,所以在"Output nodes/source"中选择"Voltage"。"Output node"选择输出电压的节点,这里选择"V(6)"。"Output reference"选择输出电压参考节点,这里为地,即"V(0)"。设置完成后单击"Simulate"按钮,分析结果如图 3.3.18 所示。

Transfer Function	
Transfer Function Analysis	
1	Transfer function	-2.99994
2	vv1#Input impedance	5.00008 k
3	Output impedance at V(V(6),V(0))	1.51030 m

图 3.3.18   传递函数分析结果

其中"Transfer function"为电路的电压增益,"Input impedance"为输入阻抗,"Output impedance"为输出阻抗。

结果表明电路电压增益 $A_u = -2.9$;输入电阻 $R_i = 5$ kΩ;输出电阻 $R_o = 1.51$ mΩ。

第 4 章

监测、报警电路的设计

在日常生活中，为了实现仪器自动控制，常需要对环境参量进行实时监测，当参量发生变化并且超过预定极限值时，电路可以发出警报。如对家庭煤气进行监测，当煤气浓度超过一定值时发出警报；对火灾进行监测，当环境温度超过一定值时发出警报；空调对环境温度进行检测，当环境温度高于设定值时，进行制冷操作，或者当环境温度低于设定值时，进行制热操作。利用集成运算放大器（简称集成运放）设计电路的知识点结构图如图 4.0.1 所示。

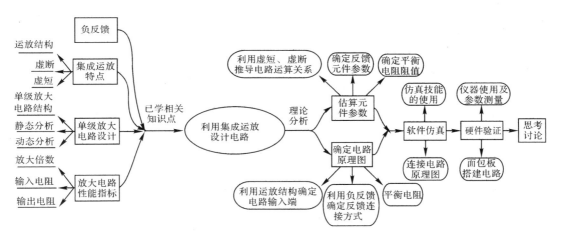

图 4.0.1 集成运算放大器电路知识点结构图

4.1　监测电路的工作原理

实际的监测报警电路一般由传感器、差分放大电路、电压比较器、报警电路四部分组成，结构如图 4.1.1 所示。

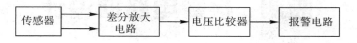

图 4.1.1　监测报警电路结构图

在正常情况下，环境参数未发生变化时，传感器的输出电压量保持不变，报警电路不工作。当环境参量发生变化时，传感器输出电压发生变化，经过差分放大电路放大，若电压信号超过一定值，则报警电路发出警报。

在电路设计中，可采用集成运算放大器进行电路设计。集成运算放大器具有高增益、较高的共模抑制比、负载能力强、外围结构简单等特点。在分析集成运算放大电路时，通常将集成运算放大器的性能指标理想化。因此，利用集成运算放大器设计电路方便、快捷。集成运放广泛用于各种信号的运算、处理、测量以及信号的产生、变换等电路。随着微电子技术的发展，集成运放的性能越来越强大，已成为重要的放大器元件。

利用集成运放设计电路一般分为以下几个步骤：

（1）根据要求确定电路结构框图。

（2）确定每部分结构的电路原理图。

（3）推导出电路运算表达式。

（4）根据要求估算电路中的元件参数。

（5）对电路进行仿真分析。

（6）对电路进行硬件设计与调试。

电路结构原理图如图 4.1.2 所示，运算放大器 A1、R_1、R_2、R_3、R_F 构成减法电路，R_4、A2 构成单限电压比较器，R_5、R_6 为比较器提供基准电压，R_7、发光二极管 VD、R_8、R_9、三极管、蜂鸣器构成声光报警器。

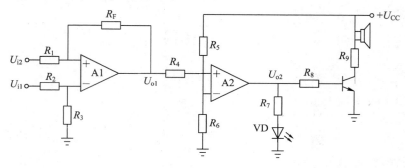

图 4.1.2　监测电路原理图

4.2　电路参数估算

利用集成运算放大器进行电路设计时需要注意以下几点：

（1）选择合适的集成运算放大器。集成运算放大器一般包括通用型、高精度型、高阻型、高速型、宽带型、低功耗型等类型。对于低频、输入幅度较小（mV级以上）、信号源内阻和负载电阻适中（几千欧）的信号源，可采用通用型运算放大器；对内阻很高的信号源，应选用高阻型运算放大器；对于需高精度测量的微弱信号源（μV），应选用高精度型运算放大器。若要求工作频率高，应选用宽带型运算放大器；若要求输出幅度大，变化速率高，可采用高速型运算放大器。

（2）集成运算电路中负反馈电阻不宜太小，过小会导致集成运放输出电流过大，致使温度升高，漂移增加，一般不应小于 1 kΩ；同时负反馈电阻也不宜太大，过大会导致精度下降、稳定性差、噪声大，一般应小于 1 MΩ。

（3）尽量保证集成运放两个输入端的外接直流电阻相等。

（4）放大和处理直流或缓慢变化的信号应采用双电源供电。

（5）电源要注意去耦。

4.2.1　减法电路参数估算

减法运算电路的输出是两个信号的差值，输入信号与输出信号之间的函数关系为

$$U_{\circ} = k_1 U_{i1} - k_2 U_{i2} \tag{4.1}$$

调整比例系数使 $k_1 = k_2 = k$，电路可以实现差分电路的功能，即输出信号与两个输入信号的差分成比例。差分放大电路在自动控制领域应用广泛，如图 4.2.1 所示，其中一部分信号由同相输入端输入，另一部分信号由反相输入端输入。

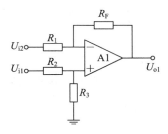

图 4.2.1　差分放大电路

对于多个信号作用时，输入输出电压之间的运算关系可以利用叠加定理进行计算。叠加定理即：设 U_{i1} 单独作用，其他信号不作用（其他信号为 0，相当于接地），输出对应为 U_{o1}；U_{i2} 单独作用（其他信号不作用）时，输出为 U_{o2}，…，由叠加原理可知 $U_{\circ} = U_{o1} + U_{o2} + \cdots$。

设 U_{i1} 单独作用，U_{i2} 不作用，此时电路相当于分压电阻的同相比例运算电路，则

$$U_{o1} = \frac{R_3}{R_2 + R_3}\left(1 + \frac{R_F}{R_1}\right)U_{i1} \tag{4.2}$$

U_{i2} 单独作用，U_{i1} 不作用，此时电路相当于反相比例运算电路，故

$$U_{o2} = -\frac{R_F}{R_1}U_{i2} \tag{4.3}$$

假设传感器电路正常情况和报警情况输出电压差值为 0.3 V，电路电源电压为 12 V。减法电路中令 $R_1 = R_2$，$R_3 = R_F$，则可构成差分放大电路，其放大倍数为 10，则

$$U_{o1} = \frac{R_F}{R_1}(U_{i1} - U_{i2}) \tag{4.4}$$

$$R_F = 10R_1 \tag{4.5}$$

令 $R_1 = 1\ \text{k}\Omega$，则 $R_F = 10\ \text{k}\Omega$，可得报警时差分放大电路的输出电压为 3 V。

4.2.2 比较器电路参数估算

对于比较器，只要其同相端的电位比反相端的电位高，比较器的输出电压就为高电平；只要比较器同相端的电位比反相端的电位低，其输出电压就为低电平，这是比较器电路的分析依据。

对于常用电路，当差分放大电路的输出电压超过 3 V 时，比较器的输出电压会发生跳变，由低电平跳变为高电平，因此比较器的门限电压为 3 V。

比较器电路的门限电压求解步骤如下所述：

（1）由虚断求出比较器同相端和反相端的电位 U_+ 和 U_-，求解的 U_+ 和 U_- 是 U_i 或 U_o 的函数；

（2）令 $U_+ = U_-$，在该条件下得到的 U_i 就是门限电压 U_T。

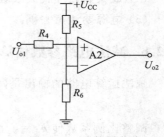

图 4.2.2　比较器电路

比较器电路如图 4.2.2 所示。

电路中差分放大的输出信号 U_{o1} 可作为比较器的输入信号，比较器的输出信号为 U_{o2}。由于虚断，可得

$$U_+ = U_{o1}$$

由于虚断，流过 R_5 的电流和流过 R_6 的电流相等，故

$$U_- = \frac{R_6}{R_5 + R_6}U_{CC} = 3\ \text{V}$$

令 $U_+ = U_-$，则

$$U_{o1} = \frac{R_6}{R_5 + R_6}U_{CC} = 3\ \text{V} = U_T \tag{4.6}$$

该比较器电路的传输特性曲线如图 4.2.3 所示。

令 $R_6 = 5\ \text{k}\Omega$，则 $R_5 = 15\ \text{k}\Omega$，电路中 R_4 对比较器没

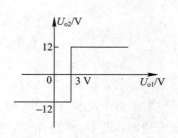

图 4.2.3　传输特性曲线

有影响，故 $R_5 = 5$ kΩ 满足要求。

4.2.3　报警电路参数估算

报警电路如图 4.2.4 所示。当比较器输出高电平时，红色发光二极管点亮，则可估算出限流电阻 R_7 的大小，发光二极管正常发光时电流约为 10 mA，电流越大，亮度越高，红色发光二极管导通电压约为 1.6 V，则

$$R_7 \approx \frac{U_{o2M} - U_D}{I_D} = \frac{(11 - 1.6)\text{ V}}{10\text{ mA}} = 0.94\text{ k}\Omega \tag{4.7}$$

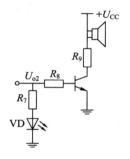

图 4.2.4　报警电路

可取 $R_7 = 800$ Ω。

当比较器输出高电平时，若电阻 R_8 的阻值选择合适，则三极管导通，基极电流 I_B 不为 0。若 I_B 较大，则三极管进入饱和状态，小功率管的饱和压降 $U_{CES} \approx 0.3$ V。若 R_9 选择合适，则喇叭两端可分得一定电压，喇叭发出声音报警。

设三极管的电流放大倍数 $\beta = 50$，喇叭工作电压为 7 V，工作电流为 50 mA，令 $R_9 = 5$ kΩ，则

$$R_9 \approx \frac{U_{CC} - 7\text{ V}}{I_C} = \frac{(12 - 7)\text{ V}}{50\text{ mA}} = 100\ \Omega$$

若三极管在放大区工作，则 $I_B = I_C/\beta = 1$ mA。又因三极管在饱和状态下工作，故 $I_B > 1$ mA，即

$$I_B \approx \frac{U_{o2} - U_{BE}}{R_8} = \frac{(12 - 0.7)\text{ V}}{R_8} > 1\text{ mA}$$

由上式可知，只要 $R_8 < 12$ kΩ 即可，这里取 $R_8 = 1$ kΩ。

4.3　电路仿真与分析

由于报警电路分为 4 部分，结构较为复杂，为了方便地设计、调试电路，可以采用层次化的方法设计该电路。在层次化设计中，需要用户自建的单元电路称为子电路。子电路是将较为复杂的电路图中局部单元电路组合成一个易于管理的电路模块，子电路可以被调用和修改。子电路的应用可以使复杂系统的设计模块化，极大地增强了设计电路的可读性，缩短了电路设计周期，提高了电路设计效率。

4.3.1　设计子电路

1. 建立电路

选择"File"→"New"→"Schematic Capture"选项，新建电路图文件；或者按快捷键 Ctrl＋N；还可以单击工具栏的新建按钮。将文件命名为"监测电路"。该文件为顶层文件，包含传感器、差分放大电路、比较器、报警电路 4 个底层文件。

2. 建立传感器层次化文件

选择"Place"→"New Hierarchical Block"选项；或在工作界面单击右键，在弹出的菜单中选择"Place Schmatic"→"New Hierarchical Block"选项，即可弹出层次电路设置对话框，如图 4.3.1 所示。

在"File name of Hierarchical Block"中填写层次电路的名称，这里为"传感器"；在"Number of input pins"中填写输入管脚数目；在"Number of output pins"中填写输出管脚数目。设置完成后单击"OK"按钮，在工作界面中会出现层次电路符号，将其放置在合适位置，传感器电路符号如图 4.3.2 所示。在软件右侧的"Design Toolbox"中可以看到该层次电路结构如图 4.3.3 所示。

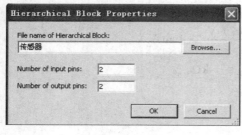
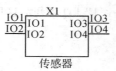
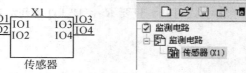

图 4.3.1　层次电路设置对话框　　　图 4.3.2　传感器符号　　图 4.3.3　层次电路结构

双击传感器图标打开传感器文件，在该窗口可以编辑传感器的内部电路。内部电路中已经包含 2 个输入管脚 IO1、IO2 及两个输出管脚 IO3、IO4，可添加其他元件构成传感器电路。应修改管脚名称便于后续连线，管脚名称分别为"U_{CC}"、"GND"、"IO2"、"IO3"，修改完成的电路如图 4.3.4 所示。为了便于后续连线，可将传感器的符号进行适当修改，选中传感器符号并单击鼠标右键，在弹出的菜单中选择"Edit Symbol/Title block"命令后，会打开符号编辑窗口，在该窗口中可以编辑符号形状、管脚位置等，修改后的传感器图标如图 4.3.4 所示。至此传感器层次电路设计完成。

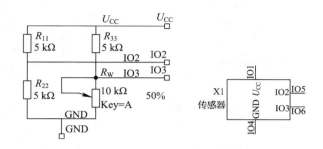

图 4.3.4　传感器电路及符号

3. 建立差分放大层次化文件

可按照上述方法设计差分放大层次电路。差分放大电路有 5 个输入管脚(分别为 U_{CC}、U_{EE}、GND、IO1、IO2)和一个输出管脚 IO。差分放大电路的内部电路及符号如图 4.3.5 所示。

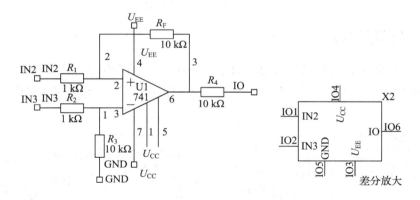

图 4.3.5　差分放大电路及符号

4. 建立比较器层次化文件

可按照上述方法设计比较器层次电路。比较器电路有 4 个输入管脚(分别为 U_{CC}、U_{EE}、GND、IN1)及一个输出管脚 IO。比较器电路的内部电路及符号如图 4.3.6 所示。

5. 建立报警电路层次化文件

可按照上述方法设计报警层次电路。报警电路有 2 个输入管脚(分别为 U_{CC}、IN)及 2 个输出管脚 LED、BUZZ。报警电路的内部电路及符号如图 4.3.7 所示。

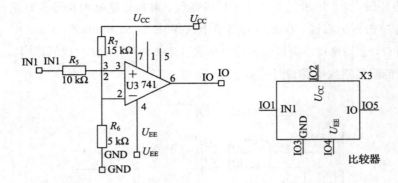

图 4.3.6　比较器电路及符号

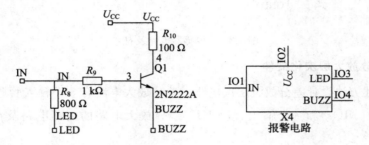

图 4.3.7　报警电路及符号

4.3.2　总电路设计与仿真

　　子电路设计完成后就可以设计总电路了，将各层次电路连线，增加电源、LED、蜂鸣器、地，总电路如图 4.3.8 所示，为了增加电路的可读性，可以为电路增加相应的说明。

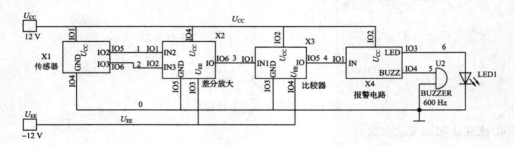

图 4.3.8　总电路图

　　利用万用表测量传感器输出端的电压（直流挡），示波器 A 通道连接比较器的输入端，B 通道连接比较器的输出端，将示波器的显示方式调节为 B/A 模式。打开仿真按钮，将滑动变阻器百分比由 0% 逐渐增加，可以观察到万用表的读数逐渐增大。当滑动变阻器百分比为 79% 时，蜂鸣器响、LED 灯亮，此时万用表的读数为 0.3 V，如图 4.3.9 所示。继续增大滑动变阻器的百分比直到 100%，示波器可显示出比较器的传输特性曲线，如图 4.3.10所示，由图可知，当传感器输出端压差比较小时，输入电压小于门限电压，比较器输出为低电平(约为 11 V)。当传感器压差达到 0.3 V 时,传感器的输入电压达到 3 V,比较器输出信号由低电平跳变为高电平(约为 11 V),此时蜂鸣器响、LED 灯亮。电路工作正常,达到设计要求。

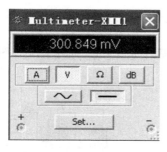

图 4.3.9　万用表读数

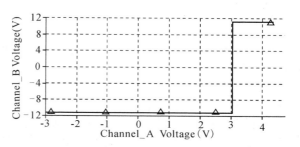

图 4.3.10　比较器的传输特性曲线

4.4 电路 PCB 设计

在 AD10 中建立元件库和对应的封装，绘制的电路原理图如图 4.4.1 所示，PCB 图如图 4.4.2 所示。

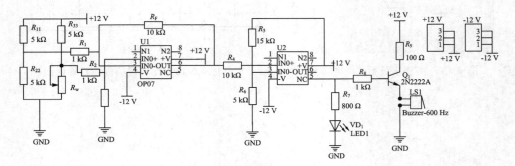

图 4.4.1 电路原理图

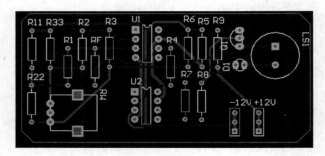

图 4.4.2 PCB 图

第 5 章

信号发生电路的设计

在实际电路中常需要表示各种波形的信号，如正弦波、方波、三角波等，信号发生电路可以产生所需要的各种波形。信号发生电路是一种不需要外接输入信号就能产生一定频率、一定幅度和一定波形的电路。信号发生电路广泛应用于控制、通信、测量等系统中。根据输出信号波形的形状，可以将信号发生电路分成正弦波发生电路和非正弦波发生电路两大类。正弦波发生电路可以分为 RC、LC、石英晶体振荡电路，非正弦波发生电路可以分为方波、三角波、锯齿波振荡电路等。

本章主要介绍常见波形发生电路的结构、工作原理，波形发生电路的仿真分析方法，波形发生电路的设计方法，波形发生电路元件参数的估算方法。

5.1 正弦波电路设计

正弦波振荡电路是在没有外加输入信号的条件下，依靠电路自激产生正弦波输出信号的电路，正弦波振荡电路广泛应用于遥控、通信、测量、信号源等方面。正弦波振荡电路由放大电路、选频网络、正反馈网络、稳幅环节四部分组成。放大电路保证电路从起振到平衡的过程中，电路有一定幅值的输出量；正反馈网络保证放大电路的输入信号等于反馈信号；选频网络用于确定电路的振荡频率；稳幅环节使输出信号的幅值保持稳定。根据选频网络的不同，可以将正弦波振荡电路分为 RC 正弦波振荡电路、LC 正弦波振荡电路及石英晶体振荡电路。RC 正弦波振荡电路产生信号的频率约为 1 Hz～1 MHz；LC 正弦波振荡电路产生信号的频率在 1 MHz 以上；石英晶体振荡电路用于对频率稳定性要求较高的场合。

5.1.1 正弦波电路参数估算

RC 正弦波振荡电路如图 5.1.1 所示，R_5、R_4、C_1、C_2 构成选频网络和正反馈网络；运放 741、R_1、滑动变阻器 R_3、VD_1、R_2、VD_2 构成放大电路，设滑动变阻器接入电路的电阻为 R_w；VD_1、VD_2、R_2 构成稳幅环节，设 VD_1、VD_2、R_2 等效电阻为 R。

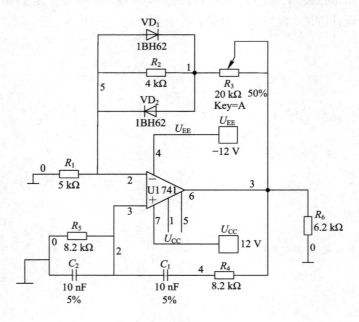

图 5.1.1　正弦波信号发生电路

信号频率为中心频率 f_0 时，选频网络的相移为 0，而同相比例放大电路的输入信号与输出信号的相移为 2π 的整数倍，因此振荡电路总的相移为 2π 的整数倍，满足相位平衡条件，电路可能起振。

可估算出该选频网络的中心频率为

$$f_0 = \frac{1}{2\pi RC} = \frac{1}{2\pi \times 8.2 \times 10^3 \times 1 \times 10^{-8}} = 1.94 \text{ kHz} \tag{5.1}$$

二极管 VD_1、VD_2 起稳幅作用，可改善输出波形，使输出稳定。在电路刚起振时，输出电压很小，二极管处于截止状态，此时电阻很大，VD_1、VD_2、R_2 等效电阻 $R \approx R_2$，则放大电路的电压放大倍数为

$$A_u = 1 + \frac{R_2 + R_w}{R_2} > 3 \tag{5.2}$$

故电路可以起振。

若输出电压 U_o 幅值较大，当 U_o 为正半周时 VD_2 导通、VD_1 截止，当 U_o 为负半周时 VD_1 导通、VD_2 截止，即输出电压幅值较大时总有一个二极管导通。由二极管的导通电阻较小，VD_1、VD_2、R_2 等效电阻 $R < R_2$，放大电路的电压放大倍数减小，直至等于 3，振荡进入动态平衡状态，输出电压趋于稳定。

滑动变阻器 R_3 的作用为调节输出电压的幅度，R_3 接入电路的阻值有一定要求。

若要求电路起振，则 $R_2 + R_w > 2R_1$，即 $R_w > 2R_1 - R_2 = 6$ kΩ。

对于图 5.1.1 所示电路，当滑动变阻器的百分比大于 30% 时，电路才可能起振。若要求电路稳定振荡，则 $R_w < 2R_1 = 10$ kΩ。

对于图 5.1.1 所示电路，当滑动变阻器的百分比小于 50% 时，电路才可能稳定振荡。当电路稳定振荡时，要求输出信号的幅值处于一定范围之内，输出信号幅度 U_{om} 必须小于电源电压。若输出信号幅度大于电源电压，会导致输出信号发生截止及饱和失真，可估算出输出信号的幅度。

当电路稳定振荡时，放大电路电压的放大倍数等于 3，VD_1、VD_2、R_2 等效电阻为

$$R = 2R_1 - R_w \tag{5.3}$$

当电路稳定振荡时，二极管 VD_1、VD_2 总有一个处于导通状态，设二极管导通电压为 U_D，则

$$U_{om} = \frac{3R_1}{2R_1 - R_w} U_D \tag{5.4}$$

由上式可知，调节 R_w 的值可以改变输出信号的峰值，且 R_w 越大，输出电压的峰值越高，R_w 越小输出信号的峰值越小。为了使输出电压不失真，R_w 有一个上限值。经测试，741 输出电压信号的最大值为 11.1 V，二极管完全导通时导通电压约为 0.42 V（U_D 随输出电压的变化而变化，输出电压小则 U_D 也会变小），可估算出 R_w 的上限值为

$$R_{wmax} = \frac{U_{om} \times 2R_1 - 3R_1 \times U_D}{U_{om}} = \frac{11.1 \times 10 - 15 \times 0.42}{11.1} \text{ kΩ} \approx 9.43 \text{ kΩ} \tag{5.5}$$

对于图 5.1.1 所示电路，当滑动变阻器的百分比小于 47% 时，电路输出信号才不会失真。由上述分析可知，若要求电路能够稳定振荡且输出信号不失真，则滑动变阻器的调节范围约为 30%～47%。

5.1.2 正弦波电路仿真与分析

利用示波器 A 通道观察输出信号波形，调节滑动变阻器百分比，当百分比小于 37％时，未产生输出信号；当百分比增加到 37％时，逐渐产生输出信号；最后达到稳定状态，示波器波形如图 5.1.2 所示。该波形显示电路起振过程，输出信号由小到大，最后稳定输出。

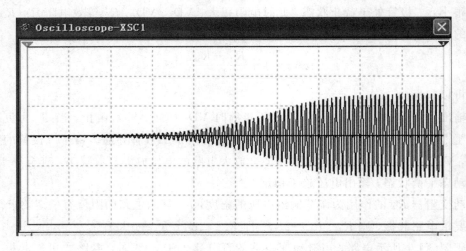

图 5.1.2　滑动变阻器百分比为 37％时电路起振

当电路稳定振荡时，如果减小滑动变阻器的阻值，调节到百分比小于 37％，则电路的输出信号幅值将逐渐减小，最后停振，停振过程如图 5.1.3 所示。

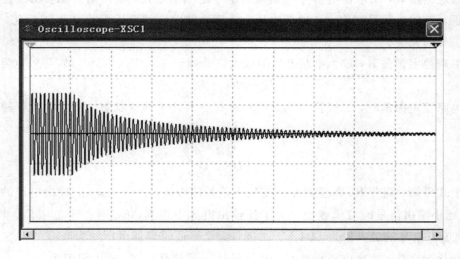

图 5.1.3　滑动变阻器百分比小于 37％时电路停振

利用"Transient Analysis"（瞬态分析）选项可快速得到电路起振波形，参数设置如图 5.1.4所示。在"Output"选项卡中添加输出节点，这里为"V(3)"，瞬态分析结果及游标读数如图 5.1.5 所示。由图可知，当滑动变阻器阻值为 37％时电路起振时间较长，大约为 117 ms，输出信号幅值约为 633 mV。

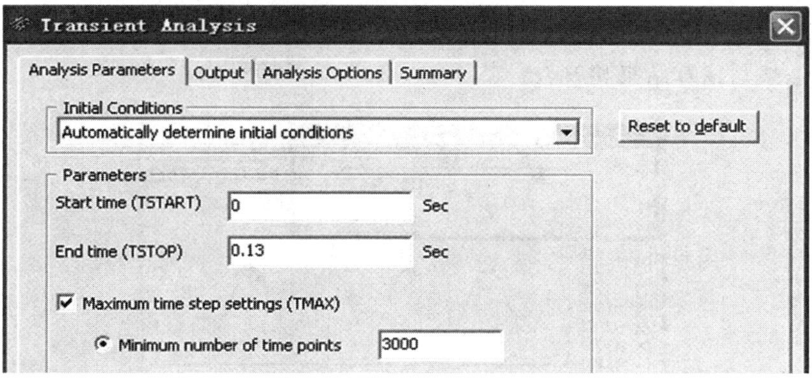

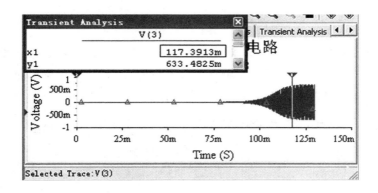

图 5.1.4　瞬态分析参数设置

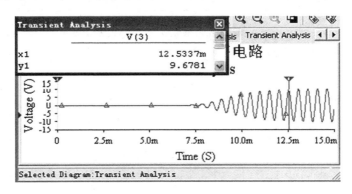

图 5.1.5　滑动变阻器为 37％时游标读数

　　调节滑动变阻器百分比为 46％，对电路进行瞬态分析，仿真停止时间设置为 0.015 s，分析结果如图 5.1.6 所示。由图可知，电路起振时间约为 12.5 ms，输出信号幅值约为9.7 V，可见滑动变阻器百分比增加时电路起振时间减小，输出信号幅值增大。

图 5.1.6　滑动变阻器为 46％时瞬态分析结果

　　将如图 5.1.6 所示的瞬态分析图形局部放大，利用游标 1 和游标 2 测量输出信号的周期，如图 5.1.7 所示，由图可知输出信号的频率为

$$f = \frac{1}{T} = \frac{1}{x2 - x1} = \frac{1}{14.09 - 13.57} \text{ kHz} \approx 1.92 \text{ kHz} \tag{5.6}$$

该仿真结果与估算结果相符合。

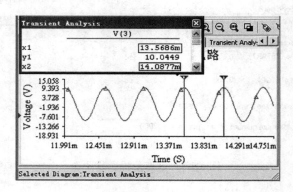

图 5.1.7　测量输出信号的周期

调节滑动变阻器百分比为 48%，对电路进行瞬态分析，仿真停止时间设置为 0.015 s，分析结果如图 5.1.8 所示。由图可知，输出信号发生失真，输出信号幅值最大为 11.1 V。可见滑动变阻器百分比过大时，输出信号会产生失真。

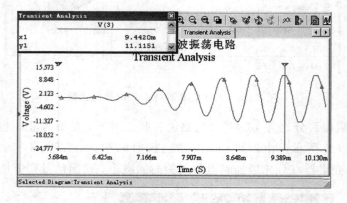

图 5.1.8　滑动变阻器为 48%时瞬态分析结果

5.2　方波电路设计

方波发生电路是其他非正弦波发生电路的基础。方波发生电路输出电压只有高电平和低电平两种，因此电压比较器是方波发生电路的核心。由于电路要产生振荡，电路中必须引入正反馈。因为输出状态会按一定的时间间隔交替变化，所以电路中要有延迟环节来确定每种状态维持的时间。

5.2.1　方波电路参数估算

方波发生电路原理图如图 5.2.1 所示，R_F 和 C 组成 RC 电路，运放、R_2、R_1、稳压管组成反相迟滞比较器，电容 C 的电压信号作为迟滞比较器的输入信号，通过 RC 的充、放电实现输出状态的自动转换。

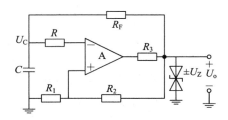

图 5.2.1　方波发生电路

迟滞电压比较器的输出电压为 $\pm U_Z$（忽略稳压管的导通电压），因此迟滞电压比较器的阈值电压为

$$U_{TH} = +\frac{R_2 U_Z}{R_1 + R_2} \tag{5.7}$$

$$U_{TL} = -\frac{R_2 U_Z}{R_1 + R_2} \tag{5.8}$$

设某一时刻输出电压为 $+U_Z$，则 $U_+ = U_{TH}$，输出电压通过 R_F 对电容充电。U_- 电压由小到大变化，当 $U_- > U_+$ 时，输出电压发生跳变，从 $+U_Z$ 跳变为 $-U_Z$，此时 $U_+ = U_{TL}$。然后，电容再通过 R_F 放电，当 $U_- < U_+$ 时，输出电压发生跳变，从 $-U_Z$ 跳变为 $+U_Z$。如此反复，电路会产生输出电压。

电容充放电波形如图 5.2.2 所示，方波周期 $T = T_1 + T_2$，T_1 对应放电时间，T_2 对应充电时间，且 $T_1 = T_2$。

电容放电时间 T_1 可计算得出，由一阶 RC 电路的三要素可列方程，即

$$U(t) = U(\infty) + [U(0_+) - U(\infty)] e^{-\frac{T_1}{R_F C}} \tag{5.9}$$

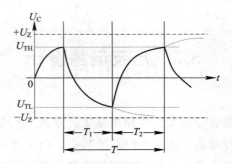

图 5.2.2   电容充放电波形图

其中 $U(t)$ 为 T_1 时刻电容电压，$U(t)=U_{TL}$；$U(\infty)$ 为时间趋于无穷大时电容电压，$U(\infty)=-U_Z$；$U(0_+)$ 为初始时刻电容电压，$U(0_+)=U_{TH}$，带入式（5.9）可得

$$T=2T_1=2R_F C \ln\left(1+\frac{2R_2}{R_1}\right) \tag{5.10}$$

由以上分析可知，调整 C、R_1、R_2、R_F 的值可改变电路的振荡频率，调整 U_Z 可改变电路输出电压的幅值。

5.2.2   方波电路仿真与分析

以占空比可调方波发生电路为例进行仿真分析，电路如图 5.2.3 所示，利用二极管 VD_3、VD_4 的单向导电性使电流流过不同的路径，通过调节 R_w 的百分比改变输出信号的占空比。设滑动变阻器和 VD_3 串联部分的电阻为 R_{w1}，滑动变阻器和 VD_4 串联部分的电阻为 R_{w2}。

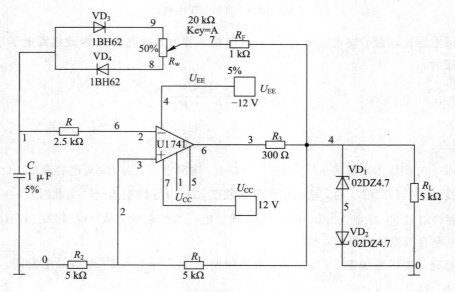

图 5.2.3   占空比可调的方波发生电路

调节滑动变阻器的百分比为 30%，则 $R_{w2}=20\times30\%=6$ kΩ，$R_{w1}=20\times70\%=14$ kΩ，电路参数估算如下：

当 $U_0 = +U_Z$ 时，输出电压经过 R_F、R_{w2}、VD_4 对电容充电，忽略二极管的导通电阻，时间常数为

$$\tau_1 = (R_F + R_{w1}) \times C = 7 \text{ k}\Omega \times 1 \text{ } \mu\text{F} = 7 \text{ ms} \tag{5.11}$$

电容充电时间为

$$T_1 = \tau_1 \ln\left(1 + \frac{2R_2}{R_1}\right) = 7 \times \ln3 \text{ ms} \approx 7.7 \text{ ms} \tag{5.12}$$

当 $U_0 = -U_Z$ 时，电容经过 R_F、R_{w1}、VD_3 放电，忽略二极管的导通电阻，时间常数为

$$\tau_2 = (R_F + R_{w2}) \times C = 14 \text{ k}\Omega \times 1 \text{ } \mu\text{F} = 14 \text{ ms} \tag{5.13}$$

电容放电时间为

$$T_2 = \tau_2 \ln\left(1 + \frac{2R_2}{R_1}\right) = 14 \times \ln3 \text{ ms} \approx 15.4 \text{ ms} \tag{5.14}$$

总周期 $T = T_1 + T_2 = 23.1$ ms，占空比 $T_1/T = 7.7/23.1 \approx 33.3\%$。若考虑二极管的导通电阻，则总周期要略微增加；电路输出电压幅度为 ±6 V。

对电路进行瞬态分析，其中仿真时间设置为 0.3 s。在"Output"选项卡中添加要观察信号的节点，这里为"V(1)"和"V(4)"，仿真结果如图 5.2.4 所示。利用游标 1 和游标 2 测量高电平时间和低电平时间，结果如图 5.2.5 所示。由图可知，电路经过一段时间振荡后输出稳定的方波，方波高电平时间 $T_1 = 216.06$ ms $- 207.54$ ms $= 8.52$ ms，低电平电平时间 $T_2 = 260.11$ ms -242.55 ms $= 17.56$ ms，方波总周期 $T = T_1 + T_2 = 8.52$ ms $+ 17.56$ ms $= 26.08$ ms，占空比为 $T_1/T = 8.52/26.08 \approx 33\%$；输出电压为 ±6 V，该结果与估算结果相符合。

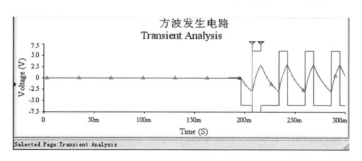

图 5.2.4　方波发生电路瞬态分析结果

Transient Analysis	V(1)	V(4)
x1	207.5410m	207.5410m
y1	-2.9902	-6.0075
x2	216.0656m	216.0656m
y2	2.9781	6.0047

Transient Analysis	V(1)	V(4)
x1	242.5532m	242.5532m
y1	2.9262	-6.0018
x2	260.1064m	260.1064m
y2	-2.9939	5.5616

图 5.2.5　游标读数

调节滑动变阻器的百分比为 50%，则 $R_{w2} = R_{w1} = 10$ kΩ，电路参数估算如下：

方波周期为

$$T = 2(R_F + R_{w1})C\ln\left(1 + \frac{2R_2}{R_1}\right) = 2 \times 11 \times \ln3 \text{ ms} \approx 24.2 \text{ ms} \quad (5.15)$$

利用示波器 A 通道观察电容波形，B 通道观察输出电压波形，结果如图 5.2.6 所示。由图可知输出波形高电平时间等于低电平时间，占空比为 50%，方波周期为 24.3 ms，该结果与估算结果相符合。

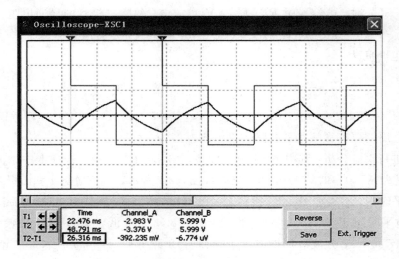

图 5.2.6　示波器波形

5.3 三角波电路设计

一个方波经过积分电路后可形成一个三角波，因此三角波发生电路可由积分电路和迟滞比较器组成。

5.3.1 三角波电路参数估算

三角波发生电路原理图如图 5.3.1 所示，

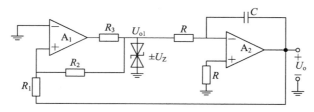

图 5.3.1 三角波发生电路原理图

对于迟滞比较器，首先求解门限电压。

由于虚断，比较器反相端电流为 0，故 $U_- = 0$。

比较器的输出电压 $U_{o1} = \pm U_z$，由于虚断，比较器反相端电流为 0，R_1 和 R_2 串联，比较器同相端的输入信号为整个电路的输出信号 U_o，故

$$U_+ = \frac{R_2 U_o}{R_1 + R_2} + \frac{R_1 U_{o1}}{R_1 + R_2} = \frac{R_2 U_o}{R_1 + R_2} \pm \frac{R_2 U_z}{R_1 + R_2} \tag{5.16}$$

令 $U_+ = U_-$，则

$$\frac{R_2 U_o}{R_1 + R_2} \pm \frac{R_1 U_z}{R_1 + R_2} = 0$$

$$U_{TH} = \pm \frac{R_1}{R_2} U_z$$

$$U_{TH1} = \frac{R_1}{R_2} U_z, \quad U_{TH2} = -\frac{R_1}{R_2} U_z$$

设接通电源时（$t=0$），比较器的输出 $U_{o1} = \pm U_z$，U_z 经过 R 对电容 C 充电，由该反相积分电路可知，输出电压 U_o 将沿负向线性增长；当 U_{o1} 下降到等于或略小于 U_{TH1} 时，U_{o1} 跳变到 $-U_z$，同时阈值电压上跳到 U_{TH2}。同理，$-U_z$ 经过 R 对电容 C 放电，输出电压 U_o 转为正向线性增长；当 U_o 上升到等于或略大于 U_{TH2} 时，U_{o1} 跳变到 U_z。因此，该循环可形成一系列的三角波输出，如图 5.3.2 所示。

当 $U_{o1} = U_z$ 时，U_o 从 0 沿负向线性减小。当 U_o 减小到 $-(R_1/R_2)U_z$ 时，所需的时间 t_1 恰好是周期的四分之一。

$$U_o(t_1) = -\frac{1}{RC} \int_0^{t_1} U_{o1} \, dt = -\frac{1}{RC} \int_0^{t_1} U_z \, dt = -\frac{U_z}{RC} t_1 = -\frac{R_1}{R_2} U_z$$

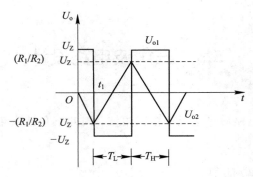

图 5.3.2　电路信号波形图

故

$$t_1 = \frac{R_1}{R_2}RC$$

则三角波的周期为

$$T = 4t_1 = 4\frac{R_1}{R_2}RC$$

输出三角波峰值为

$$U_{om} = \frac{R_1}{R_2}U_Z$$

因此，在三角波发生电路中，调节 R_1、R_2、R、C 可改变三角波的峰值和周期。

5.3.2　三角波电路仿真与分析

三角波发生电路仿真原理图如图 5.3.3 所示，在电路中设置电容 C_1 的初始电容值为 0 V。由图可知，$T = 4(R_2/R_5)R_1C_1 = 10$ ms，$U_{om} = (R_2/R_5)U_Z = 2.5$ V。

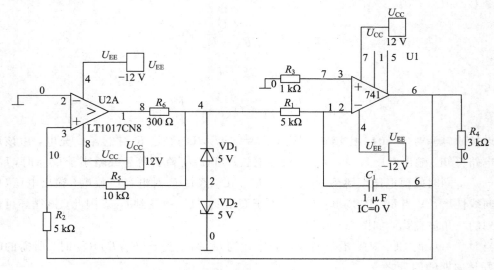

图 5.3.3　三角波发生电路仿真原理图

对电路进行瞬态分析，瞬态分析参数设置界面如图 5.3.4 所示。由于设置电容初始容值为0 V，因此在"Intial Conditions"栏中选择"User – defined"，即选择用户自定义的初始条件。由于估算输出信号周期为 10 ms，故设置"End time"为 30 ms，可仿真出完整周期的波形。

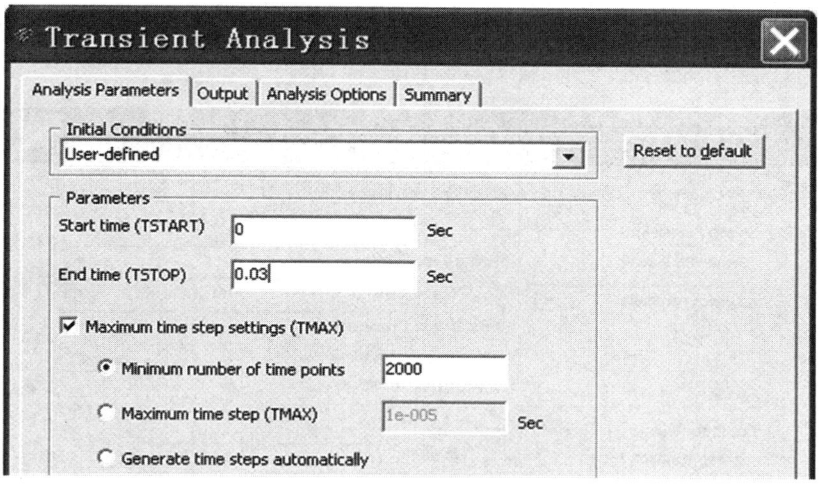

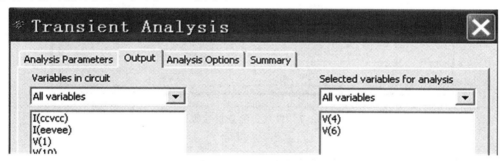

图 5.3.4　瞬态分析参数设置

在"Output"选项卡中选择"V(4)"和"V(6)"，用于观察迟滞比较器的输出信号波形和总电路的输出信号波形，如图 5.3.5 所示。

图 5.3.5　输出参量设置

设置完成后单击仿真按钮，仿真结果如图 5.3.6 所示。由图可知，三角波的周期约为 10 ms，信号峰值约为 2.5 V，该仿真结果与估算结果相吻合。

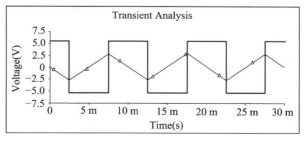

图 5.3.6　瞬态分析结果

改变电阻阻值可以改变输出信号的周期和峰值，假设改变 R_5 的阻值，可以利用参数扫描分析观察 R_5 的变化对输出信号的影响。

参数扫描分析参数设置窗口如图 5.3.7 所示，令 R_5 从 5 kΩ 变化到 10 kΩ，每次变化 2.5 kΩ，共分析 3 组数据。在"More Options"中选择瞬态分析，点击"Edit Analysis"设置瞬态分析参数，如图 5.3.8 所示。

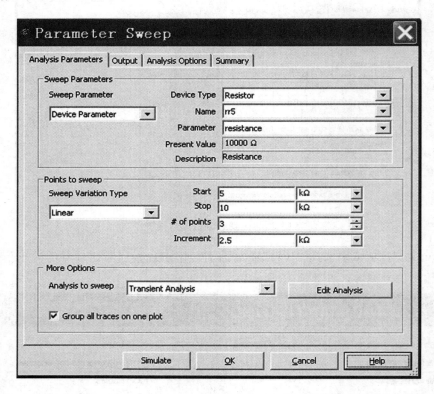

图 5.3.7　参数扫描分析参数设置

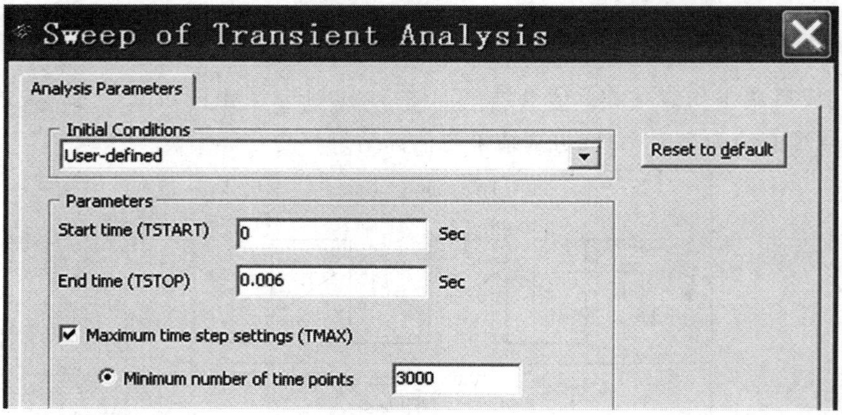

图 5.3.8　瞬态分析参数设置

　　设置完成后，单击仿真按钮，仿真结果如图 5.3.9 所示。由图可知，随着 R_5 的增大，三角波的周期减小，则峰值减小。

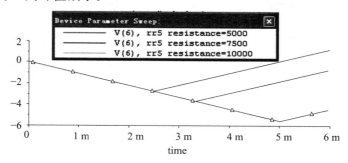

图 5.3.9　参数扫描分析结果

5.4 电路PCB设计

在 AD10 中建立元件库和对应的封装，这里以方波发生电路为例。绘制的电路原理图如图 5.4.1 所示，PCB 图如图 5.4.2 所示。

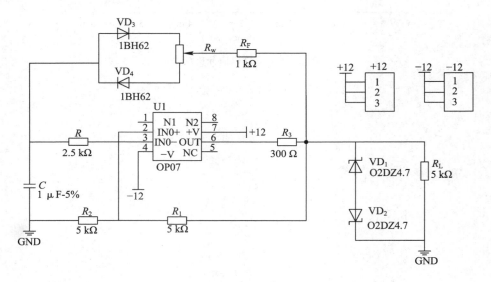

图 5.4.1 电路原理图

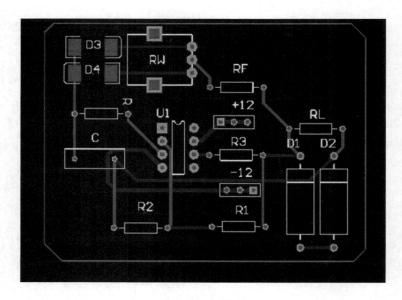

图 5.4.2 PCB 图

第 6 章

实验与实践

6.1 51 单片机自动切换量程直流电压表设计

1. 实验目的

了解 STC89C51 单片机，掌握 AD7323 的使用方法，使用 Proteus 或 AD 设计原理图并进行仿真。用 Altium Designer 设计出电路原理图和 PCB 板（上机操作），焊接实物并测试。通过制作及调试具有一定功能和应用价值的具体电路，提高学生学习兴趣，增强动手能力，启发学生的创新思维，培养学生分析问题和解决问题的综合能力。实验教学是理论联系实际的主要形式，是实施"教、学、做合一"教学理念的重要手段，也是培养学生具有技术应用能力、提高实际操作技能的根本途径，还是增强理论、实践相结合的动手操作能力的途径。

2. 实验器材

计算机一台，实验器件一套，SMT 贴片机流水线一套。

3. 元器件清单

实验所需的元器件清单如表 6.1.1 所示。

表 6.1.1 元器件清单

名 称	描 述	封 装	数量	参数
STC89C51RD2	51 单片机	SOT129 – 1	1	
D Zener 3V	稳压二极管 3V	D – 1206	1	
DPY – 4CK	共阴 4 位 7 段数码管	DYP – 4BIT	1	
LED0	发光二极管	LED – 0805	3	
S9014 NPN	NPN 三极管	TO – 226 – AA	4	
SW – PB	微动开关	SW_PB2_A1	1	
OPA349UA	运算放大器	TI – D8_N	3	
AD7323BRUZ – REEL	12 位 ADC	RU – 16_N	1	
LM1117MP – 5.0/NOPB	低压差线性稳压器	MP04A_N	1	
晶振	晶振	R38	1	
1206 电容	贴片陶瓷电容	C1206	2	30 pF
1206 电容	贴片陶瓷电容	C1206	8	100 nF

名　称	描　述	封装	数量	参数
1206 电容	贴片陶瓷电容	C1206	4	10 μF
0805 电阻	贴片电阻	0805	1	0 Ω
0805 电阻	贴片电阻	0805	6	1 kΩ
0805 电阻	贴片电阻	0805	1	2.7 kΩ
0805 电阻	贴片电阻	0805	1	3.3 kΩ
0805 电阻	贴片电阻	0805	1	10 kΩ
0805 电阻	贴片电阻	0805	2	33 kΩ
0805 电阻	贴片电阻	0805	1	30 kΩ
0805 电阻	贴片电阻	0805	1	680 kΩ
0805 电阻	贴片电阻	0805	5	1 MΩ
5k 排阻	5k 直插排阻	SIP9	1	
200Ω 排阻	200 欧姆直插排阻	SIP9	1	

4. 工作原理

ADC(Analog-to-Digital Converter)即模/数转换器或模数转换器,指将连续变化的模拟信号转换为离散的数字信号的器件。真实世界的模拟信号,例如温度、压力、声音或者图像等,需要转换成更容易储存、处理和发射的数字形式。模/数转换器可以实现这个功能,在各种不同的产品中都可以找到它的身影。

ADC7323 是 SPI 通信协议的 12 bit 双极型模/数转换器,支持 4 路 AD 输入,是本次实验用到的主要元器件,能实现直流电压量到数字量的转换,再由单片机读取、处理,然后通过液晶屏、数码管等用户界面显示,即可完成数字直流电压表的基本功能。

最常用的自动切换量程方法是利用继电器等实现最直接的切换。本次实验并未使用继电器切换,而是针对不同的量程范围,使用不同的电阻分压电路以及信号放大处理电路,输入到 ADC7323 的不同通道,从而达到自动切换量程的功能。

该实验系统包含 51 单片机最小系统、ADC 模块、电源模块、显示模块、信号采集与处理模块等。

SPI 总线系统是一种同步串行外设接口,它可以使 MCU 与各种外围设备以串行方式进行通信达到交换信息的目的。外围设备包括 FLASHRAM、网络控制器、LCD 显示驱动器、A/D 转换器和 MCU 等。SPI 总线系统可直接与各厂家生产的多种标准外围器件直接连接。连接接口一般使用 4 条引线,即:串行时钟线(SCLK)、主机输入/从机输出数据线(MISO)、主机输出/从机输入数据线(MOSI)和低电平有效的从机选择线(CS)。有些 SPI

接口芯片带有中断信号线 INT，有些 SPI 接口芯片则没有主机输出/从机输入数据线MOSI。

SPI 的通信原理十分简单，它以主从方式工作，这种模式通常有一个主设备和一个或多个从设备，需要至少 4 根引线，实际使用时也可使用 3 根（用于单向传输时，即为半双工方式）。这 4 根引线是所有基于 SPI 的设备共有的，它们是 SDI（数据输入）、SDO（数据输出）、SCLK（时钟）、CS（片选）。

（1）MOSI：SPI 总线主机输出/从机输入（SPI Bus Master Output/Slave Input）。

（2）MISO：SPI 总线主机输入/从机输出（SPI Bus Master Input/Slave Output）。

（3）SCLK：时钟信号，由主设备产生。

（4）CS：从设备使能信号，由主设备控制（Chip Select），有些 IC 的 pin 脚也称为 SS。

其中 CS 反映控制芯片是否被选中，也就是说只有片选信号为预先规定的使能信号时（高电位或低电位），对此芯片的操作才有效。这使得在同一总线上连接多个 SPI 设备成为可能。

通信是通过数据交换完成的，SPI 即为串行通信协议，也就是说数据是一位一位进行传输的。这是 SCLK 时钟线存在的原因，由 SCK 提供时钟脉冲；SDI、SDO 则基于此脉冲完成数据传输。数据通过 SDO 线输出，数据在时钟上升沿或下降沿时改变，在随后的下降沿或上升沿被读取，这样就完成了一位数据传输。数据输入也使用同样原理。这样，至少 8 次时钟信号的改变（上沿和下沿为一次），就可以完成 8 位数据的传输。

在点对点的通信中，SPI 接口不需要进行寻址操作，属于全双工通信，简单高效。在多个从设备的系统中，每个从设备需要独立的使能信号，硬件上比 I^2C 系统复杂一些。

5. 实验要求

本次实验的各部分原理图详见下文介绍。由于系统较复杂，原理图分部分放置。

（1）单片机复位电路如图 6.1.1 所示。单片机复位电路由常见的阻容上电复位以及按键复位组成。同时，由于 51 单片机最大支持晶振为 24 MHz，因此，选择 24 MHz 的晶振来提高单片机的运行速度。

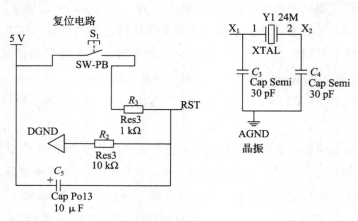

图 6.1.1　单片机复位电路

（2）稳压电路如图 6.1.2 所示。

电源由 1 节 9 V 电池或者 2 节 3.7 V 锂电池组成，经过 LM1117 低压差线性稳压器向单片机以及运算放大器提供准确、稳定的 5 V 电压。

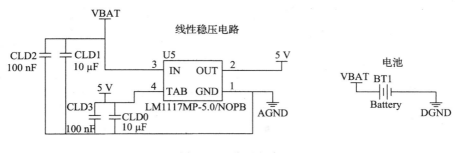

图 6.1.2　稳压电路

（3）单片机外围电路及 ADC 模块电路如图 6.1.3 所示。由于 STC89C51 单片机并未集成硬件 SPI 接口，因此只能选择软件 SPI 方式实现与 AD7323 的通信。同时，向用作控制数码管显示的 P0、P1 端口外接上拉电阻，可以提高管脚输出能力。

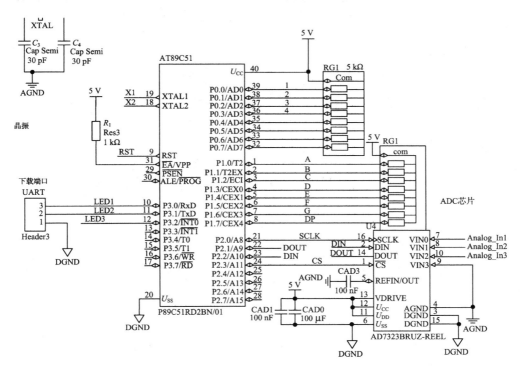

图 6.1.3　单片机外围电路及 ADC 模块电路

（4）信号输入与处理如图 6.1.4 所示。

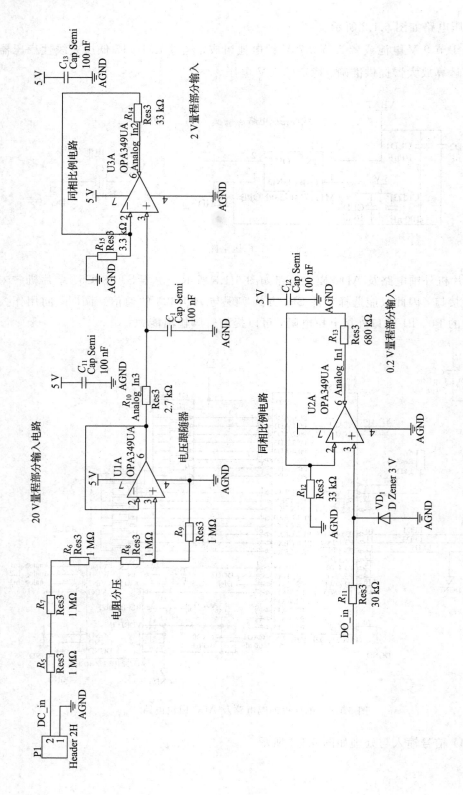

图6.1.4 信号输入与处理电路

要求针对不同的量程，设计不同比例的分压电阻，并且由于 AD7323 输入引脚输入电压范围的限制，采用稳压二极管对超出量程的输入信号加以保护，避免了接入电压过高从而击穿运放及 ADC 集成芯片的风险。

对于运算放大器的参数，可利用模电部分的相关知识，计算出运算放大器的电阻阻值。同时应注意，在设计实际电路时应给运算放大器留有一定的余量范围，不能随意放大到 ADC 集成芯片的满量程，从而更好地保护电路。

（5）数字地与模拟地的分离如图 6.1.5 所示。

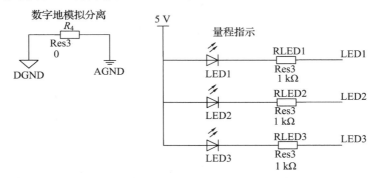

图 6.1.5　数字地与模拟地的分离

由于模/数转换电路常需要良好的接地以及较小的噪声，进而提高精确度。因此，本实验将数字地与模拟地通过零欧姆电阻分隔开，减小了模拟电路部分给数字电路部分带来的噪音影响。

通过软件模拟 SPI 通信与 AD7323 通信，可获得各通道输入的电压值，同时，由各通道的电压值判断其所处的量程，控制量程指示灯点亮，并控制数码管显示相应的电压值。

6. 实验内容

（1）根据原理图，自行设计 Proteus 仿真电路。

（2）按电源电路、单片机最小系统、数码管显示电路、信号处理部分、ADC 转换部分依次绘制仿真 Proteus 原理图。

（3）在单片机的最小系统中，单片机 P3.0～P3.3 端口依次接受量程挡位的信号，并由 P0、P1 端口分别控制液晶显示屏的段选和位选输出相应电压值，单片机引脚分配如下：

RST：复位电路。

XTL1、XTL2：晶振，可提高时钟信号。

P0、P1 口：液晶显示屏的段选、位选控制端。

P2.0～P2.3 端口：AD7323 的时钟信号。

如图 6.1.6 所示为单片机模块＋ADC 模块，由单片机外围电路的按键复位电路以及 ADC 模块组成。该电路可用作控制数码管显示的 P0、P1 端口外接上拉电阻，提高管脚输出能力。

如图 6.1.7 所示的信号处理模块为信号输入与处理部分，由运算放大器、分压电阻、稳压二极管组成。根据运算放大器的参数，运用模电的相关知识，可计算出运算放大器的电阻阻值。

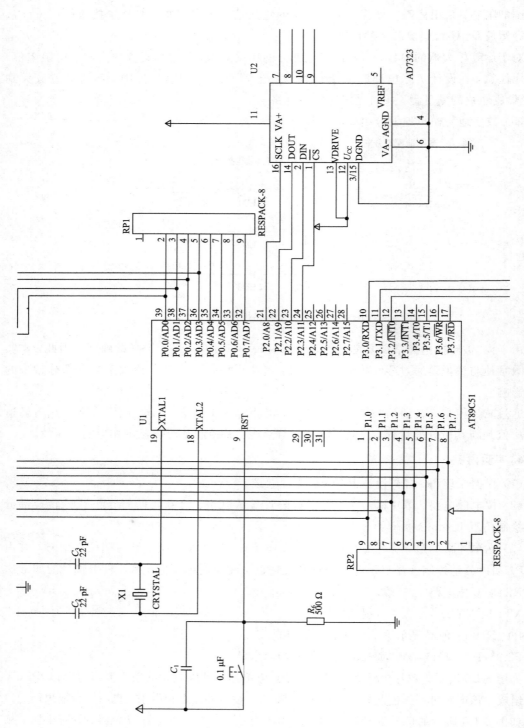

图6.1.6 单片机模块+ADC模块

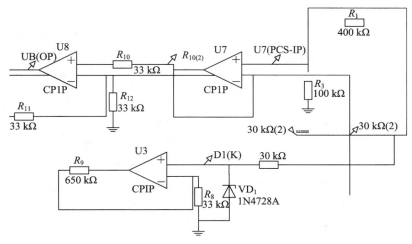

图 6.1.7 信号处理模块

图 6.1.8 为显示模块，通过程序判断各通道的电压值所处的量程范围，控制量程指示灯点亮，并控制数码管显示相应电压值。

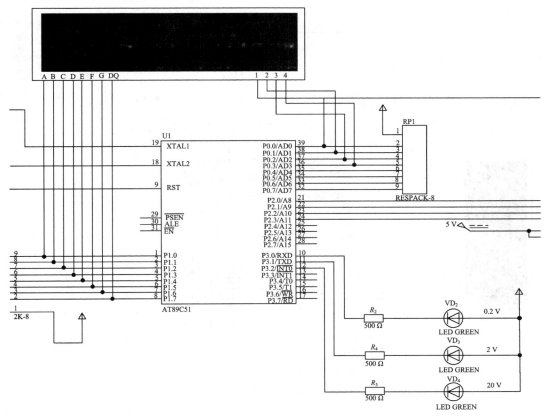

图 6.1.8 显示模块

（4）整体仿真图如图 6.1.9 所示。

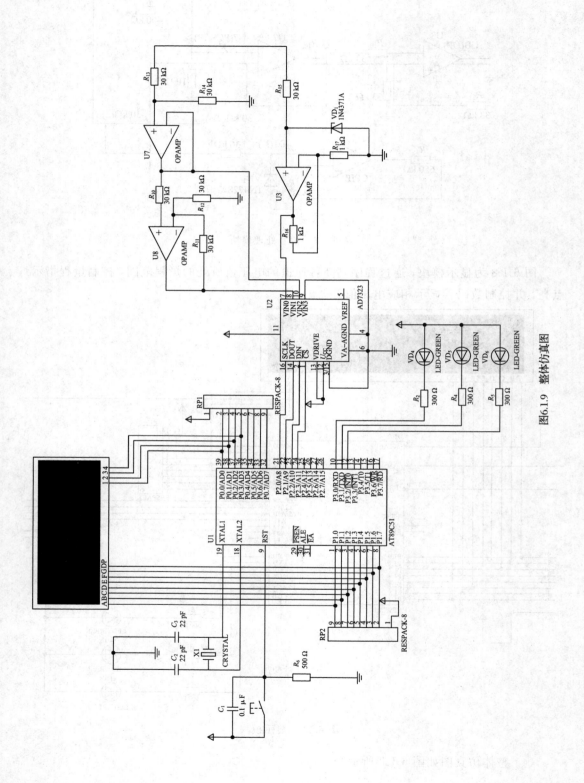

图6.1.9 整体仿真图

（5）调试效果如图 6.1.10 所示。

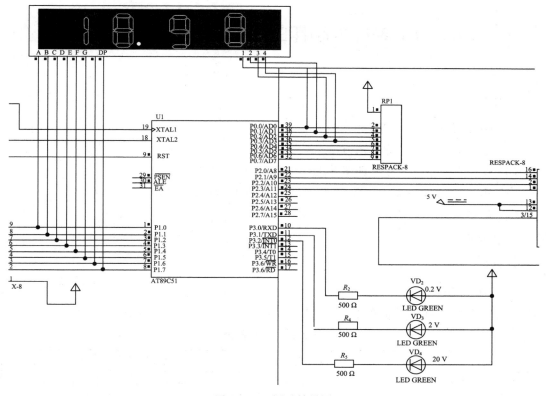

图 6.1.10　调试效果图

（6）确保绘制无误后，仿真检查电源电路部分、信号处理部分是否连接正确。

（7）根据绘制的原理图，自行设计 STC89C51 的程序。

（8）了解并尝试使用 SPI 通信协议，根据 AD7323 的数据手册获取 AD7323 各通道的电压值。

（9）在成功获取 AD7323 各通道电压值的基础上，编写数码管显示部分模块，熟悉判断量程、切换量程等功能。

7. 实验报告

写出完整的实验报告材料，详述实验过程中出现的问题以及解决方法。

8. 思考题

（1）若使用继电器进行自动量程切换，信号输入与处理部分的电路应如何设计？

（2）本实验电路中，0.2～2 V 量程结果偏差较大，是什么原因引起的，应如何解决？

6.2　51 单片机制作的简易函数信号发生器

1. 实验目的

（1）熟悉使用 STC89C51 单片机。

（2）掌握 DAC 0832 的使用方法。

（3）使用 Proteus 设计原理图并进行仿真。

（4）用 Altium Designer 设计电路原理图和 PCB 板（上机操作）。

（5）焊接实物并测试。

2. 实验器材

计算机一台，实验器件一套。

3. 元器件清单

本实验所需的元器件清单如表 6.2.1 所示。

表 6.2.1　元器件清单

名　称	描　述	封　装	数量	参数
STC89C51RD2	51 单片机	SOT129 - 1	1	
SN74LS47NE4	显示驱动器	16DIP	2	
DPY - BlueCA	共阳 7 段数码管	DYP - CA	2	
LED0	发光二极管	LED - 0805	6	
S9014 NPN	NPN 三极管	TO - 226 - AA	2	
SW - PB	微动开关	SW_PB2_A1	5	
RELAY - HK3FF	通用继电器	RELAY - SPST	1	
DAC0832LCWM	8 位 DAC	SOP - 20	1	
MAX4392ESA	运算放大器	SOP - SO	1	
MC74HC08AH	四路双输入与门	SOIC - 14	3	
LM2663M/NOPB	直流/直流电荷泵转换器 SMD	SOIC	1	
晶振	晶振	R38	1	12 MHz
1206 电容	贴片陶瓷电容	C1206	2	30 pF
1206 电容	贴片陶瓷电容	C1206	1	10 μF
1206 电容	贴片陶瓷电容	C1206	2	47 μF
0805 电阻	贴片电阻	0805	2	100 Ω
0805 电阻	贴片电阻	0805	6	300 Ω

名　称	描　述	封　装	数量	参数
0805 电阻	贴片电阻	0805	1	470 Ω
0805 电阻	贴片电阻	0805	7	1 kΩ
0805 电阻	贴片电阻	0805	1	10 kΩ
0805 电阻	贴片电阻	0805	1	1 MΩ
4.7k 排阻	4.7k 直插排阻	SIP9	1	

4. 工作原理

完成数/模转换的电路称为数/模转换器，简称 DAC(Digital to Analog Converter)。经数字系统处理后的数字量，有时要求再转换成模拟量以便实际使用，这种转换称为数/模转换。数字信号可以通过数/模转换器转换成模拟信号，因此可将产生的数字信号再转换成模拟信号来获取所需要的波形。

DAC 0832 是 8 分辨率的 D/A 转换芯片，集成电路内包含两级输入寄存器，由 8 位输入锁存器、8 位 DAC 寄存器、8 位 D/A 转换器及转换控制电路 4 部分构成。8 位输入锁存器用于存放主机输送的数字量，使输入数字得到缓冲和锁存，并加以控制。DAC 0832 输出信号为电流，但一般要求输出的信号为电压，所以必须经过一个外接的运算放大器将电流转换成电压。DAC 0832 芯片具备双缓冲、单缓冲和直通三种输入方式，适用于各种电路的需要(如要求多路 D/A 异步输入、同步转换等)。DAC 0832 引脚如图 6.2.1 所示。

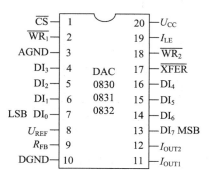

图 6.2.1　DAC 0832 引脚

DAC 0832 引脚功能如下：

$DI_0 \sim DI_7$：数字信号输入端。

I_{LE}：输入寄存器允许，高电平有效。

$\overline{CS}$：片选信号，低电平有效。

$\overline{WR_1}$：写信号 1，低电平有效。

$\overline{\text{XFER}}$：传送控制信号，低电平有效。

$\overline{\text{WR}_2}$：写信号 2，低电平有效。

I_{OUT1}、I_{OUT2}：DAC 电流输出端。

R_{FB}：集成在片内的外接运放的反馈电阻。

U_{REF}：基准电压。

U_{CC}：源电压。

AGND：模拟地。

DGND：数字地，可与 AGND 连接使用。

5. 实验要求

输出的三种波形分别为正弦波、方波、锯齿波。

（1）正弦波信号。正弦信号为周期信号，正弦波波形如图 6.2.2 所示。

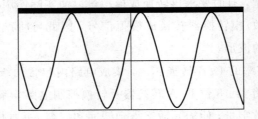

图 6.2.2　正弦波波形

（2）方波信号。方波波形如图 6.2.3 所示。

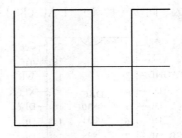

图 6.2.3　方波波形

（3）锯齿波信号。锯齿波波形如图 6.2.4 所示。

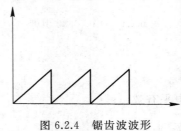

图 6.2.4　锯齿波波形

89C51 单片机是整个函数信号发生器的主控部分，配置相应功能的键盘、指示灯接口，再通过软件程序控制，可以分别产生三种不同的波形，也可对同种波形的频率进行变换，最后通过数/模转换，经过放大电路输出到示波器。实验系统包含 51 单片机最小系统、DAC 模块、电源模块、按键控制与显示模块、信号输出模块等。

（4）复位电路如图 6.2.5 所示。单片机复位电路由阻容上电复位和按键复位构成。

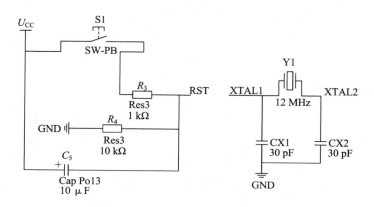

图 6.2.5　复位电路

（5）LM2633M 工作原理如图 6.2.6 所示。

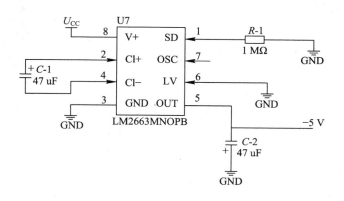

图 6.2.6　LM2633M 工作原理

（6）单片机外围电路。电源由实际参考电压向单片机供电，然后经过 LM2633M 芯片输出 −5 V 电压，为运算放大器提供较准确、稳定的工作电压。

图 6.2.7 为单片机外围电路，包含 DAC 模块以及信号处理模块。在 P0 端口外接上拉电阻，提高管脚输出能力。采用的运算放大器为 MAX4392ESA，该系列运放为单位增益稳定器件，集合了高速性能、满摆幅输出以及禁止模式等特性。该运算放大器针对会暴露于外部的输入或输出而设计，如视频和通信。

（7）键盘接口电路与数码管显示电路如图 6.2.8 所示。

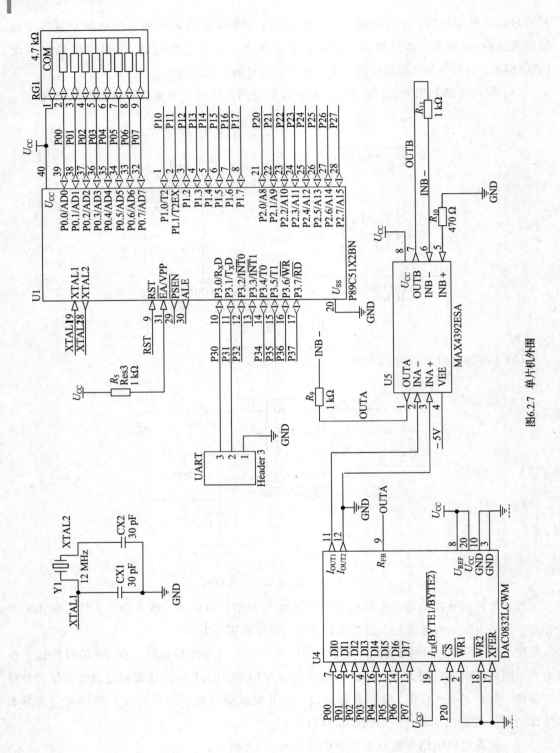

图6.2.7 单片机外围

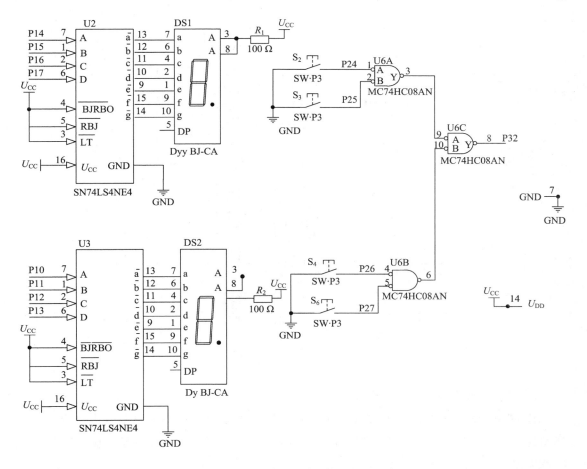

图 6.2.8　键盘接口电路、数码显示电路

6. 实验内容

（1）根据原理图，自行设计 Protues 仿真电路。

（2）按电源电路、单片机最小系统、数码管显示电路、信号处理部分、DAC 转换部分依次绘制仿真 Proteus 原理图。

89C51 单片机是该信号发生器的核心，具有 2 个定时器，32 个并行 I/O 口，1 个串行 I/O 口，5 个中断源。本设计采用片选法选择芯片及地址译码。在单片机的最小系统中，单片机从 P3.2 端口接受来自键盘的信号，并从 P0 端口输出控制信号，通过 D/A 转换芯片最终由示波器输出波形。其模块如图 6.2.9 所示。

单片机引脚分配如下：

P0 端口：8 位数字信号输出，外接 DAC 0832。

P2.0 端口：DAC0832 的时钟信号。

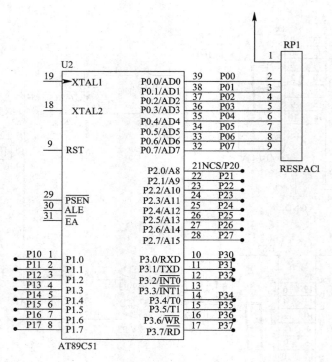

图 6.2.9　单片机模块

（3）数/模转换模块＋运放模块。

数/模转换模块＋运放模块采用 DAC 0832 数/模转换器，因其输出信号为电流，实验所用的外加运算放大器 OPAMP 将其转换为电压输出，最后通过示波器显示输出波形。运算放大器 OPAMP 如图 6.2.10 所示。

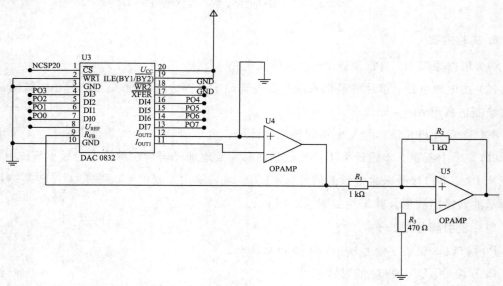

图 6.2.10　运算放大器 OPAMP

图 6.2.11 为指示灯显示模块，便于直观地了解当前调试的波形及其频率。

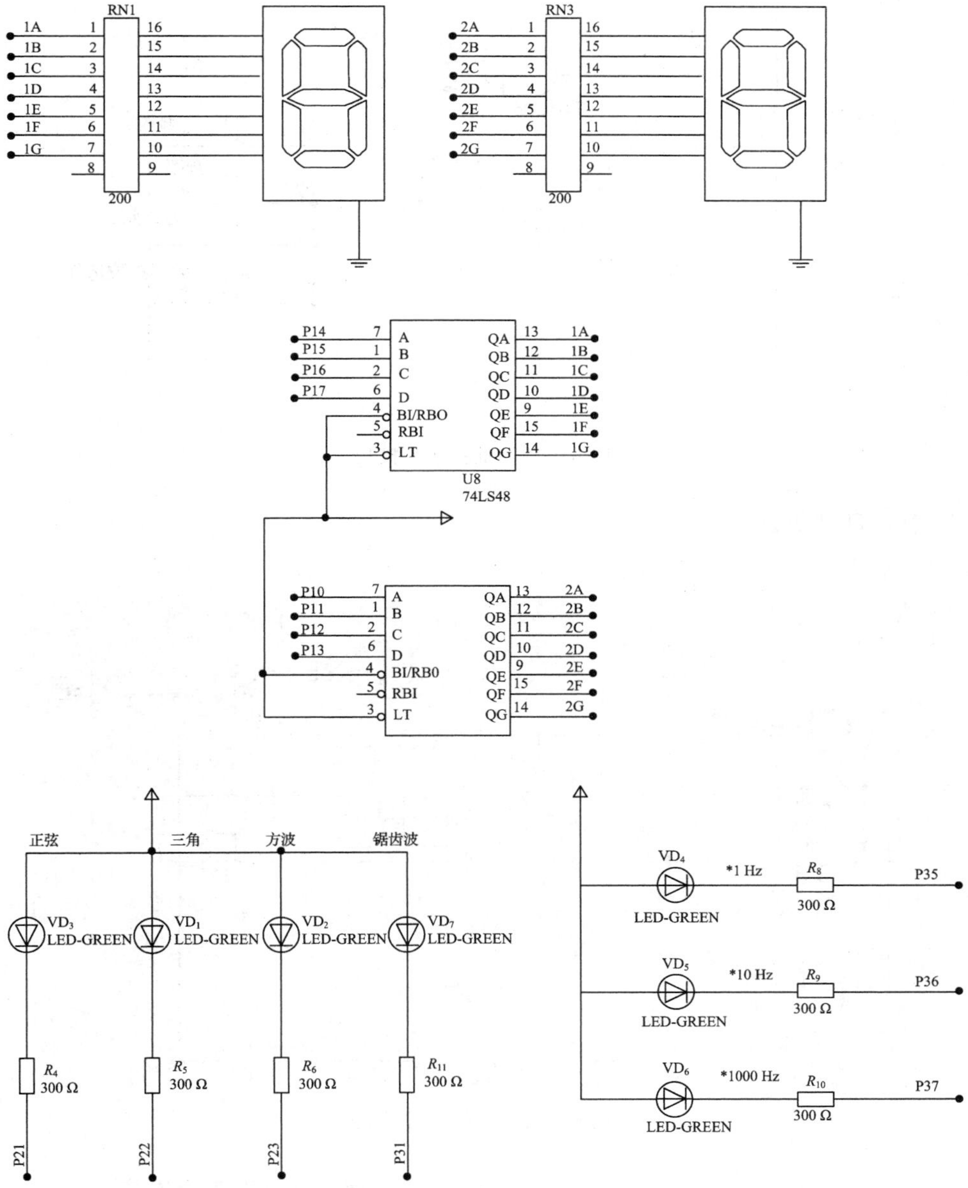

图 6.2.11　显示模块

图 6.2.12 为键盘输入模块。常用键盘一般为矩阵式，为简化程序，采用 4 个按键分别控制波形的选择、频率的加减、频率波形和频率种类的显示。

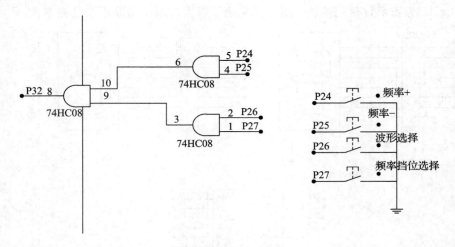

图 6.2.12　键盘输入模块

（4）整体硬件仿真。

整体硬件仿真如图 6.2.13 所示。

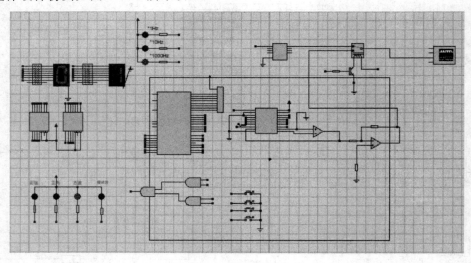

图 6.2.13　整体硬件仿真

确保绘制无误后，仿真检查电源电路部分、信号处理部分是否正确连接。

（5）根据绘制的原理图，自行设计 STC89C51 的程序。

7. 实验报告

写出完整的实验报告材料，详述实验过程中出现的问题以及解决方法。

8. 思考题

（1）如何在外部晶振速度有限的情况下，提高输出波形的平滑度？

（2）DAC 产生波形的缺点有哪些？

6.3　小型电机 H 桥驱动电路设计

1. 实验目的

（1）了解 H 桥驱动电路的基本原理。

（2）完成电机驱动电路的总体电路设计。

（3）用 Altium Designer 设计出原理图和 PCB 板（上机操作）。

（4）焊接实物并测试。

2. 实验器材

计算机一台，实验器件一套。

3. 元器件清单

小型电机 H 桥驱动电路设计元器件清单如表 6.3.1 所示。

表 6.3.1　元器件清单

名　称	描　述	封　装	数　量	参　数
MIC5219	高效率线性电压调节器	SOT－23－5	1	
SN74LVC245DW	隔离芯片	DW020_N	1	
MC34063	升压	751－02_M	1	
IR2104S	半桥驱动 IC	SO－8_N	4	
IR7843	N 沟道 MOS 管	TO－252AA	8	
Inductor	电感	L7030	1	330 μH
LED	贴片发光二极管	0805	5	
压敏电阻	贴片压敏电阻	1206	2	12 V
1N5819	肖特基二极管	SMA	8	
1N5819	肖特基二极管	1206	5	
1206 电容	贴片陶瓷电容	1206	7	10 μF
1206 电容	贴片陶瓷电容	1206	4	1.5 μF
1206 电容	贴片陶瓷电容	1206	1	100 nF
1206 电容	贴片陶瓷电容	1206	2	470 pF

名　称	描　述	封　装	数　量	参　数
0805 电容	贴片陶瓷电容	0805	1	10 μF
贴片铝电解电容	贴片陶瓷电容	SMD - EC - F6.3	1	220 μF/16 V
0805 电阻	贴片电阻	0805	8	20 Ω
0805 电阻	贴片电阻	0805	1	22 Ω
0805 电阻	贴片电阻	0805	1	180 Ω
0805 电阻	贴片电阻	0805	5	1 kΩ
0805 电阻	贴片电阻	0805	1	1.2 kΩ
0805 电阻	贴片电阻	0805	5	10 kΩ

4. 工作原理

H 桥电路可用于控制电机正反转。图 6.3.1 是一种简单的 H 桥电路，由 2 个 P 型场效应管 Q1、Q2 与 2 个 N 型场效应管 Q3、Q4 组成，称其为 P - NMOS 管 H 桥。桥臂上的 4 个场效应管相当于 4 个开关，P 型管在栅极为低电平时导通，高电平时关闭；N 型管在栅极为高电平时导通，低电平时关闭。场效应管是电压控制型元件，栅极通过的电流几乎为零。正因为这个特点，在连接好如图 6.3.1 所示的电路后，控制臂 1 置高电平（$U = U_{\mathrm{CC}}$）、控制臂 2 置低电平（$U = 0$）时，Q1、Q4 关闭，Q2、Q3 导通，电机左端为低电平，右端为高电平，所以电流沿箭头方向流动，设为电机正转。

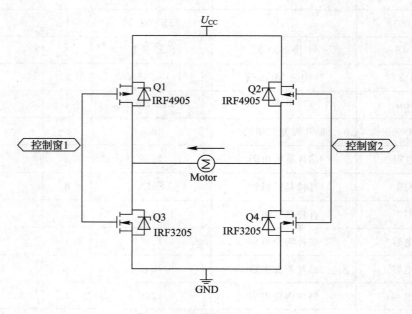

图 6.3.1　简单的 H 桥电路

如图 6.3.2 所示，控制臂 1 置低电平、控制臂 2 置高电平时，Q2、Q3 关闭，Q1、Q4 导通，电机左端为高电平，右端为低电平，所以电流沿箭头方向流动，设为电机反转。

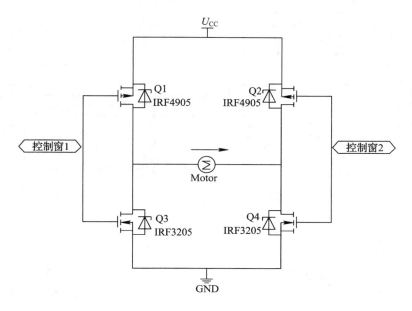

图 6.3.2　控制臂 1 置低电平、控制臂 2 置高电平

5. 实验要求

本次实验的各部分原理图如下所述。

图 6.3.3 为实验的升压模块。半桥驱动 IR2104S 可以通过自举升压来获得足够的栅压，但自举电容参数敏感且不易精准地确定，故外加 MC34063 升压电路，此处注意选择功率电感。

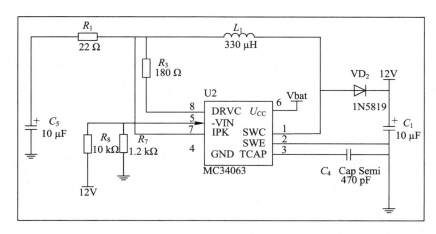

6.3.3　升压模块

图 6.3.4 为 74LVC245 隔离 IC。74LVC245 是一款 8 总线收发 IC，可以用作隔离 IC，

用于防止 MCU 的引脚被灌入大量电流而烧坏。

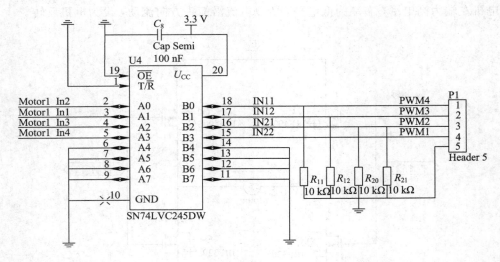

6.3.4　74LVC245 隔离 IC

图 6.3.5 为隔离芯片电源模块。采用 MIC5219 高效率线性电压调节器，向隔离芯片正向固定输出 3.3 V 的稳定电压。外围接上电源指示灯，方便最后调试驱动板以及查错。

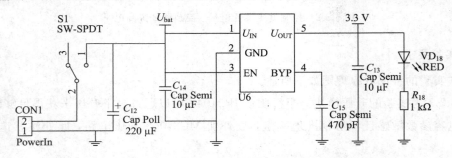

6.3.5　MIC5219 隔离芯片电源模块

本实验驱动电路方案为经典的半桥驱动 IR2104S 加 N 沟道 MOS 管 IR7843，MOSFET 内部设有续流二极管，除此之外，还加设了肖特基二极管 1N5819 作为续流二极管。为了更加直观地调试观察电机的正反转现象，输出端口各连接了一个发光二极管，如图 6.3.6 所示。

6. 实验内容

（1）自行设计 H 桥驱动电路的 AD 版原理图和 PCB 板图。按照 12 V 和 3.3 V 稳压输出模块、信号隔离模块、H 桥驱动模块依次绘制原理图。确保绘制无误后，确认稳压输出部分是否正确连接。

（2）自行测试驱动板的可用性。

7. 实验报告

写出完整的实验报告材料，详述实验过程中出现的问题以及解决方法。

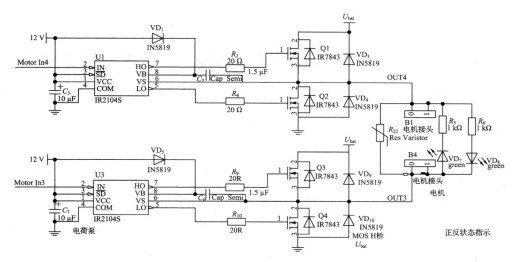

图 6.3.6　半桥驱动电路

8. 思考题

（1）上述实验所用的电路中，74LVC245 的作用是什么？

（2）为何 PWM 输入时要下拉，而不是上拉？

6.4 STM 器件制作 32 核心板的设计及外设集成

1. 实验目的

(1) 了解常见单片机的最小系统构成。

(2) 了解常用单片机的各类接口、常用通信协议等。

(3) 了解并学会使用厂商提供的各种 datasheet。

(4) 掌握 STM 元器件制作方法。

2. 实验器材

计算机一台，SMT 贴片流水线一套，各种仪表一套，元器件一套。

3. 工作原理

STM32F103 是 ST 公司推出的 Arm Cortex M3＋内核单片机，目前应用较为广泛。该单片机集成了丰富的片内外设，如 UART、GPIO、IIC、IIS、SPI 总线、CAN 总线、ADC、DAC 等。本次实验采用的 MCU 为 STM32F103ZET6。

在 MCU 的电源部分中，U_{DD} 应接 3.3 V，U_{ss} 接 GND。Uref＋和 Uref－引脚应输入该芯片 AD、DA 功能所使用的参考电压，VDDA 以及 VSSA 为该 MCU 中模拟电路部分的电源输入端。U_{bat} 引脚为芯片的 RTC 时钟电源输入端。

为使 MCU 正常工作，应将 U_{DD}、UDDA 以及 U_{ss}、VSSA、VREF＋、VREF－等引脚全部正确连接，切勿错漏，否则会造成 MCU 停止工作等情况。另外，为避免数字地与模拟地的干扰，可通过在 USSA 引脚所接入的模拟地以及 U_{ss} 所接入的数字地之间接入零欧姆电阻，从而提高系统稳定性。同时，应在电源输入端为 MCU 添加去耦电容，避免电源电压杂波引起的干扰。

图 6.4.1 为 STM32F103ZET6 的 IO 以及时钟部分原理图，其中，OSC_IN 以及 OSC_OUT 引脚可用于接入晶振。这里应注意，如果使用有源晶振，则晶振输出端接入 OSC_IN 引脚，而 OSC_OUT 则接地；若使用无源晶振，则 OSC_IN 以及 OSC_OUT 分别接在无源晶振两端。

电路选用 8 MHz 的晶振较为合适，OSC32_IN 以及 OSC32_OUT 为该 MCU 实时时钟的晶振接口，不能与 OSC_IN 以及 OSC_OUT 混淆。BOOT0 以及 PB2 引脚为 MCU 启动模式设置引脚，可以通过改变 BOOT0 以及 PB2 的电平，从而选择 MCU 的启动方式，包括从用户闪存存储器启动、从系统存储器启动及以 SRAM 启动。一般情况下，将 BOOT0 下拉，选择从用户闪存存储器（也就是 FLASH）启动。

与 89C51 单片机不同，ARM 架构的单片机一般通过 JTAG 接口或者 SWD 接口进行

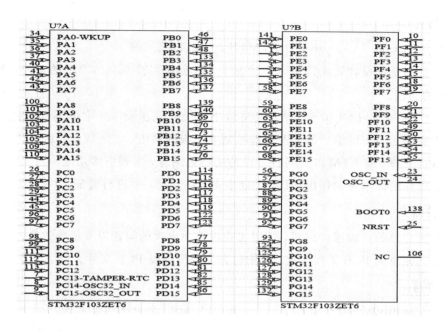

图 6.4.1 STM32F103ZET6 的 IO 及时钟部分

调试、仿真以及烧写。此处，选择较常见的 20 针标准 JTAG 接口，如图 6.4.2 所示为 ARM 架构的单片机原理图。

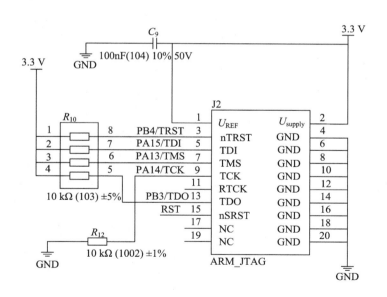

图 6.4.2 ARM 架构的单片机原理

STM32 系列的最小系统由电源部分、时钟部分、下载调试接口电路部分以及程序启动模式选择部分组成。

4. 实验内容

（1）使用 Altium Designer 设计 STM32F103ZET6 最小系统。

（2）在最小系统设计完成且正确的情况下，试实现实验 6.1、6.2 中的功能，将外设与 STM32 正确连接。

（3）试将该 MCU 同实验 6.3 结合，将最小系统以及实验 6.3 中的驱动板绘制在一张 PCB 上，并能通过 MCU 输出的 PWM 波控制驱动板的输出。

（4）自行发挥，将 STM32 与各种外设传感器等结合，实现更多功能。

（5）有条件的同学可制作出 STM32 最小系统的实物，并进行验证。

5. 实验报告

（1）写出完整的实验报告材料，详述实验过程中出现的问题以及解决方法。

（2）上交完整的 PCB 工程文件，其中包含原理图以及 PCB 文件。

6. 思考题

（1）对于使用 SWD 接口进行下载、仿真以及调试，原理图应如何变动？

（2）STM32 单片机逻辑高电平为 3.3 V，如何与 5 V 或者 1.8 V 为逻辑高电平的外设或单片机等通信？

6.5 基于 MSP430 单片机的数字水平仪设计

1. 实验目的

(1) 了解常见单片机的最小系统构成。

(2) 了解常用单片机的各类接口、常用通信协议等。

(3) 了解并学会使用厂商提供的各种信息。

(4) 通过设计,查阅 MSP430 以及 MPU6050 陀螺加速度计的相关资料,通过书写程序熟练掌握 MSP430 指令操作,熟悉 IAR 软件的使用,加深对单片机管脚 I/O 端口的了解。

2. 实验器材

计算机一台,元器件一袋,常用工具一套,雕刻机,贴片流水线一套。

3. 工作原理

单片机系统使用 MSP430F149 单片机及 OLED,通过 MPU6050 中的加速度计采集空间维度,使用单片机处理信号,并用 OLED 进行显示。本实验可分为两部分,即:

采集部分:通过 MPU6050 将采集到的角度数据传输到单片机进行处理。

显示部分:使用 I^2C 接口的 OLED 模块显示 x 轴与 y 轴相对水平面角度的绝对值。

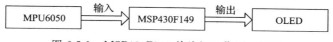

图 6.5.1 MSP430F149 单片机工作原理框图

4. 实验要求

本实验设计电路的程序流程图如图 6.5.2 所示。

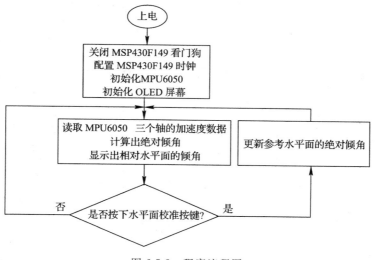

图 6.5.2 程序流程图

5. 实验内容

（1）复位电路如图 6.5.3 所示。MSP430F149 复位引脚低电平有效，使用 10 kΩ 上拉电阻上拉，当启动按键时复位引脚呈低电平实现复位，100 nF 用于避免高频干扰。

（2）晶振电路如图 6.5.4 所示。晶振电路用于向 MSP430F149 芯片提供时钟信号。MPU6050 采用标准的 I²C 总线协议，MPU6050 电源滤波可由 100 nF 电容实现，用以减小电源纹波。

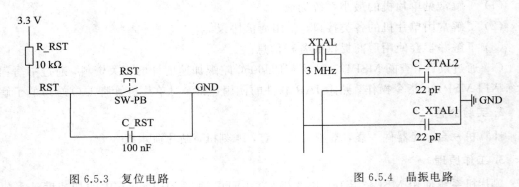

图 6.5.3　复位电路　　　　　　　　　　图 6.5.4　晶振电路

（3）显示电路如图 6.5.5 所示。OLED 采用标准 I²C 总线协议，与 MPU6050 并挂在同一 I²C 总线上。

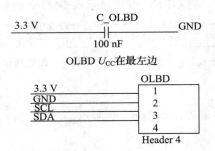

图 6.5.5　显示电路

（4）按键电路如图 6.5.6 所示，用于矫正相对水平面的绝对角度。

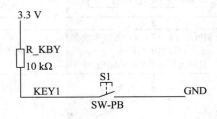

图 6.5.6　按键电路

（5）总原理图如图 6.5.7 所示。

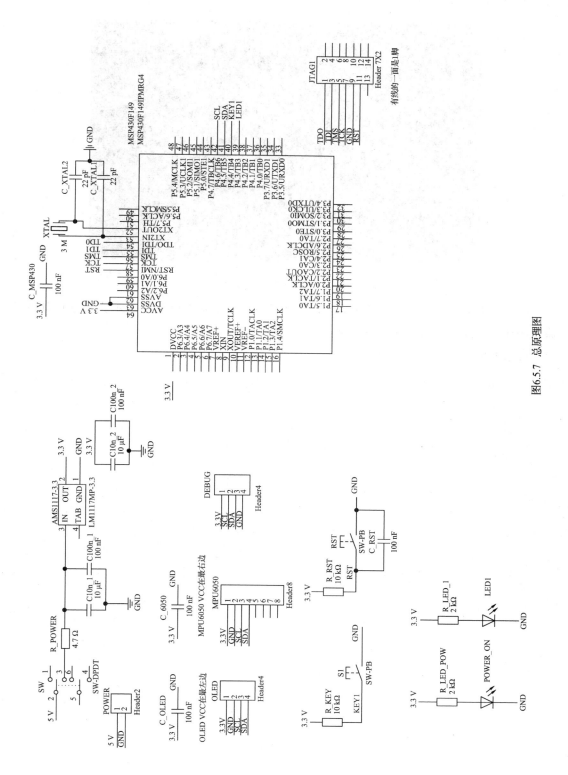

图6.5.7　总原理图

（6）PCB 布线图如图 6.5.8 所示。

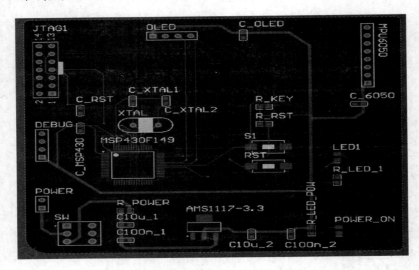

图 6.5.8　PCB 板布线图

（7）电路设计完成后，还应调试设备，观察测量结果是否能正确显示。要求设计的仪器能够通过独立按键设置相对水平面。

6. 实验报告

写出完整的实验报告材料，要求不少于 3000 字。

6.6 贴片彩灯控制电路

1. 实验目的

(1) 使学生增进对单片机的感性认识，加深对单片机理论方面的理解。

(2) 使学生掌握单片机内部功能模块的应用，如定时器/计数器、中断、片内外存储器、I/O 口、串行口通信等。

(3) 使学生初步了解和掌握单片机应用系统的软硬件设计、方法及实现，为以后设计和实现单片机应用系统打下良好基础。

(4) 通过实习学会查阅科技期刊、参考书和集成电路手册，能用计算机软件 Portel 99SE 绘制设计电路图，然后在印制板上焊装实物。

(5) 为学习设计数字电子钟电路、水位控制电路、彩灯控制电路、抢答器电路、数字频率计、数字电压表电路、电铃控制器、交通灯控制器、电梯控制器、电子密码锁等打下基础。

(6) 掌握课程设计的方法、步骤和设计报告的书写格式。

2. 实验器材

计算机一台，SMT 贴片流水线一套，万用表一块，常用电工组合工具一套，实验器件一套。

3. 元器件清单

贴片彩灯控制电路的元器件清单如表 6.6.1 所示。

表 6.6.1 贴片彩灯控制电路元器件清单

序号	名 称	规 格	代号	数量
1	贴片电阻	1 kΩ 0805	$R_1 \sim R_6$、R_8	7 个
2	贴片电阻	10 kΩ 0805	R_9	1 个
3	贴片电阻	470 Ω 0805	R_7	1 个
4	贴片电解电容	10 μF/25 V CAP 4.5×5.3	C_3、C_5	2 个
5	贴片电容	30 pF C0805	C_1、C_2	2 个
6	贴片电容	0.1 μF 0805C	C_4	1 个
7	贴片红色发光二极管	1210LED 3.2×1.6×1.1		6 个
8	贴片绿色发光二极管	1210LED 3.2×1.6×1.1		6 个
9	贴片黄色发光二极管	1210LED 3.2×1.6×1.1		6 个
10	贴片蓝色发光二极管	1210LED 3.2×1.6×1.1		6 个

序号	名　称	规　格	代号	数量
11	贴片红色发光二极管	红 0805LED	LED25	1个
12	贴片保险丝	500 mA　1206 F	F1	1个
13	贴片防震动按键带锁开关	BUT − 3×6×5 mm　贴片白色	RESET	1个
14	贴片 AT89C2051	20S − SOIC	U1	1个
15	贴片晶振	6 MHz 1150 ∗ 480 ∗ 440N HC49USSMD	6M	1个
16	贴片 mini − usb 接口	MICRO − A		1个
17	6 脚按键带锁开关	以样品为准		1个

4. 工作原理

本实验所有单片机型号为 AT89C2051，外形及引脚排列如图 6.6.1 所示。本实验设计电路为 4 路循环灯电路，是用单片机来实现 LED 灯不停地循环闪烁。贴片 PCB 板如图 6.6.2 所示，贴片四路灯实物图如图 6.6.3 所示。

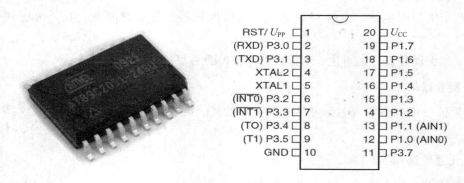

RST/U_{PP} □ 1	20 □ U_{CC}
(RXD) P3.0 □ 2	19 □ P1.7
(TXD) P3.1 □ 3	18 □ P1.6
XTAL2 □ 4	17 □ P1.5
XTAL1 □ 5	16 □ P1.4
($\overline{INT0}$) P3.2 □ 6	15 □ P1.3
($\overline{INT1}$) P3.3 □ 7	14 □ P1.2
(TO) P3.4 □ 8	13 □ P1.1 (AIN1)
(T1) P3.5 □ 9	12 □ P1.0 (AIN0)
GND □ 10	11 □ P3.7

图 6.6.1　89C2051 芯片

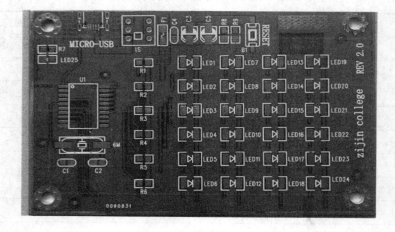

图 6.6.2　贴片 PCB 板图

图 6.6.3　贴片 4 路灯实物图

89C2051 芯片引脚的主要功能如表 6.6.2 所示。

表 6.6.2　89C2051 芯片引脚功能

序　号	功　　能	序　号	功　　能
1	复位端	11	输出输入端口 P3.7
2	输出输入端口 P3.0	12	输出输入端口 P1.0
3	输出输入端口 P3.1	13	输出输入端口 P1.1
4	接晶振	14	输出输入端口 P1.2
5	接晶振	15	输出输入端口 P1.3
6	输出输入端口 P3.2	16	输出输入端口 P1.4
7	输出输入端口 P3.3	17	输出输入端口 P1.5
8	输出输入端口 P3.4	18	输出输入端口 P1.6
9	输出输入端口 P3.5	19	输出输入端口 P1.7
10	地	20	电源

　　彩灯控制电路原理图如图 6.6.4 所示。该电路采用 89C2051 单片机，其 I/O 端口具有较大的驱动能力和 20 mA 的灌电流。如图 6.6.4 所示，P1 端口的 P1.2～P1.7 用于对每组灯的亮灭状态进行置位，P3 端口的 A0～A3 用于对 4 组灯进行地址片选。如果要某个灯亮，只要将对应的 P1 数据口置 1(高电平)，对应的 P3 地址线置 0(低电平)即可。P1.2～P1.7 的 6 个 1 kΩ 上拉电阻用于提高灯组的驱动电流。10 kΩ 电阻和 10 μF 电解电容用于对 89C2051 单片机进行上电复位。

5. 实验要求

(1) 整个实验过程要严肃认真，科学求是，确保实验质量。

(2) 在整个实验过程中要服从领导、听从指挥、遵守纪律。

(3) 认真及时完成实验总结报告。

(4) 设计报告要方案合理、原理可行、参数准确、结论正确。

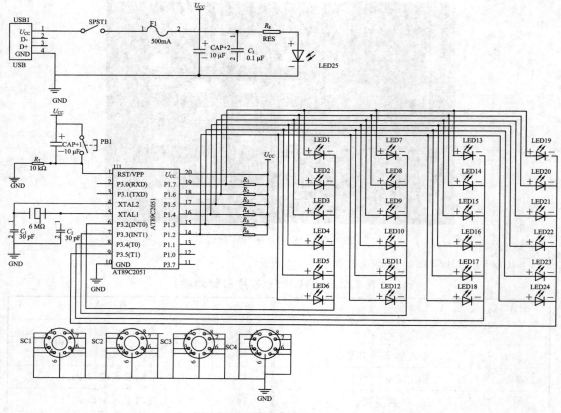

图 6.6.4 电路原理图

6. 实验内容

（1）了解 89C2051 单片机的技术指标。

（2）学习发光二极管的驱动知识及动态扫描方法，了解四组发光二极管指示灯的花样显示及 LED 灯的驱动电流是如何分配的。

在编程显示方式中，每组灯同时点亮的数量不可超过 4 个，每个 LED 灯的灌装电流为 5 mA，并且连续显示时间不宜过长。系统的工作电压设为 5 V。电路完成并检查无误后再加电试验（需在教师指导下进行）。

（3）学习用 Protel 99SE 或 AD 绘制 Sch 原理图及 PCB 印制板图（双层板）。

（4）用 SMT 贴片流水线将元器件贴在 PCB 印制板上。

（5）经过贴装调试后，做出一个合格的产品。

（6）写出完整的实验报告，要求详述实验过程中解决问题的方法。

贴片机制作时可参考《电子实训工艺技术教程——现代 SMT、PCB 及 SMT 贴片工艺》，注意安全，听从指挥。

7. 贴片机操作流程

贴片机操作流程如图 6.6.5 所示，应按该流程图进行设计。

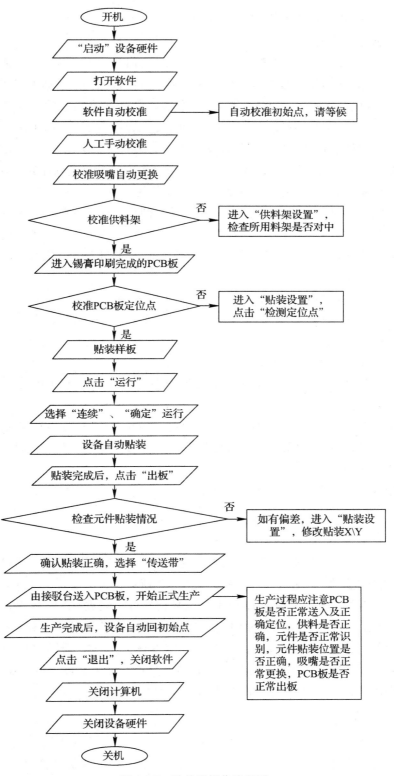

图 6.6.5　贴片机操作流程图

8. 贴片机贴装程序编辑流程及使用方法

（1）打开总电源开关，开机。

（2）启动软件。10 s 后按下"准备"按钮。设备自动回初始点，校准软件原点。根据 PCB 板宽度，调节传输轨道宽度，确认 PCB 板由入口到出口传输顺畅。根据加工清单，准备所需的贴片元件（确认型号、规格、封装）。将贴片元件装入供料架（包含自动供料架、振动供料架、IC 托盘）。将供料架安装到供料架盘上，并在清单上标记各贴片元件对应的料架编号。

（3）打开供料架设置文件。按所用供料架编号，编辑供料架对应贴片元件所用的吸嘴号、X\Y 吸取位置、Z 吸取深度、识别所用的上视摄像头以及相应元件的识别图像。

（4）选择料架并编号，将吸嘴头移至料架，仪器的图像十字标对准元件编带槽中心并将状态设为"当前"，设定 Z 值并用上视摄像头采集图像，点击"视觉设定"，设置"模板宽度"、"模板高度"，然后提取图像。命名为"2－R－0603－0"并保存，自动产生图像取消，自动加载确定，或在图像中手工加载。制作 0 度、90 度、180 度和 270 度图像，观察元件是否有极性。

（5）保存供料架设置文件。

（6）放入 PCB 板，确认其位于限位点且夹持可靠。手动移动贴装头，调整下视摄像头十字标到 PCB 板右上角。

（7）将此坐标设置为线路板原点。

（8）进入"贴装设置"。选择 PCB 板上两点作为定位点，要求周边无相似点且两点在 PCB 板对角线上。

（9）手动移动贴装头，调整下视摄像头十字标到定位点中心，分别设为定位点 1、2，提取定位点 1、2 图像（点击"视觉设定"，设置"模板宽度"、"模板高度"），设定并保存模板，关联定位点 1 及定位点 2 图片，设定坐标。

（10）检测定位点，测试该定位点是否合适。

（11）编辑各个元件贴装位置。

9. 具体方法

（1）手动定位。手动移动贴装头，调整下视摄像头十字标到元件对应的 PCB 板焊盘中心位置，点击"添加元件"，输入元件名称、对应元件所在供料架编号、贴装深度、相对元件在供料架中初始位置的相对角度。按 PCB 板元件清单逐个完成。

（2）文件转换。先在 Protel 软件中，由 PCB 文件导出拾取贴装文件（*.CSV）。进入"贴装设置"中的"文件转换"，将比例设为"50"，深度设为"2380"，然后打开 CSV 文件，软件即可自动转换为所需贴装列表，再将此贴装列表另存为贴装文件。最后在"贴装设置"中打开。编辑完成后，可运行贴装样板，根据个别元件的位置偏差，修改贴装位置 X\Y。

10. AOI 操作流程

TA－60 自动光学检测设备简称 AOI，它可检查 SMT 生产线上贴装元件的焊接质量、安装状态及锡膏印刷的效果，可将不良焊点通过计算机显示并在终端输出。

PCB 缺陷包括短路、开路以及其他一些可能导致 PCB 报废的缺陷。其中，短路包括基铜短路、细线短路、电镀短路、微尘短路、凹坑短路、重复性短路、污渍短路、干膜短路、蚀刻不足短路、镀层过厚短路、刮擦短路、褶皱短路等；开路包括重复性开路、刮擦开路、真空开路、缺口开路等；其他一些可能导致 PCB 报废的缺陷包括蚀刻过度、电镀烧焦、针孔等。

在 PCB 生产流程中，基板的制作、覆铜可能会产生一些缺陷，其主要缺陷产生在蚀刻之后。所以，AOI 一般在蚀刻工序之后进行检测，主要用来发现 PCB 板缺少的部分或多余的部分。PCB 加工过程中的粉尘、沾污和一部分材料的反射性误差都有可能会造成虚假报警，因此我们在使用 AOI 检测出缺陷后，建议再进行人工验证。随着科技的发展，传统 SMT 贴片焊接加工依赖人工视觉检测分析的时代已经一去不复返，AOI 自动光学检测技术的自动化、智能化发展必将成为今后 PCB 检测的发展趋势。可用自动光学检测设备进行焊膏印刷和回流检测。在 SMT 表面贴装中，AOI 光学检测技术具有 PCB 光板检测、焊膏印刷检测、元件检测、回流焊后组件检测等功能，在进行不同环节的检测时，其侧重点也有所不同。

AOI 操作流程如图 6.6.6 所示。

11. 实验报告

写出完整的实验报告材料，详述实验过程中出现的问题以及解决方法。

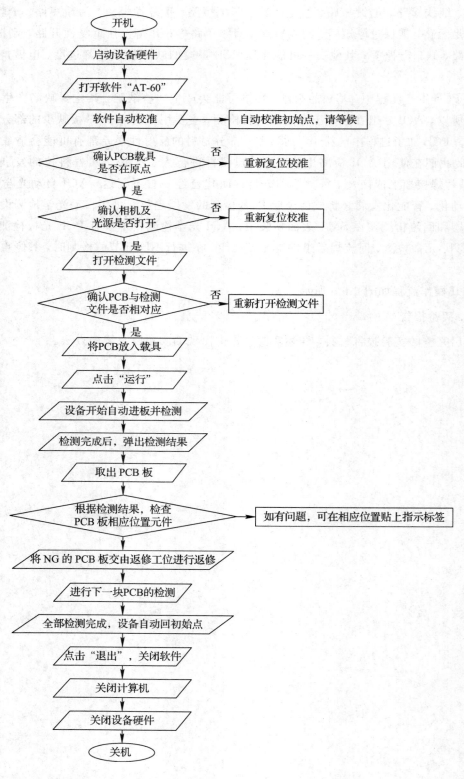

图 6.6.6   AOI 操作流程图

6.7　触摸式台灯的控制原理

触摸式开关分为电阻式触摸按键与电容式感应按键(即滑动式按键和点触式按键)两大类。液晶显示器所用的触摸开关采用电容式感应技术。众所周知,人体是导电的,而电容式感应按键下方的电路能产生分布均匀的静电场,当手指移到按键上方时,按键表面的电容发生了改变,显示器内部相关电路依据电容的改变做出判断,实现预定功能。电容式按键使用起来非常方便,只需触摸,无需用力按压。当人体接触开关时,由于人体是导体,并且有相当的电容,所以触摸开关上的一部分电荷会转移到人体上,形成电流。触摸开关可以检测到该电流引起的电路电压的下降情况,因此即可触发双稳态电路驱动晶闸管的开通或关闭。由这个装置即可控制市电的开闭状态。

1. 电路原理

感应式触摸台灯电路图如图 6.7.1 所示。当人手触碰金属触片 A,人体上的杂波信号便通过 C_3 加到时基电路的 2 脚,2 脚被触发,整个触发器翻转,3 脚输出高电平,输出经限流电阻 R 加到可控硅控制极,可控硅 VS 导通,ZD 点亮。若要关灯,则手触碰金属片 B,感应信号经 C_4 加到时基电路的 6 脚,6 脚触发,3 脚则输出低电平,可控硅因无触发电流而截止,灯泡则熄灭。C_3、C_4 是耦合电容,用于防止因个别元件的破坏而造成麻电现象。电路中的 C_1、VD 为 6V 直流供电电源。

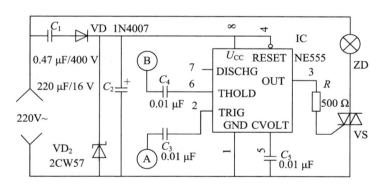

图 6.7.1　感应式触摸台灯电路

在制作过程中,只要电路安装正确,焊接质量保证,可一次成品,无需调试。

2. 元器件清单

元器件清单如表 6.7.1 所示。

表 6.7.1　感应式触摸台灯元器件清单

序号	名称	规格	代号	数量	序号	名称	规格	代号	数量
1	电阻	500 Ω	R	1	6	整流二极管	1N40071	VD_1	1
2	金属化纸介电容	0.47 μF/400 V	C_1	1	7	稳压二极管	2CW57(9 V)	VD_2	1
3	电解电容	220 μF/16 V	C_2	1	8	双向可控硅	1A 耐压≥400 V	1VS	1
4	金属化纸介电容	0.01 μF/400 V	C_3、C_4	1	9	IC 时基	ICNE555 5G1555 UA5551	IC	1
5	涤纶电容	0.01 μF	C_5	1	10	A、B	金属片(自制)		2

3. 实验内容

(1) 设计电路的 AD 版原理图和 PCB 板图。

(2) 用雕刻机雕出 PCB 板。

(3) 焊接、安装、调试电路。

(4) SMT 流水线上机操作要求：

① 使用请提前预约并登记年、月、日、姓名。

② 按要求步骤操作，做好安全检查工作。

③ 清理闲杂人员。

④ 焊膏质量检查。

⑤ 用完机器应清洗钢网板。

⑥ 关闭气源。

⑦ 待机器冷却后，关闭总闸。

⑧ 登记使用时间并签名。

4. 实验报告

写出完整的实验报告材料，详述实验过程中出现的问题以及解决方法。

6.8　贴片金属传感器制作

金属传感器通过 CD4069 反相器的同一组输入和输出以及金属线圈产生谐振，在靠近金属时，谐振的频率和幅度会发生变化，正弦波经单稳态多谐振荡器 74HC123D 转换后，变为脉冲信号，经肖特基二极管整流后转变为模拟量输出。因为电容和电阻实际上并不能和计算量完全相等，故若输出电压量偏低，检测距离过小，可更换与 74HC123D 的 R_X 相连的电阻，并且可并联 22 pF 的电容，使电容精调至 1000 pF。用贴片机贴片须提前制作 PCB 板图及钢网板。

1. 电路原理图

金属传感器电路原理图如图 6.8.1 所示。

2. PCB 板图

金属传感器 PCB 板设计如图 6.8.2 所示。

3. 元器件清单

金属传感器元器件清单如表 6.8.1 所示。

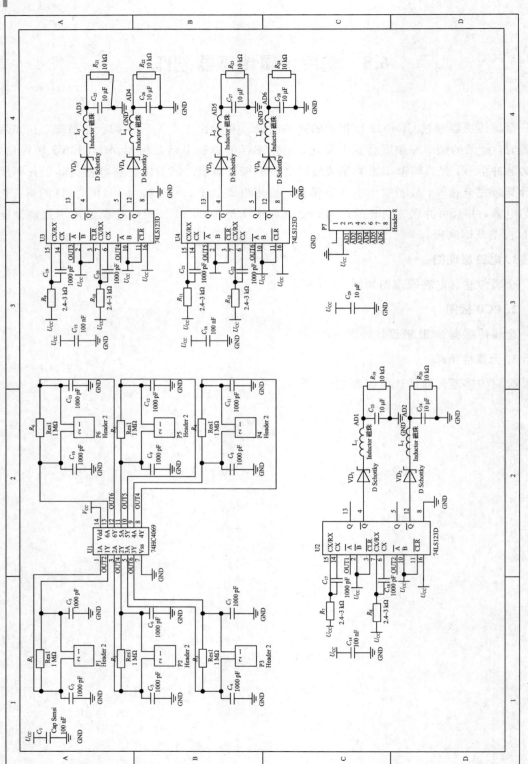

图6.8.1 金属传感器电路原理图

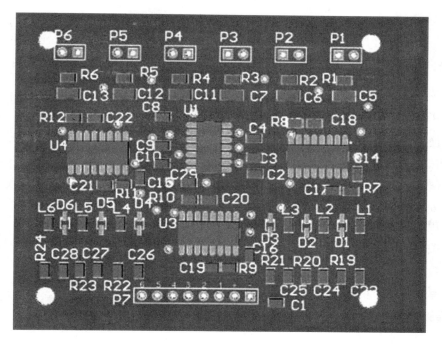

图 6.8.2　金属传感器 PCB 板图

表 6.8.1　金属传感器元器件清单

位　号	名　称	封装格式	规　格	数目
C_1，C_{14}，C_{15}，C_{16}	Cap	C0805	100 nF	4
C_2，C_3，C_4，C_8，C_9，C_{10}	Cap	C0805	1000 pF	6
C_5，C_6，C_7，C_{11}，C_{12}，C_{13}	Cap	C1206	1000 pF	6
C_{17}，C_{18}，C_{19}，C_{20}，C_{21}，C_{22}	Cap	C0805	1000 pF	6
C_{23}，C_{24}，C_{25}，C_{26}，C_{27}，C_{28}，C_{29}	Cap	C0805	10 μF	7
VD_1，VD_2，VD_3，VD_4，VD_5，VD_6	D Schottky	SOD323	1N5819 或者 1N5819WS	6
L_1，L_2，L_3，L_4，L_5，L_6	Inductor 磁珠	C0805		6
P1，P2，P3，P4，P5，P6	Header 2	HDR1X2	杜邦线插头	6
P7	Header 8	HDR1X8	杜邦线插头	1
R_1，R_2，R_3，R_4，R_5，R_6	Res1	C0805	1 MΩ	6
R_7，R_8，R_9，R_{10}，R_{11}，R_{12}	Res1	C0805	2.4 kΩ	6
R_{19}，R_{20}，R_{21}，R_{22}，R_{23}，R_{24}	Res1	C0805	10 kΩ	6
U1	74HC4069	sop－14		1
U2，U3，U4	74HC123D	sop－16		3

4. 实验器材

万用表，计算机，AD10 画图软件，雕刻机，贴片机，常用工具一套，元器件一套。

5. 调试数据记录

参考设计参数自己制作表格，记录相关数据。

6. SMT 流水线上机操作要求

(1) 使用请提前预约并登记年、月、日、姓名。

(2) 按要求步骤操作，做好安全检查工作。

(3) 清理闲杂人员。

(4) 焊膏质量检查。

(5) 用完机器应清洗钢网板。

(6) 关闭气源。

(7) 待机器冷却后，关闭总闸。

(8) 登记使用时间并签名。

7. 实验报告

(1) 调试数据记录。

(2) 参考设计参数，自己制作表格记录。

(3) 查阅文献资料，完成实验报告。

6.9　声光控延时开关(一)

1. 实验目的

学会查阅科技期刊、参考书籍和集成电路手册，能用计算机软件 AD10 设计电路图，然后在印制板上焊装实物。同时，学会在雕刻机上雕刻电路板。

2. 实验器材

计算机一台，雕刻机一台，万用表一块，常用电工组合工具一套，实验器件一套。

3. 元器件清单

电路的元器件清单如表 6.9.1 所示。

表 6.9.1　声光控延时开关元器件清单

序号	名　称	规　格	封　装	位　置	数量
1	PCB	单面板			1
2	电阻	1 kΩ	AXIAL - 0.4	R_5	1
		4.7 kΩ		R_2	
		10 kΩ		R_4	
		100 kΩ		R_1	
		1 MΩ		R_3	
3	三极管	S8050 NPN	TO90	V_1	1
4	二极管	1N4007	DO - 41	$VD_1/VD_2/VD_3/VD_4$	4
5	光敏电阻	5528 插件	5528	RG	1
6	可控硅	MCR100	TO - 92A	VS	
7	咪头	Mic9×7 92DB	9×7	MIC	
8	LED 灯	红	Led - 3	RED	
9	电解电容	E.cap 25V470μF±20%	Rb8/12	C_1	
10	电解电容	E.cap 25V100μF±20%	Rb4/7	C_2	
备注：					

电路原理图如图 6.9.1 所示。

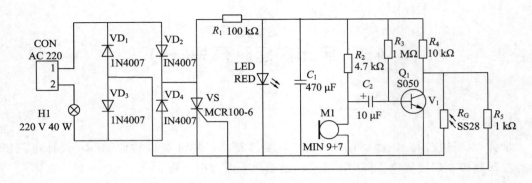

图 6.9.1 声光控延迟开关电路

4. 工作原理

220 V 交流电通过灯泡流向 VD$_1$～VD$_4$，经 VD$_1$～VD$_4$ 整流，R$_1$ 限流降压，LED 稳压（兼待机指示），C$_1$ 滤波后输出约 1.8 V 左右的直流电向电路供电。由于 LED 采用发光二极管，一方面利用其正向压降稳压，另一方面又利用其发光特性兼作待机指示。控制电路由 R$_2$、驻极体话筒 MIC、C$_2$、R$_3$、R$_4$、VT、RG 组成。当周围有其他光线时，光敏电阻的阻值约为 1 kΩ，V$_1$ 的集电极电压始终处于低电位，就算此时有声音发生，电路也无反应。到夜间时，光敏电阻的阻值上升到 1 MΩ 左右，对 V$_1$ 解除了钳位作用，此时 V$_1$ 处于放大状态，如果无声响，那么 V$_1$ 的集电极仍为低电位，晶闸管无触发电压而关断。当有声响时，声音信号被 MIC 接收转换成电信号，通过 C$_2$ 耦合到 V$_1$ 的基极，音频信号的正半周加到 V$_1$ 基极时，V$_1$ 由放大状态进入饱和状态，相当于将晶闸管的控制极接地，电路无反应。而音频信号的负半周加到 V$_1$ 基极时，迫使其由放大状态变为截止状态，集电极上升为高电位，输出电压触发晶闸管导通，使主电路有电流流过，等效于开关闭合，而串联在其回路的灯泡得电工作。此时 C$_2$ 的正极为高电位，负极为低电位，电流通过 R$_3$ 缓慢地给 C$_2$ 充电（实为 C$_2$ 放电），当 C$_2$ 两端电压达到平衡时，C$_2$ 的 10 μF 容量决定了电灯熄灭的时间。V$_1$ 重新处于放大状态，晶闸管关断，电灯熄灭，改变 C$_2$ 大小可以改变电灯熄灭时间。此开关可附带 100 W 以下的负载，适用于家庭照明和楼梯走廊等场所。

5. 实验要求

（1）整个实验过程要严肃认真，科学求是，确保实验质量。

（2）在整个实验过程中要服从领导、听从指挥、遵守纪律。

（3）认真及时完成实验总结报告。

（4）设计报告要方案合理、原理可行、参数准确、结论正确。

6. 电路功能

（1）白天灯不亮，夜间有声音(喊话拍手)时灯亮，延时一段时间后自动关闭，起节约用电、方便控制的作用。

（2）工作电压：本电路设计工作电压为市电 220 V，用于控制 5～60 W 以内的白炽灯通断电。实际应用时，改变 R$_1$ 的阻值可以改变电路的工作电压，电压范围控制在 5～250 V

的交流电为宜，可控制带有钨丝、电压不同的小灯泡（如汽车灯泡），220 V 时 R_1 阻值为 100 kΩ，22 V 时为 15 kΩ，其他电压按比例增减。

7. 电路 PCB 板

电路 PCB 板如图 6.9.2 所示。

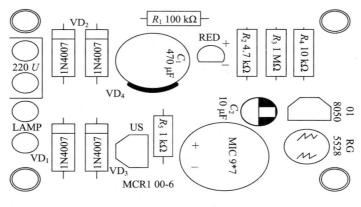

图 6.9.2　电路 PCB 板

8. 实验报告

写出完整的实验报告材料，要求达到 2000 字以上。

6.10 声光控(带触摸)延时开关(二)

1. 实验目的

学会查阅科技期刊、参考书籍和集成电路手册,能用计算机软件 AD10 设计电路,在印制板上焊装实物,学会使用雕刻机雕刻电路板。

2. 实验器材

计算机一台,雕刻机一台,万用表一块,常用电工组合工具一套,实验器件一套。

3. 元器件清单

元器件清单如表 6.10.1 所示。

表 6.10.1 元器件清单

序号	名称	型号规格	位号	数量	说 明
1	集成电路	CD4011	IC	1 块	该元件选择要求较为严格,易使开关出现误动作或不动作
2	单向可控硅	100 - 6	T	1 支	该元件选择要求较为严格,易使开关出现误动作或不动作
3	三极管	9014	V	1 支	该元件选择要求较为严格,易使开关出现误动作或不动作
4	整流二极管	1N4007	$VD_1 \sim VD_5$	5 支	该元件选择不当,开关灵敏度、稳定性降低
5	驻极体话筒	54±2 dB	BM	1 支	该元件选择不当,开关灵敏度、稳定性降低
6	光敏电阻	625 A	RG	1 支	该元件选择要求较为严格,易使开关出现误动作或不动作
7	电阻	150 kΩ	R_1	各 1 支	碳膜、1/2W
8	电阻	20 kΩ、2.4 MΩ	R_2、R_3	各 1 支	碳膜、1/4W
9	电阻	180 kΩ、20 kΩ	R_4、R_5	各 1 支	碳膜、1/4W
10	电阻	560 kΩ、1 MΩ	R_7、R_8	各 1 支	碳膜、1/4W
11	电阻	43 kΩ、3.9 MΩ	R_9、RCD	各 1 支	碳膜、1/4W
12	瓷片电容	104	C_1	1 支	

序号	名称	型号规格	位号	数量	说　　明
13	电解电容	22 μF/25 V	C_2、C_3	2 支	
14	自攻螺丝			2 粒	
15	面板			1 个	包括外壳、后罩、透光窗、螺丝挡板、不锈钢触摸片

4. 工作原理

声光控（带触摸）延时开关（以下简称"延时开关"）集声控、光控、触摸、延时自动控制技术为一体，在光照低于特定条件下，用声音或者手动触摸来控制开关的开启，若干分钟后开关自动关闭。可代替住宅小区楼道开关，只有在天黑以后，当有人走过楼梯通道发出脚步声、说话声等声音或触摸开关触点时，楼道灯才会自动点亮，提供照明；当人们进入家门或走出公寓后，楼道灯延时几分钟后会自动熄灭。在白天，即使有声音或触摸开关触点，楼道灯也不会点亮。这样既能延长灯泡寿命 6 倍以上，又可以达到节能的目的。以 40 W 灯具为例，使用普通开关傍晚连续点亮 6 h，耗电量为 0.6 kW/h 即 0.36 度电。如果使用声光控延时开关，按照傍晚点亮 100 次，每次 30 s 计算，耗电量为 0.033 kW/h 即 0.033 度电，二者的耗电量相比差距为 20 倍之多。这种声光控延时开关既可避免摸黑找开关造成的摔伤碰伤，又可杜绝楼道灯有人开、无人关的"长明灯"现象。

延时开关能直接替换普通开关面板，不仅适用于住宅区的楼道，而且也适用于工厂、办公楼、教学楼等公共场所。它具有体积小、外形美观、制作容易、工作可靠、节约能源等优点，装配完毕可以直接替换墙壁开关。对于电子爱好者、初学者、高职院校电子专业的学生来说，是分析原理、电子实践的理想元器件。

5. 实验要求

（1）整个实验过程要严肃认真，实事求是，确保实验质量。

（2）在整个实验过程中要服从领导、听从指挥、遵守纪律。

（3）认真及时完成实验总结报告。

（4）设计方案合理、原理可行、参数准确、结论正确。

6. 元器件的检测

在获得元器件后，应对照元器件清单核对，并用万用表粗略测量各元件的参数。

CD4011 可选用进口的双排 14 脚集成电路，可控硅选用 1 A 单向进口可控硅，若所需负载电流较大则可选择 3 A、6 A、10 A、12 A 等。其测量方法为：用电阻"×1"挡，将红表笔接可控硅的负极，黑表笔接正极，这时表针无读数；然后用黑表笔轻触控制级，这时表针有读数，立即将黑表笔撤离，这时表针仍有读数（注意接触控制级时正负表笔始终连接），说明该可控硅是完好的。

驻极体选用一般收录机使用的小话筒，其测量方法是：用电阻"×100"挡将红表笔接外壳的"S"极、黑表笔接"D"极，然后对驻极体吹气，若表针有摆动说明驻极体完好，摆动越大，灵敏度越高。

光敏电阻选用 625A 型，有光照射时电阻在 20 kΩ 以下，无光时电阻值大于 100 MΩ，说明该光敏电阻完好。

二极管采用普通整流二极管 1N4001～1N4007。元器件应认真选择，否则会影响稳定性，从而产生误动作。

7. 装配、调试须知

（1）安全须知。

① 在焊接、装配完全无误的情况下，电路板上仍然有多处高压电，因此加电调试时，切记不要用手接触电路板任何部分及任何元器件。

② 焊接时应特别注意避免焊锡短路、管脚过长相互短路。元件装配时应多次检查元器件是否装反、装错。因为元器件装配错误、焊接短路等可能会造成触点电压过高，从而触摸时通过人体电流过大造成触电危险，所以应该多次检查装配、焊接是否有误，在无误情况下方可加 220 V 电压进行调试。

（2）在正常情况下，不会造成触电的情况，但是，如果擅自操作，在无老师指导的情况下，可能会造成不当后果。

按照图纸将所有元器件安装好，并且仔细检查是否有元器件位置安装错误、虚焊开路、拖焊短路现象，反复检查无误后，即可开始调试。

8. 注意事项

阅读注意事项后，将开关、灯泡连接并通入 220 V 市电，遮挡光敏电阻（或者可以先不安装，等效于无光条件），将 A、B 极分别接在电灯的开关位上，用手轻拍驻极体，这时灯应点亮；若用光照射光敏电阻，再用手重拍驻极体，这时灯应不亮，说明光敏电阻完好，本套件制作成功。若不成功，请仔细检查有无虚焊开路、拖焊短路现象。

9. 部分元器件实物图

本实验所用部分元器件实物图如图 6.10.1 所示。

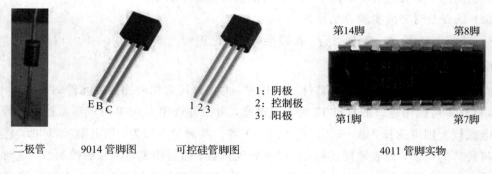

二极管　　9014 管脚图　　可控硅管脚图

1：阴极
2：控制极
3：阳极

第14脚　　第8脚
第1脚　　第7脚

4011 管脚实物

图 6.10.1　元器件实物图

10. 电路图

声光控（带触摸）延时开关原理图如图 6.10.2 所示。在实际电路板中，整流桥由 4 个整流二极管组成，封装库中不单独提供整流桥的封装，只提供二极管封装。

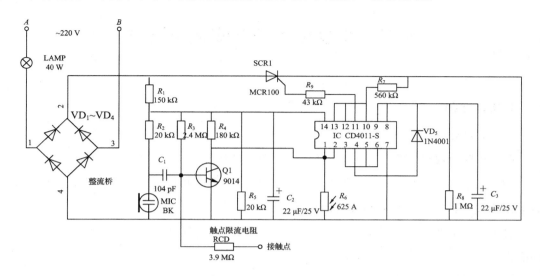

图 6.10.2　声光控(带触摸)延时开关原理图

PCB 图(元器件向上的俯视图)如图 6.10.3 所示。

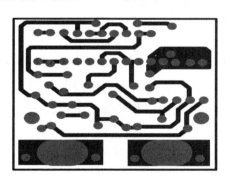

图 6.10.3　声光控(带触摸)延时开关 PCB 图

6.11 数字电子钟的安装与调试

1. 实验目的

（1）掌握集成门电路、计数器、译码器和显示器的应用方法。

（2）掌握计数器、译码器、显示器的综合设计和调试方法。

（3）通过本次实训使学生能够对数字电路原理和应用知识进行综合应用，训练学生灵活运用相关知识进行数字电路设计的思维。

（4）通过实训进一步提高电路分析和设计能力，提高发现问题、分析问题和解决问题的能力，并掌握电路故障检测方法。

（5）训练学生扎实的工作作风，严谨的科学态度，培养学生重视实践、热爱劳动的思想观念，提高学生的动手能力，以便更好地适应将来的工作。

（6）熟悉相关仪器、仪表的使用。

2. 实验器材

数字逻辑实验箱 1 台，万用表 1 只，七段共阴极 LED 数码管 C5013HO 6 块，4CC4511BCD 七段锁存/译码/驱动器（显示译码器）6 块，74LS00 四 2 输入与非门 2 片，74LS192 二一十进制计数器 6 片，电源，信号调理附件，导线若干。

3. 实验内容

（1）完成数字电子钟的电路设计。

（2）完成数字电子钟电路布线图，在面包板上安装连接元器件和电路。

（3）完成电路功能的调试。

4. 实验要求

（1）数字电子钟能完成时、分、秒的准确计时并能清晰显示。

（2）将时、分或秒计时和显示电路做成线路板并调试。

（3）线路排列规律清晰，元件布局合理，便于检测维修。

（4）实训报告内容完整，包括设计内容、原理表述、框图、原理图、线路板的制作过程和电路调试内容、对设计的改进意见和可选方案、实训得失经验等。文字简练流畅，书写作图规范，要求独立完成，不得相互抄袭。

（5）电路原理图要求规范，符合有关标准。图中集成器件可以简化为示意图，门电路符号一律采用国际符号。

5. 电路框图

电路设计框图如图 6.11.1 所示。

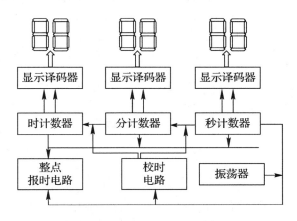

图 6.11.1　数字电子钟

6. 实验设计时间

实验设计时间可按表 6.11.1 的要求执行。

6.11.1　时间安排表

序　号	内　　　容	时间
1	实验准备：安全纪律教育，布置项目任务和内容	2 课时
2	电路设计，画原理图	
3	设计布线，元器件检测，安装电路板	8 课时
4	测试并完成电路制作	10 课时
5	各小组讲述项目完成情况和成果展示	
6	完成项目报告	课后
7	在规定时间之前上交电子实习报告	

7. 参考使用元器件及基本特性

（1）单脉冲产生电路。本实验用面包板上连续时钟或单脉冲。由 74LS00 四 2 输入与非门组成的 RS 触发器和单刀双掷开关（可用导线代替）制作的单脉冲产生电路（又称防抖动开关），构成单脉冲源。拨动单刀双掷开关 S，观察发光二极管的显示。单脉冲产生电路如图6.11.2所示。

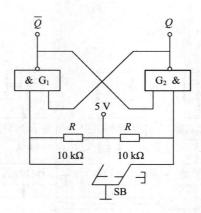

图 6.11.2 单脉冲产生电路

（2）共阴极数码管 CD5013HO 的管脚如图 6.11.3 所示。CD5013HO 为共阴极 LED 数码管，共阴极端应通过不小于 200 Ω 的电阻接电，否则容易烧坏相应的二极管。

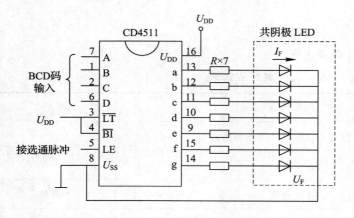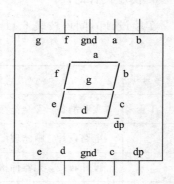

图 6.11.3 CD5013HO 管脚

（3）显示译码器 CC4511 的管脚如图 6.11.4 所示。

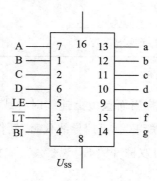

图 6.11.4 CC4511 管脚示意图

具体译码器真值表如表 6.11.2 所示。

表 6.11.2　译码器真值表

LE	$\overline{BI}$	$\overline{LT}$	D	C	B	A	a	b	c	d	e	f	g	显示
X	X	0	X	X	X	X	1	1	1	1	1	1	1	8
X	0	1	X	X	X	X	0	0	0	0	0	0	0	熄灭
0	1	1	0	0	0	0	1	1	1	1	1	1	0	0
0	1	1	0	0	0	1	0	1	1	0	0	0	0	1
0	1	1	0	0	1	0	1	1	0	1	1	0	1	2
0	1	1	0	0	1	1	1	1	1	1	0	0	1	3
0	1	1	0	1	0	0	0	1	1	0	0	1	1	4
0	1	1	0	1	0	1	1	0	1	1	0	1	1	5
0	1	1	0	1	1	0	0	0	1	1	1	1	1	6
0	1	1	0	1	1	1	1	1	1	0	0	0	0	7
0	1	1	1	0	0	0	1	1	1	1	1	1	1	8
0	1	1	1	0	0	1	1	1	1	0	0	1	1	9
0	1	1	1010～1111				0	0	0	0	0	0	0	熄灭
1	1	1	X	X	X	X	为 LE 上跳前的 BCD 码决定							锁存

（4）74LS00 四 2 输入与非门的管脚如图 6.11.5 所示。

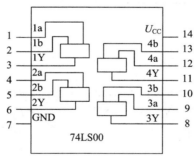

图 6.11.5　74LS00 管脚示意图

（5）计数器 74LS192 管脚如图 6.11.6 所示。异步可预置、加法/减法（可逆）同步二—十进制计数器。

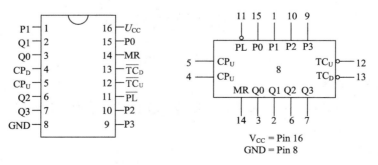

图 6.11.6　74LS192 管脚示意

（6）74LS192 具体参数如图 6.11.7 所示。

Pin Names	Description
CP$_U$	Count Up Clock Input
	（Active Rising Edge）
CP$_D$	Count Down Clock Input
	（Active Rising Edge）
MR	Asynchron ous Master Teset Input
	（Active HIGH）
$\overline{PL}$	Asynchron ous Parallel Load Input
	（Active LOW）
P0～P3	Parallel Data Inputs
Q0～Q3	Flip-Flop Outputs
$\overline{TC_D}$	Terminal Count Down（Borrow）
	Output（Active LOW）
$\overline{TC_U}$	Terminal Count UP（Carry）
	Output（Active LOW）

Mode Select Table

MR	$\overline{PL}$	CP$_U$	CP$_D$	Mode
H	X	X	X	Reset（Asyn.）
L	L	X	X	Preset（Asyn.）
L	H	H	H	No Change
L	H	⌐	H	No Change
L	H	H	⌐	Count Down

H — HIGH Voltage Level

L — LOW Voltage Level

X — Immaterial

$$\overline{TC_U} = Q0 \cdot Q3 \cdot \overline{CP_U}$$

$$\overline{TC_D} = \overline{Q}0 \cdot \overline{Q}1 \cdot \overline{Q}2 \cdot \overline{Q}3 \cdot \overline{CP_D}$$

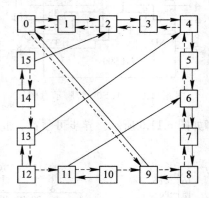

图 6.11.7　74LS192 状态转移图

8. 调试设备与结果

测量结果能正确显示。能够通过独立按键设置相对水平面。秒计时、显示电路如图 6.11.8 所示。

9. 实验报告

写出完整的实验报告材料，要求不少于 3000 字。

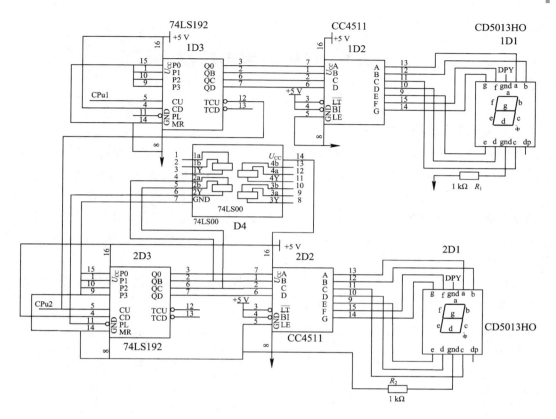

图 6.11.8 秒计时、显示电路图

6.12 红外洗手感应器

1. 红外洗手感应器电路分析

如图 6.12.1 所示为红外洗手感应器的电路图，其中，LED₁ 是红外发射二极管，VD 是红外接收二极管。当有物体经过感应器时，LED₁ 发出的红外线被 VD 接收，经过 LM567 放大，从 8 脚输出低电平，触发由 NE555 组成的单稳态触发器，在 NE555 的 3 脚输出高电平驱动三极管 9013 饱和导通，继电器 K 得电吸合，其常开触头闭合，用来控制用电器（如水龙头的电磁阀）动作。电路中 R_P 可用于调节红外接收的灵敏度，顺时针调节灵敏度降低，逆时针调节灵敏度升高。

反射距离与物体表面反光程度和红外接收灵敏度有关，灵敏度调得太高容易受到光线和电磁波干扰，一般反射距离为 20 cm 左右。

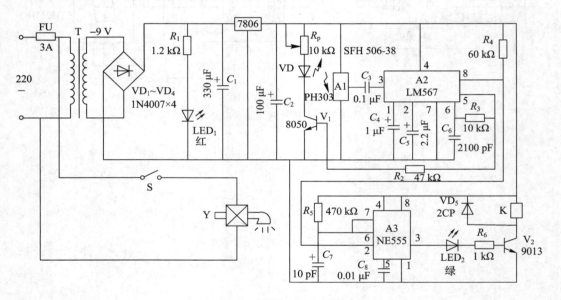

图 6.12.1 红外洗手感应器电路

2. 实验内容

利用红外传感器配合 NE555（时基集成电路）制作一个简单的可以实现洗手时自动出水的装置，出水由电磁阀控制。

实现实验要求的基本功能，画出设计电路图，并完成 3000 字设计报告。

主控电路由 NE555 集成块构成，其前端为红外线传感器。当人手伸到红外线传感器前方时，红外线感应头对信号处理，之后输出低电平，经过 NE555 后，继电器 K 得电工作，常开触头 S 闭合，放水洗手。当人离开后，经延时电路 2～3 s 后，S 自动关闭，实现洗手时自动出水且节水功能。

3. 传感器基本工作原理

热释电红外传感器和热电偶都是基于热电效应原理的热电型红外传感器。不同的是，热释电红外传感器的热电系数远远高于热电偶，其内部的热电元件由高热电系数的铁钛酸铅汞陶瓷以及钽酸锂、硫酸三甘铁等配合滤光镜片窗口组成，其极化随温度的变化而变化。为了抑制因自身温度变化而产生的干扰，该传感器在工艺上将两个特征一致的热电元件反向串联或接成差动平衡电路，因而能在非接触的情况下检测出物体放出的红外线能量变化，并将其转换为电信号输出。热释电红外传感器在结构上引入场效应管的目的在于完成阻抗变换。

4. NE555 型时基集成电路

NE555 属于 555 系列计时 IC 的一种型号，555 系列 IC 的接脚功能及运用都是相容的，只是型号不同，而 555 系列是一个用途广泛且相当普遍的计时 IC，只需少量的电阻和电容，便可产生数位电路所需的各种不同频率的脉冲信号。其特点包括：

（1）只需简单的电阻器、电容器，即可完成特定的振荡延时作用。其延时范围极广，由几微秒至几小时。

（2）它的操作电源范围极大，可与 TTL、CMOS 等逻辑闸配合，其输出准位及输入触发准位均能与这些逻辑系列的高、低态组合。

（3）其输出端的供给电流大，可直接推动多种自动控制的负载。

（4）计时精确度高，温度稳定性佳，价格也便宜。

（5）NE555 内部电路和引脚如图 6.12.2 所示。

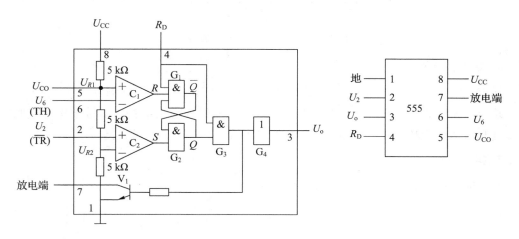

图 6.12.2　内部电路和引脚图

NE555 为 8 脚时基集成电路，各脚主要功能包括：1 为地（GND），2 为触发，3 为输出，4 为复位，5 为控制电压，6 为门限（阈值），7 为放电端，8 为电源电压 U_{CC}。

5. 工作原理及原理图

（1）工作原理。

电路直接提供 12 V 直流电源；红外检测控制电路由电阻器 $R_1 \sim R_3$、电容器 $C_1 \sim C_2$、热释电红外传感器集成电路 IC_1、NE555 型时基集成电路 IC_2 和 LED 灯（电磁阀）组成。在没有红外感应时，IC_1 输出低电平，其内部的光控晶闸管处于截止状态，LED 灯处于熄灭状态。

当人手伸到红外线传感器前方时，红外线传感器感应到人手信号后，红外感应头对该信号进行处理，之后输出低电平，该信号加到 IC_2 的 2 脚和 6 脚，3 脚输出电平翻转为高电平。该信号使 LED 灯通电点亮（实现水阀开启，使电磁阀得电工作，放水洗手功能）。

当人手离开水龙头后，经延时电路延时 $2 \sim 3$ s 后，IC_1 的 3 脚输出状态又翻转为低电平，LED 灯断电熄灭（实现断电水阀自动关闭功能）。

（2）元器件选取参数。

R_1 选用 1 kΩ 电阻，R_2 选用 100 kΩ，R_3 选用 100 kΩ 的滑动变阻器；C_1 选用 220 μF 电容器，C_2 选用 100 μF 电容器；IC_1 选用热释电红外传感器集成电路，IC_2 选用 NE555 型时基集成电路；用 LED 灯代替电磁水阀线圈。

（3）自动洗手装置原理图如图 6.12.3 所示。

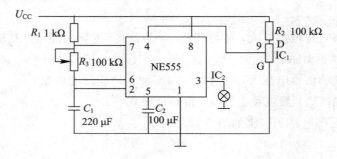

图 6.12.3　自动洗手装置原理图

6. 设计优缺点

优点：器件功耗小，隐蔽性与电磁水阀动作效果好，抗干扰电气隔离。

缺点：容易受各种热源、光源干扰。人体红外辐射容易被遮挡，不易被探头接收。环境温度与人体温度接近时，探测和灵敏度明显下降，有时造成短时失灵。

7. 实验报告

写出完整的实验报告，不少于 3000 字。

6.13　4 位电子时钟制作

1. 实验目的

本实验通过实现时钟显示功能系统的设计，介绍 51 单片机应用中的数据转换显示原理、数码管显示原理、静态扫描显示原理和单片机的定时中断原理，从而达到学习和了解单片机工作原理的目的。以 AT89C2051 为核心，以 C 语言为基础，设计电路达到"四位数字时钟显示"的效果。

2. 引脚说明

89C2051 的引脚图如图 6.13.1 所示。

P3 端口可用于实现 AT89C2051 的各种功能，如表 6.13.1 所示。

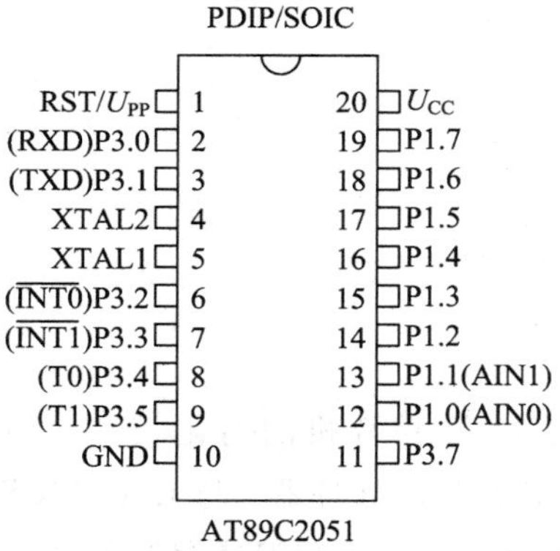

PDIP/SOIC

```
RST/Upp    1      20  Ucc
(RXD)P3.0   2      19  P1.7
(TXD)P3.1   3      18  P1.6
XTAL2      4      17  P1.5
XTAL1      5      16  P1.4
(INT0)P3.2  6      15  P1.3
(INT1)P3.3  7      14  P1.2
(T0)P3.4    8      13  P1.1(AIN1)
(T1)P3.5    9      12  P1.0(AIN0)
GND        10      11  P3.7
```

AT89C2051

图 6.13.1　89C2051 外形与引脚

表 6.13.1　89C2051 引脚功能表

引脚	功　　能
P3.0	RXD 串行输入端口
P3.1	TXD 串行输出端口
P3.2	INT0 外中断 0
P3.3	INT1 外中断 1
P3.4	T0 定时器 0 外部输入
P3.5	T1 定时器 1 外部输入

（1）U_{CC}：电源电压。

（2）GND：地。

（3）P1 端口：P1 端口是一个 8 位双向 I/O 口。端口引脚 P1.2～P1.7 提供内部上拉电阻，P1.0 和 P1.1 为外部上拉电阻。P1.0 和 P1.1 还分别作为片内精密模拟比较器的同相输入（ANI0）和反相输入（AIN1）。P1 口输出缓冲器可吸收 20 mA 电流并能直接驱动 LED 显示。当 P1 端口引脚写入"1"时，可用作输入端；当引脚 P1.2～P1.7 用作输入并被外部拉低时，因内部写入"1"，可用作输入端。当引脚 P1.2～P1.7 用作输入并被外部拉低时，因内部上拉电阻而输出电流。

（4）P3 端口：P3 端口的 P3.0～P3.5、P3.7 是带有内部上拉电阻的 7 个双向 I/O 口引脚。P3.6 用于固定输入片内比较器的输出信号，且作为通用 I/O 引脚不可访问。P3 端口缓冲器可吸收 20 mA 电流。当 P3 端口写入"1"时，它们被内部上拉电阻拉高，可用作输入端。用作输入时，被外部拉低的 P3 端口因上拉电阻而输出电流。

P3 端口还可接收一些用于闪速存储器编程和程序校验的控制信号。

（5）RST：复位输入。RST 一旦变成高电平，所有的 I/O 引脚就可复位到"1"。当振荡器正在运行时，持续向 RST 引脚提供两个周期的高电平便可完成复位。每一个机器周期需 12 个振荡周期或时钟周期。

（6）XTAL1：作为振荡器反相放大器的输入和内部时钟发生器的输入。

（7）XTAL2：作为振荡器反相放大器的输出。

3. 主要性能

（1）和 MCS - 51 产品兼容。

（2）2KB 可重编程 FLASH 存储器（10 000 次）。

（3）2.7～6 V 电压范围。

（4）0 Hz～24 MHz 全静态工作。

（5）2 级程序存储器保密锁定。

（6）128×8 位内部 RAM。

（7）15 条可编程 I/O 线。

（8）两个 16 位定时器/计数器。

（9）6 个中断源。

（10）可编程串行通道。

（11）高精度电压比较器（P1.0、P1.1、P3.6）。

（12）直接驱动 LED 的输出端口。

4. 单片机的应用

AT89C2051 单片机是 51 系列单片机的一部分，是 8051 单片机的简化版。内部自带 2K 字节可编程 FLASH 存储器的低电压、高性能 CMOS 八位微处理器，与 Intel MCS - 51 系列单片机的指令和输出管脚相兼容。由于其将多功能八位 CPU 和闪速存储器结合在单个芯片中，因此，AT89C2051 构成的单片机系统是结构最简单、造价最低廉、效率最高的微控制系统，省去了外部的 RAM、ROM 和接口器件，减少了硬件开销，节省了成本，提高了系统的性价比。就目前中国市场的情况来看，89C2051 有很大的市场。其原因如下：① 2051 采用的是 MCS - 51 的核心，十分容易为广大用户所接受；② 2051 内部基本保持了 80C31 的硬件 I/O 功能；③ 2051 的 Flash 存储器技术，可重复擦/写 1000 次以上；④ 更适合小批量系统的应用，容易实现软件的升级。89C2051 适合于家用电器控制、分布式测控网络以及 I/O 量较小的应用系统。

5. 7 段数码管的结构与工作原理

1）结构

7 段数码管一般由 8 个发光二极管组成，其中由 7 个细长的发光二极管组成数字显示，另外一个圆形的发光二极管显示小数点。

当发光二极管导通时，相应的一个点或一个笔画发光。控制相应的二极管导通，就能显示出各种字符，尽管显示的字符形状有些失真，能显示的字符数量也有限，但其控制简单,使用方便。阳极连在一起的发光二极管称为共阳极数码管,阴极连在一起的发光二极管称为共阴极数码管,如图 6.13.2 所示。

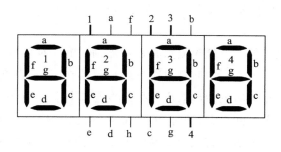

图 6.13.2 数码管

数码管共阴极和共阳极如图 6.13.3 和图 6.13.4 所示。

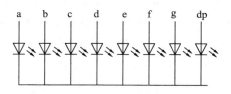

图 6.13.3 共阴极

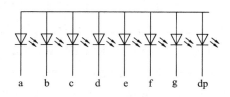

图 6.13.4 共阳极

2)7 段数码管驱动方法

发光二极管是一种由磷化镓(GaP)等半导体材料制成的,能直接将电能转变成光能的发光显示器件。当其内部有电流通过时,就会发光。

7 段数码管每段的驱动电流和其他单个 LED 发光二极管一样,一般为 5~10 mA,正向电压随发光材料不同表现为 1.8~2.5 V。

3)7 段数码管的显示方法

7 段数码管的显示方法可分为静态显示与动态显示,下面分别进行介绍。

(1)静态显示。

所谓静态显示,就是当显示某一字符时,相应段的发光二极管恒定地静态停止动作。这种显示方法要求每一位都有一个 8 位输出口控制。对于 51 单片机,可以在并行口上扩展多片锁存 74LS573 作为静态显示器接口。

静态显示器的优点是显示稳定,在发光二极管导通电压一定的情况下显示器的亮度高，控制系统在运行过程中，仅仅在需要更新显示内容时，CPU 才执行一次显示更新子程序，这样大大节省了 CPU 的时间，提高了 CPU 的工作效率。缺点是位数较多时，所需 I/O 端口多，硬件消耗多，因此常采用另外一种显示方式——动态显示。

（2）动态显示。

所谓动态显示就是一位一位地轮流点亮显示器（扫描），对于显示器的每一位而言，每隔一段时间点亮一次。虽然在同一时刻只有一位显示器在工作（点亮），但利用人眼的视觉暂留效应和发光二极管熄灭时的余辉效应，看到的是多个字符"同时"显示。显示器亮度既与点亮时的导通电流有关，也与点亮时间和间隔时间的比例有关。调整电流和时间参数，可实现亮度较高较稳定的显示。若显示器的位数不大于 8 位，则控制显示器公共极电位只需一个 8 位 I/O 口（称为扫描口或字位口），控制各位 LED 显示器所显示的字形也需要一个 8 位口（称为数据口或字形口）。

动态显示器的优点是节省硬件资源，成本较低，但在控制系统运行过程中，要保证显示器正常显示，CPU 必须每隔一段时间执行一次显示子程序，这占用了 CPU 的大量时间，降低了 CPU 的工作效率，同时显示亮度比静态显示器低。

综合以上考虑，本设计采用动态显示，为共阳极显示。

对于共阳极数码管，控制端置 0 数码管点亮，控制端置 1 数码管熄灭。

6. 工作原理

20 引脚的单片机 AT89C2051 为电子钟的主体，其显示数据从 P1 口分时输出，P3.0～P3.3 则输出对应的位选通信号。P3.4、P3.5、P3.7 外接了三个轻触式按键，这里分别命名为复位键 set(P3.4)、时调整键 hour(P3.5)、分调整键 min(P3.7)。

在单片机的内部 RAM 中，需要设置显示缓冲区，显示的时、分、秒值是从显示缓冲区中取出的，在 RAM 中设置三个单元作为显示缓冲区，分别是 7AH、7BH、7CH。为使电路和原理叙述方便，这里不显示秒值，秒的进位通过闪烁分值实现。这样一共有 4 位 LED 分别显示时和分。同时，时钟需要校准。在程序中还需设置显示码表，要显示的数值通过查表指令将显示用的真正码值送到 LED。用单片机 AT89C2051 的 P3.4 和 P3.5 两个 I/O 口外接微动开关来实现时和分的校正，每按一次，小时或分值加 1，根据调整的数值按动按键实现时钟的校准。

以 P0 端口作为 LED 的字段位驱动输出，秒的"进位"采用分值闪烁提示，亮 0.5 s，熄 0.5 s。P3.1～P3.3 用于位驱动，使用动态扫描方式显示，每位 LED 的显示时间在 10～25 ms 之间均可。扫描频率不能太高，否则每位 LED 显示的时间过短，亮度太低，不易于观看，以肉眼不感觉到 LED 闪烁为宜。为了直观，驱动输出没有采用集成电路，而是使用了分立元件——三极管，但工作原理却是一致的。

7. 原理图与 PCB 板

实验原理图如图 6.13.5 所示。

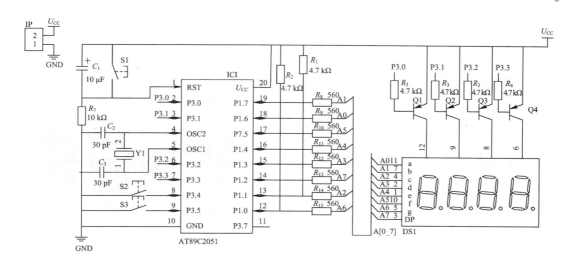

图 6.13.5　原理图

PCB 板图如图 6.13.6 所示。

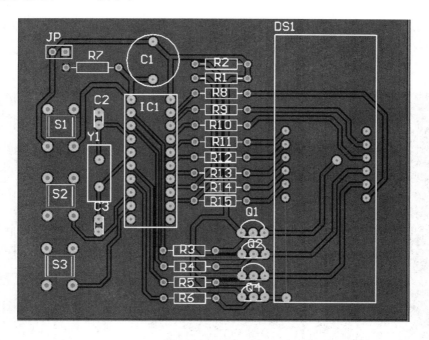

图 6.13.6　PCB 板

Proteus 仿真图如图 6.13.7 所示。

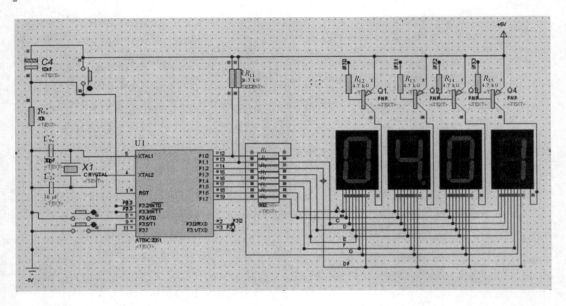

图 6.13.7　Proteus 仿真图

　　图 6.13.8 为仿真时，检测四位数码管位选的电平变化。由图可知，每一位亮的时间为 5 ms，四个位往复循环，实现动态显示，与所写程序代码的效果一致。

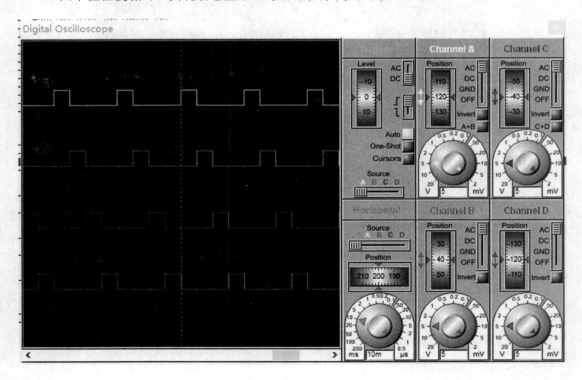

图 6.13.8　电平变化

8. 部分源程序

```
♯include <reg52.h>
♯define uint unsigned int
♯define uchar unsigned char
code uchar
num[]={0x05，0x7d，0x26，0x34，0x5c，0x94，0x84，0x3d，0x04，0x14}; //字符码 0~9，共阳极
code uchar wei[]={0xfe，0xfd，0xfb，0xf7}; //显示位选
uchar time[3]=0; //记录时间
uint misec=0; //记录计时中断次数
sbit hou=P3^4; //小时调整按键
sbit min=P3^5; //分钟调整按键
sbit dp=P1^2; //时间分隔符
delay(uint x) //延时函数(晶振频率 12 MHz)
```

9. 数据测试与处理

按照原理图将实物焊接完毕，通电后若实物执行出现错误，可用万用表进行数据测量和分析。实物图如图 6.13.9 所示。

图 6.13.9　实物的制作

（1）通电后发现所有的二极管均没有亮，测试 P1 端口的电压变化，发现其高低直接进行变化，测量数码管的 U_{CC} 端发现其一直为低电平。三极管基极电压均发生变化，发射极均为高电平，分析发现三极管的发射极和集电极接反，调整后发现数码管开始显示。

（2）当按下开关 S1 时进入秒表功能，按下 S3，秒表开始计时，再按 S3，秒表暂停。此时再按下 S2，清零。第二次按下 S1 时，进入时间调整，发现按下 S3 后(应为时间加)所有的数码管均变暗，在打开闹铃的情况下闹铃持续响起。测量 P3.4 口为持续的低电平，是软件中出现了问题。经过处理后，时钟可以正常运行。

10. 实验报告

写出完整的实验报告，并按时上交。

附录　名称、名词解释

1. 热风红外再流焊

热风红外再流焊(Hot Air/IR Reflow Soldering)，是指按一定热量比例和空间分布，同时采用红外辐射和热风循环对流进行加热的再流焊。

同义词：热对流红外辐射再流焊(Convection/IR Reflow Soldering)。

2. 红外遮蔽

红外遮蔽(IR Shadowing)，是指红外再流焊时，表面组装元器件，特别是具有 J 型引线的表面组装器件的壳体，遮挡其下面的待焊点，影响其吸收红外辐射热量的现象。

3. 再流气氛

再流气氛(Reflow Atmosphere)，是指再流焊机内的自然对流空气、强制循环空气或注入的可改善焊料防氧化性能的惰性气体。

同义词：再流环境(Reflow Environment)。

4. 激光再流焊

激光再流焊(Laser Reflow Soldering)，是指采用激光辐射能量进行加热的再流焊，是局部软钎焊方法之一。

5. 聚焦红外再流焊

聚焦红外再流焊(Focused Infrared Reflow Soldering)，是指用聚焦成束的红外辐射热进行加热的再流焊，属于局部软钎焊方法之一，也是一种特殊形式的红外再流焊。

6. 光束再流焊

光束再流焊(Beam Reflow Soldering)，是指采用聚集的可见光辐射热进行加热的再流焊，属于局部软钎焊方法之一。

7. 气相再流焊

气相再流焊(Vapor Phase Soldering，VPS)，是指利用高沸点工作液体的饱和蒸汽的气化潜热，经冷却时的热交换进行加热的再流焊，简称气相焊。

8. 单蒸汽系统

单蒸汽系统(Single Condensation Systems)，是指只有一级饱和蒸汽区和一级冷却区的气相焊系统。

9. 双蒸汽系统

双蒸汽系统(Double Condensation System)，是指有两级饱和蒸汽区和两级冷却区的气相焊系统。

10. 芯吸

芯吸（Wicking），是指由于加热温度梯度过大和被加热对象不同，使表面组装器件引线先于印制板焊盘达到焊料熔化温度并润湿，造成大部分焊料离开设计覆盖位置（引脚）而沿器件引线上移的现象，严重的可造成焊点焊料量不足，导致虚焊或脱焊，常见于气相再流焊中。

同义词：上吸锡；灯芯现象。

11. 间歇式焊接设备

间歇式焊接设备（Batch Soldering Equipment），是指可使贴好表面组装元器件的印制板单块或批量进行焊接的设备。

同义词：批装式焊接设备。

12. 流水线式焊接设备

流水线式焊接设备（In-Line Soldering Equipment），是指可与贴装机组成生产流水线进行流水线焊接生产的设备。

13. 红外再流焊机

红外再流焊机（IR Reflow Soldering System），是指可实现红外再流焊功能的焊接设备。

同义词：红外炉（IR oven）。

14. 群焊

群焊（Mass Soldering），是指对印制板上所有的待焊点同时加热进行软钎焊的方法。

15. 局部软钎焊

局部软钎焊（Located Soldering），是指不是对印制板上全部元器件进行群焊，而是对其上有表面组装元器件或通孔插装元器件逐个加热，或对某个元器件的全部焊点逐个加热进行软钎焊的方法。

16. 焊后清洗

焊后清洗（Cleaning After Soldering），是指印制板完成焊接后，用溶剂、酒精进行清洗，去除焊剂残留物。

参 考 文 献

[1] 沈月荣，程婧，等. 现代 PCB 设计及雕刻工艺实训教程. 北京：人民邮电出版社，2015.

[2] 沈月荣. 电子实训工艺技术教程：现代 SMT PCB 及 SMT 贴片工艺. 北京：北京理工大学出版社，2017.

[3] 张洪润，张亚凡. 传感器技术与实验：传感器件外形标定与实验. 北京：清华大学出版社，2005.

[4] 张洪润，张亚凡，邓洪敏. 传感器原理及应用. 北京：清华大学出版社，2008.

[5] 程勇，袁绩海，李建朝. 传感器技术与应用. 长沙：国防科技大学出版社，2009.

[6] 刘迎春，叶湘滨. 传感器原理设计与应用. 长沙：国防科技大学出版社，2004.

[7] 朱自勤. 传感器与检测技术. 北京：机械工业出版社，2017.

[8] 刘爱华，满宝元. 传感器原理设计与应用. 北京：人民邮电出版社，2006.

[9] 叶廷东，陈耿新，江显群，等. 传感器与检测技术. 北京：清华大学出版社，2016.

[10] 王广君. 传感器技术及实验. 武汉：中国地质大学出版社，2013.

[11] 夏银桥. 传感器技术及应用. 武汉：华中科技大学出版社，2011.

[12] 任晓娜，刘莉琛. 传感器技术及应用. 成都：西南交通大学出版社，2016.